湛庐CHEERS

与最聪明的人共同进化

HERE COMES EVERYBODY

KNOW THIS

TODAY'S
MOST INTERESTING AND
IMPORTANT SCIENTIFIC
IDEAS, DISCOVERIES, AND
DEVELOPMENTS

那些最重要的科学新发现

[美]约翰·布罗克曼　编著
JOHN BROCKMAN

陈沛　译

中国纺织出版社有限公司

Know This

各方赞誉

伟大头脑的伟大之处，绝不在于他们拥有“金手指”，可以指点未来；而在于他们时时将思想的触角延伸到意识的深海，他们发问，不停地发问，在众声喧哗间点亮“大问题”和“大思考”的火炬。

段永朝

苇草智酷创始合伙人

建筑学家威廉·J. 米切尔曾有一个比喻：人不过是猿猴的 1.0 版。现在，经由各种比特的武装，人类终于将自己升级到猿猴 2.0 版。他们将如何处理自己的原子之身呢？这是今日顶尖思想者不得不回答的“大问题”。

胡　泳

博士，北京大学新闻与传播学院教授

“对话最伟大的头脑”这套书中，每一本都是一个思想的热核反应堆，在它们建构的浩瀚星空中，百位大师或近或远、如同星宿般璀璨。每一位读者都将拥有属于自己的星际穿越，你会发现思考机器的 100 种未来定数，而奇点理论不过是星空中小小的一颗。

吴甘沙
驭势科技(北京)有限公司联合创始人兼CEO

一个人的格局和视野取决于他思考什么样的问题，而他未来的思考，在很大程度上取决于他现在的阅读。这套书会让你相信，在生活的苟且之外，的确有一群伟大的头脑在充满诗意的远方运转。

周　涛
电子科技大学教授、互联网科学研究中心主任

作为美国著名的文化推动者和出版人，约翰·布罗克曼邀请了世界上各个领域的科学精英和思想家，通过在线沙龙的方式展开圆桌讨论。“对话最伟大的头脑”这套书就是活动参与者的观点呈现，让我们有机会一窥“最强大脑”的独特视角，从而得到思想上的启迪。

苟利军
中国科学院国家天文台研究员，中国科学院大学教授
“第十一届文津图书奖”获奖图书《星际穿越》译者

未来并非如我所愿一片光明，看看大师们有什么深刻的思考和破解之道，也许会让我们活得更放松一些。

李天天
丁香园创始人

与最伟大的头脑对话，虽然不一定让你自己也伟大起来，但一定是让人摆脱平庸的最好方式之一。

刘　兵
清华大学社会科学学院教授

以科学精神为内核，无尽跨界，Edge 就是这样一个精英网络沙龙。每年，Edge 会提出一个年度问题，沙龙成员依次作答，最终结集出版。不要指望在这套书里读到“ABC”，也不要指望获得完整的阐释。数百位一流精英在这里直接回答“大问题”，论证很少，锐度却很高，带来碰撞和启发。剩下的，靠你自己。

王　烁
财新传媒总编辑，BetterRead公众号创始人

术业有专攻，是指用以谋生的职业，越专业越好，因为竞争激烈，不专业没有优势。但很多人误以为理解世界和社会，也是越专业越好，这就错了。世界虽只有一个，但认识世界的角度多多益善。学科的边界都是人造的藩篱，能了解各行业精英的视角，从多个角度玩味这个世界，综合各种信息来做决策，这不显然比死守一个角度更有益也有趣吗？

兰小欢
复旦大学经济学院副教授

如果每位大思想家都是一道珍馐，那么这套书毫无疑问就是至尊佛跳墙了。很多名字都是让我敬仰的当代思想大师，物理学家丽莎·兰道尔、心理学家史蒂芬·平克、哲学家丹尼尔·丹尼特，他们都曾给我无数智慧的启发。

如果你不只对琐碎的生活有兴趣，还曾有那么一个瞬间，思考过全人类的问题，思考过有关世界未来的命运，那么这套书无疑是最好的礼物。一篇

文章就是一片视野，让你站到群山之巅。

郝景芳

2016年雨果奖获得者

关注 Edge 并阅读上面的文章已经十几年了，越到后来越发现，打动我的不是布罗克曼及其周围那批作家的睿智，甚至不是他们的渊博，而是他们讨论问题的边界感，一种在专业视角下对世界彬彬有礼的试探。

小庄

果壳联合创始人，“科学艺术研究中心”主编

布罗克曼是我们这个时代的“智慧催化剂”。

斯图尔特 · 布兰德

《全球概览》创始人

布罗克曼是个英雄，他使科学免于干涩无趣，使人文学科免于陈腐衰败。

杰伦 · 拉尼尔

“虚拟现实之父”

Know This

总 序

1981 年，我成立了一个名为“现实俱乐部”（Reality Club）的组织，试图把那些探讨后工业时代话题的人们聚集在一起。1997 年，“现实俱乐部”上线，更名为 Edge。

在 Edge 中呈现出来的观点都是经过推敲的，它们代表着诸多领域的前沿，比如进化生物学、遗传学、计算机科学、神经学、心理学、宇宙学和物理学等。从这些参与者的观点中，涌现出一种新的自然哲学：一系列理解物理系统的新方法，以及质疑我们很多基本假设的新思维。

对每一本年度合集，我和 Edge 的忠实拥趸，包括斯图尔特·布兰德（Stewart Brand）、凯文·凯利（Kevin Kelly）和乔治·戴森（George Dyson），都会聚在一起策划“Edge 年度问题”，而且常常是在午夜。

提出一个问题并不容易。正像我的朋友，也是我曾经的合作者，已故的艺术家和哲学家詹姆斯·李·拜尔斯（James Lee Byars）曾经说的那样：“我能回答一个问题，但我能足够聪明地提出这个问题吗？”所以，我们要去寻找那些可以启发不可预知的答案的问题，那些激发人们去思考意想不到之事的问题。

现实俱乐部

1981—1996 年，现实俱乐部是一些知识分子间的非正式聚会，通常在中国餐馆、艺术家阁楼、投资银行、舞厅、博物馆、客厅，或在其他什么地方举办。俱乐部座右铭的灵感就源于拜尔斯，他曾经说过："要抵达世界知识的边界，就要寻找最复杂、最聪明的头脑，把他们关在同一个房间里，让他们互相讨论各自不解的问题。"

1969 年，我刚出版了第一本书，拜尔斯就找到了我。我们俩同在艺术领域，一起分享有关语言、词汇、智慧以及"斯坦们"（爱因斯坦、格特鲁德·斯坦因、维特根斯坦和弗兰肯斯坦）的乐趣。1971 年，我们的对话录《吉米与约翰尼》（*Jimmie and Johnny*）由拜尔斯创办的"世界问题中心"（The World Question Center）发表。

1997 年，拜尔斯去世后，关于他的"世界问题中心"，我写了下面的文字：

> 詹姆斯·李·拜尔斯启发了我成立"现实俱乐部"以及 Edge 的想法。他认为，如果你想获得社会知识的核心价值，去哈佛大学的怀德纳图书馆里读上 600 万本书，是十分愚蠢的做法。在他极为简约的房间里，他通常只在一个盒子中放 4 本书，读过后再换一批。于是，他创办了"世界问题中心"。在这里，他计划邀请 100 个最聪明的人相聚一室，让他们互相讨论各自不解的问题。
>
> 理论上讲，一个预期的结果是他们将获得所有思想的总和。但是，在设想与执行之间总有许多陷阱。拜尔斯确定了他的 100 个最聪明的人，依次给他们打电话，并询问有什么问题是他们自问不解的。结果，其中 70 个人挂了他的电话。

那还是发生在 1971 年的事。事实上，新技术就等于新观念，在当下，电子邮件、互联网、移动设备和社交网络真正实现了拜尔斯的宏大设计。虽然地点变成了线上，但这些驱动热门观点的反复争论，却让"现实俱乐部"的精神得到了延续。

正如拜尔斯所说："要做成非凡的事情，你必须找到非凡的人物。"每一个 Edge 年度问题的中心都是卓越的人物和伟大的头脑，其中包括科学家、艺术家、哲学家、技术专家和企业家，他们都是当今各自领域的执牛耳者。我在 1991 年发表的《第三种文化的兴起》(*The Emerging Third Culture*) 一文和 1995 年出版的《第三种文化：洞察世界的新途径》(*The Third Culture: Beyond the Scientific Revolution*) 一书中，都写到了第三种文化，而上述那些人，他们正是第三种文化的代表。

第三种文化

经验世界中的那些科学家和思想家，通过他们的工作和著作构筑起了第三种文化。在渲染我们生活的更深层意义以及重新定义“我们是谁、我们是什么”等方面，他们正在取代传统的知识分子。

第三种文化是一把巨大的“伞”，它可以把计算机专家、行动者、思想家和作家都聚于伞下。在围绕互联网兴起的传播革命中，他们产生了巨大的影响。

Edge 是网络中一个动态的文本，它展示着行动中的第三种文化，以这种方式连接了一大群人。Edge 是一场对话。

第三种文化就像是一套新的隐喻，描述着我们自己、我们的心灵、整个宇宙以及我们知道的所有事物。这些拥有新观念的知识分子、科学家，还有那些著书立说的人，正是他们推动了我们的时代。

这些年来，Edge 已经形成了一个选择合作者的简单标准。我们寻找的是这样一些人：他们能用自己的创造性工作，来扩展关于“我们是谁、我们是什么”的看法。其中，一些人是畅销书作家，或在大众文化方面名满天下，而大多数人不是。我们鼓励探索文化前沿，鼓励研究那些还没有被普遍揭示的真理。我们对“聪明地思考”颇有兴趣，但对标准化“智慧”意兴阑珊。在传播理论中，信息并非被定义为“数据”或“输入”，信息是“产生差异的差异”(a difference that makes a difference)。这才是我们期望合作者要达到的水平。

Edge 鼓励那些能够在艺术、文学和科学中撷取文化素材，并以各自独有的方式将这些素材融于一体的人。我们处在一个大规模生产的文化环境当中，很多人都把自己束缚在二手的观念、思想与意见之中，甚至一些公认的文化权威也是如此。Edge 由一些与众不同的人组成，他们会创造属于自己的真实，不接受虚假的或盗用的真实。Edge 的社区由实干家而不是那些谈论和分析实干家的人组成。

Edge 与 17 世纪早期的无形学院（Invisible College）十分相似。无形学院是英国皇家学会的前身，其成员包括物理学家罗伯特·玻意耳（Robert Boyle）、数学家约翰·沃利斯（John Wallis）、博物学家罗伯特·胡克（Robert Hooke）等。这个学会的目标就是通过实验调查获得知识。另一个灵感来自伯明翰月光社（The Lunar Society of Birmingham），一个新工业时代文化领袖的非正式俱乐部，詹姆斯·瓦特（James Watt）和本杰明·富兰克林（Benjamin Franklin）都是其成员。总之，Edge 提供的是一次智识上的探险。

用小说家伊恩·麦克尤恩（Ian McEwan）的话来说：“Edge 心态开放、自由散漫，并且博识有趣。它是一份好奇之中不加修饰的乐趣，是这个或生动或单调的世界的集体表达，它是一场持续的、令人兴奋的讨论。”

约翰·布罗克曼

测一测　　你对科学新发现的了解有多少？（单选题）

1. 从统计数据来看，我们这个时代的发展是在进步还是退步？

A. 进步

B. 退步

C. 停滞

D. 徘徊

2. 医疗行业目前发展的主流是什么？

A. 个人经验和观点

B. 随机对照试验

C. 循证医学

D. 非随机对照研究

3. 随着电池制造技术的发展，电动汽车的续航里程每年的增长幅度是多少？

A. 9%

B. 19%

C. 29%

D. 39%

4. 下列哪项属于当今物理学界最重要的研究课题之一？

A. 爱因斯坦相对论

B. 描述时空的量子属性

C. 大型粒子对撞机

D. 黑洞

5. 银河系中央可能存在的超级黑洞是什么？

A. M87*

B. 天鹅座 X-1 双星系统

C. 人马座 A*

D. M31 仙女星系

扫码获取参考答案及解析。

Know This

目 录

WHAT DO YOU CONCIDER THE MOST INTERESTING RECENT SCIENTIFIC NEWS ? WHAT MAKES IT IMPORTANT ?

Edge 年度问题：
你认为当前最重要的科学新发现是什么

> 在过去的几年里，这些科学话题成为各大媒体争相报道的热点：分子生物学、人工智能、人造生命、混沌理论、大型并行计算、神经网络、宇宙膨胀、分形、复杂自适应系统、超弦理论、生物多样性、纳米技术、人类基因组、专家系统、间断平衡论、细胞自动机、模糊逻辑、空间生态圈、盖亚假说、虚拟现实、网络空间和超级计算机等。与之前的科学研究不同的是，“第三种文化”取得的成果不仅成为名流阶层的谈资，而且影响着我们生活的方方面面。

如果你认为上述科学话题是本书要讨论的“Edge 年度问题”，那你就错了。这些研究方向是我于 1991 年 9 月 19 日发表在《洛杉矶时报》上的文章《第三种文化》的重要内容。这篇文章包含了史蒂芬·杰伊·古尔德（Stephen Jay Gould）、默里·盖尔曼（Murray Gell-Mann）、理查德·道金斯（Richard Dawkins）❶、丹尼尔·丹尼特（Daniel Dennett）❷、贾雷德·戴蒙德（Jared Diamond）❸、斯图尔特·考夫曼（Stuart Kauffman）、尼古拉斯·汉弗莱（Nicholas Humphrey）和其他杰出专家学者的研究成果。这篇文章提到，通过努力工作和发表文章，部分专家学者在呈现生命深层次的含义和重新理解人类自身等方面正在取代传统的知识分子。文章还写道：

> 以前的“科学”逐渐变成了“大众文化”。斯图尔特·布兰德（Stewart Brand）曾写道：“科学是唯一的新闻。然而，当我们阅读报纸和杂志时便会发现，大家仍旧只关注流言八卦，而对政治与经济始终缺乏关注。如果我们了解科学，就可以预测技术的发展。虽然人类自身没有太多改变，但科学的发展日新月异，推动着世界一直向前迈进。”当前最大的变量就是世界的变化速度。

就算科学不是“大新闻”，也将逐渐成为大新闻，而且是永葆新意的新闻。

《第三种文化》这篇文章中提到的科学研究逐渐成为现实。而在这之后，又涌现出了互联网、社交媒体、移动通信、深度学习和大数据。是时候更新这个科学话题的清单了。

❶ 牛津大学教授，英国皇家科学院院士，有“达尔文的斗犬”之称的进化生物学家，今天仍然活跃在文坛的杰出“非虚构类”作家，继《自私的基因》之后，其又一部经典作品《基因之河》面世，这是一本以现代生物学观点来解释生命进化过程的科普读物。该书已由湛庐策划，浙江人民出版社出版。——编者注

❷ 塔夫茨大学哲学教授与认知科学研究中心主任。其代表作《直觉泵和其他思考工具》中文简体字版已由湛庐策划，浙江教育出版社出版。——编者注

❸ 普利策奖得主，《枪炮病菌与钢铁》作者，他的另一部经典之作《性的进化》讲述了人类性行为的演化模式，本书中文简体字版已由湛庐策划，天津科学技术出版社出版。——编者注

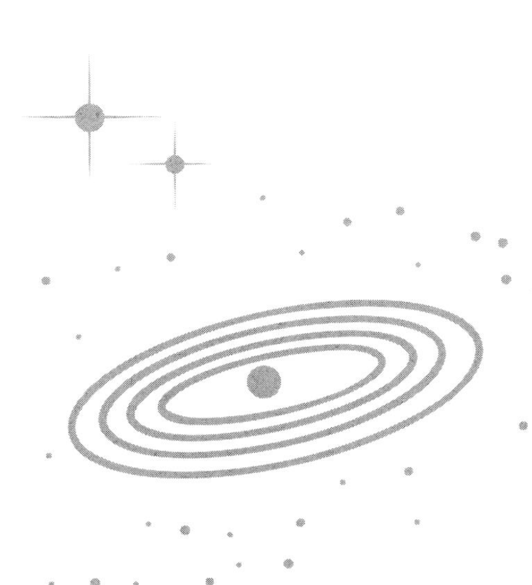

THE COGNITIVE AND DATA REVOLUTIONS WARN US NOT TO BASE OUR ASSESSMENT OF ANYTHING ON SUBJECTIVE IMPRESSIONS OR CHERRY-PICKED INCIDENTS.

认知和数据上的改变告诉我们，不应基于主观感受和片面乐观的情绪来评判任何事物。

——史蒂芬 · 平克，《量化人类所取得的进步》

01

HUMAN PROGRESS QUANTIFIED
量化人类所取得的进步

Steven Pinker
史蒂芬·平克

哈佛大学教授；著有《语言本能》《思想本质》《心智探奇》《白板》《当下的启蒙》[①]等。

众所周知，依靠人类的直觉来解决问题相当不可靠。半个世纪以来，心理学研究证明，当人们试图评估风险或预测未来时，往往会墨守成规，头脑被某些值得纪念的事情、记忆犹新的画面或者道德教条占据。

① 史蒂芬·平克是当代伟大的思想家、世界语言学家和认知心理学家，其“语言和人性四部曲”《语言本能》《思想本质》《心智探奇》《白板》分别探讨了人类语言进化的奥秘、语言和思想之间的深刻关系、人类心智的起源和进化，以及人性的奥秘；《当下的启蒙》是一部关于人类进步的英雄史诗，作者对当前世界进行了全景式的评述，让读者了解人类状况的真相，人类面临的挑战，以及该如何应对这些挑战。这五部著作的中文简体字版已由湛庐策划，浙江人民出版社出版。——编者注

幸运的是，随着认知缺陷逐渐成为共识，客观的数据越来越受到人们的重视。在生活的各个方面，人们正在用量化分析取代直觉。体育运动被畅销书《魔球》（*Moneyball*）[1]彻底改变；政策制定则深受助推理论的影响；我们开始从权威网站获取可靠的信息；比分预测主要基于比赛和市场预测。利他主义正在深刻地改变着慈善事业。在医疗行业当中，循证医学（evidence-based medicine）已成为主流。

这些新闻听起来都很有趣，不是吗？无论是基于认知学的诊断，还是基于数据科学的治疗，它们都属于科学新闻。最令人感兴趣的新闻是，对于生命的量化分析促使我们审视最根本的问题：人类有没有进步？对抗熵增原理以及在竞争激烈的进化过程中付出的共同努力是否让人类自身变得更好了？

启蒙运动时期的思想家认为，这是有可能发生的。在维多利亚时期（1837—1901年），进步成为当时英美学派的主流思想，但自此之后，浪漫主义和反启蒙悲观主义成为主流思想，两次世界大战等重大历史事件及20世纪60年代后期大众对环境污染和不平等现象这些关乎人类自身命运的问题的担忧也加速了这一进程。现在，我们经常会看到“信仰”这个词（虽然多数情况下都显得比较天真），它既反映了人们对美好过去的留恋、对当下不景气现状的反思，也表达了对将来反乌托邦浪潮的恐慌。

然而，认知和数据上的改变告诉我们，不应基于主观感受和片面乐观的情绪来评判任何事物。只

[1] 该书描写了美国职业棒球联赛的奥克兰运动家队如何以小博大，力抗薪资比他们多数倍的明星球队的故事。该故事后来被改编成电影《点球成金》。——译者注

要负面事件没有全部消亡，我们总能在新闻中反复看到，而这又会导致我们觉得世界正变得越来越糟。防止产生这种感觉的唯一方法就是，按照时间先后标记出正面事件和负面事件的发生概率。绝大部分人都同意：生好于死，健康好于疾病，繁荣好于萧条，和平好于冲突，自由好于控制。这些价值观是我们衡量人类是否有实质性进步的标尺。

令人感兴趣的是，对于“是否有实质性进步”这一问题，答案基本上是“有”。我第一次意识到这个问题是在 2007 年。当时，Edge 网站提出了一个问题：你对什么感到乐观？量化历史学家和政治学家用数据证明，随着时间的推移，由杀戮和战争导致的死亡率将呈直线下降的趋势。从那时开始，我就意识到已经有学者以不同的方式来衡量人类的进步了。格雷戈里·克拉克（Gregory Clark）、安格斯·迪顿（Angus Deaton）、查尔斯·肯尼（Charles Kenny）和斯蒂芬·拉德勒（Steven Radelet）等经济历史学家和学者已经通过丰富的数据估算了社会发展的增长率，而且一些网站将这些数据进行了图像化处理，这类网站有汉斯·罗斯林（Hans Rosling）设计的在线互动图表数据平台 Gapminder、马克斯·罗泽（Max Roser）设计的数据平台 Our World in Data，以及马里安·图皮（Marian Tupy）设计的图表数据平台 HumanProgress。

不过，也有一些事件的发生率呈直线上升的趋势，比如人们的寿命变得越来越长，身体也越来越健康。这种现象并不仅仅发生在发达国家，全世界所有国家都是如此。10 多种传染病和因寄生虫引起的疾病已经或即将被消灭；儿童的入学率和拥有学习及阅读条件的比例大幅度上升；世界范围内极端贫困人群的比例从 85% 降至 10%；虽然局部地区的民主进程出现了倒退，但从整体上来说，世界比以前变得更加民主了；女性的受教育程度得到提高，平均结婚年龄升高了，收入增加了，她们的力量和影响力也日渐增大；相比于历史数据，种族歧视与仇恨导致的犯罪率也呈下降趋势；同时，人类变得越来越聪明；在所有国家，人们的平均智商在过去 20 年里提高了 3%。

当然，量化分析领域取得的进步都是基于一系列实验发现，而非故弄玄虚或者空想所致。我们也期待找到一些变化不大，或变得更差，甚至难以量化分析的领域，如各种臆想的启示等。人类面临的问题仍然有很多，例如，温室气体增多、水资源受到污染、物种灭绝，以及大范围存在的核武器。

即便如此，量化分析仍然可以改变我们对自身的理解。斯图尔特·布兰德、杰西·奥苏贝尔（Jesse Ausubel）和露丝·德弗里斯（Ruth DeFries）等生态现代主义者（Ecomodernist）已经证明，在过去的半个世纪，环境卫生领域的许多指标都得到了改善。他们还证明，一些长期的历史进程应当得到鼓励和支持，比如，能源的去碳化、消费的去物质化以及耕地的最小化等。对核武器的观察表明，自从日本长崎事件之后，核武器就再也没有被使用过，核试验也已基本消失。到目前为止，仅有 9 个国家拥有核武器（20 世纪 60 年代的一项预测认为，拥有核武器的国家将会超过 30 个），17 个国家已宣布放弃核计划，武器的数量减少了 5/6，这意味着发生持械盗窃或砍杀事故的概率以及实现全球无核化所面临的障碍减少了 5/6。

这一切为什么至关重要呢？首先，量化人类的进步可以帮助我们分析和调整现有的政策和行为。我们现在所享受的由进步带来的福利要归功于过去 200 多年建立的各种制度和行为准则，包括动机、科学、技术、教育、技能、民主、规范市场，以及对人权和人类繁荣的道德承诺。反启蒙评论家一直坚持认为，这些成就并不一定会让我们变得更好。而现在我们知道，这些成就已经让我们变得更好了。这意味着，即使现在我们离理想的社会还有很长的路要走，但制度和行为准则已经让我们走上了正确的方向。我们应当致力于改进这些制度和行为准则，而不是像某些人那样，因为深信当前人类已经无可救药，浴火重生是唯一的出路，而四处制造破坏。

此外，量化人类的进步也给了我们追求进步的勇气。激进分子普遍认为，应当打压所有乐观的事实以免让人们变得自满，人们应当始终沉浸在面对各种危机的哀号，以及对尚未觉醒者的责骂当中。我认为，这可能会导致另一种危机：宿命论。当被告知我们会永远贫穷，上天会惩罚我们的狂妄自大，大自然会报复我们的掠夺，以及核武器大毁灭和气候大灾害日渐逼近时，我们就会很自然地得出及时行乐的结论。数据可以分析出影响进步曲线走向的各种因素，这样我们就可以运用这些因素让进步朝着正确的方向发展。

02

DOING MORE WITH LESS
事半功倍

弗里曼·戴森（Freeman Dyson）

著名理论物理学家；著有《天地之梦》（*Dreams of Earth and Sky*）。

我们这个时代有一位先驱科学家，他的名字叫作彼得·范·多库姆（Pieter van Dokkum），是耶鲁大学的天文学教授。他写了一本关于昆虫的书——《蜻蜓》（*Dragonflies*），该书收录了他在自然栖息地拍摄的很多种蜻蜓的照片。作为一名天文学家，他还致力于制造另一种形式的“蜻蜓”，那就是蜻蜓长焦阵列望远镜（Dragonfly Telephoto Array），它由10个16英寸（约40.6厘米）的折射望远镜以类似于蜻蜓复眼的方式组合而成。折射透镜表面镀有光学膜，这种光学膜让折射透镜具备了超高的灵敏度，可以用于观测宇宙中的扩展暗物质，而且在这方面的观测上，蜻蜓长焦阵列望远镜的灵敏度是最好的大型望远镜的10倍，而成本仅是其千分之一——10个折射透镜的成本总计约为10万美元，而一架大型望远镜的成本一般为1亿美元。

蜻蜓长焦阵列望远镜在后发座星系团中发现了47个银河系大小的超扩散星系。这一结果比计算机模拟的星系演化模型预期的要多。每一个这样的星系都被暗物质光晕包围着，通过观测和比较各个恒星之间的速度差异，我们可以区分出这些暗物质的组成。这些星系包含的暗物质约是可见物质的100倍，而银河系的这一比例约为10∶1。蜻蜓长焦阵列望远镜的观测结果向我们揭示了宇宙的另一面，它由暗物质团以十分精密的方式构成，这一结构比宇宙大爆炸标准理论预测的更呈块化。

这则新闻说明，经济、小型的望远镜也可以取得关于宇宙结构的重大发现。如果从科学回报与经济投入比例的角度来衡量望远镜的成本效益，蜻蜓长焦阵列望远镜将轻松获胜。当然，我们不应该把所有的经费都投放到小型望远镜上，我们仍然需要大型望远镜和大型机构来进行全球性的天文学研究。本文想表达的是，约 1/3 的天文学研究经费预算应当分配给小型和低成本的项目，这样一来，像蜻蜓长焦阵列望远镜这样的好项目才会经常涌现。

03

THE "SPECIALNESS" OF HUMANITY

人类的"独一无二"

库尔特·格雷（Kurt Gray）

心理学家，北卡罗来纳大学教堂山分校心理学教授。

人类总是一厢情愿地认为自己是独一无二的，处于宇宙的中心位置。不久之前，我们还坚信自己是神钟爱的创造物，被置于新创造的行星——地球上，而地球则被其他所有天体环绕；我们还坚信人类与其他动物是完全不同的，人类的智力是无法复制的。这些想法令我们感到愉悦，充满安全感，也因此很容易被广泛接受。然而，这些想法都是错误的。

哥白尼和伽利略发现，太阳才是太阳系的中心，而非地球；19 世纪著名的地质学家查尔斯·莱尔（Charles Lyell）发现，地球比我们原本以为的要古老得多；达尔文发现，人类和其他动物并没有本质上的区别。所有这些科学发现都对"人类是独一无二的"这一观点提出了挑战。当然，即使人类只是一种具有更大额叶皮质的类人猿，我们也可以据此宣称人类是一种非常独特的生物。人类能够意识到生命之美，能够觉察到动植物、昆虫和细菌的多样性。然而，令人感到遗憾的是，最近的一项研究表明，世界上没有什么生物是独一无二的。

麻省理工学院的物理学家杰里米·英格兰（Jeremy England）认为，生命仅仅是热力学定律的必然产物。他认为，生命系统是消耗外部能量源的最佳方式，比如，细菌、甲壳虫和人类是消耗阳光最有效的方式。熵的过程意味着如果分子在加热灯下放置的时间足够长，就可以进行新陈代谢、运动和自我复制，也就是会具有“生命”，但这一过程可能需要几十亿年的时间。但是，根据这一观点，相比于借助外部能量移动和复制的非生物物理结构，比如，流水中的旋涡（由重力驱动）、沙漠中的沙丘（由风力驱动）等，生物并没有多么独特。英格兰的理论不仅模糊了生物与非生物的界限，而且进一步否定了人类的独特性。这一理论还表明，人类仅有的优势在于消耗能量（我们对此似乎乐此不疲）。这样的“独一无二”可能很难令人感到高兴吧？

04

2015 REVIEW OF GLOBAL ECOLOGY

2015 年全球生态评估报告

斯图尔特·皮姆（Stuart Pimm）

杜克大学生态保护学荣誉教授；著有《皮姆眼中的世界》（*The World According to Pimm*）。

2015 年，一篇评估报告带领我们经历了一次令人难忘的全球生态之旅。这篇报告内容翔实，评估了人类活动对生物多样性产生的影响。这正是我从事的研究领域。如同所有优秀的评估报告一样，这篇报告脉络清晰、内容全面，并且提出了针对后续研究的相关建议。虽然这篇报告引用了《自然》和《科学》杂志的部分内容，但大部分内容都不会令人感到陌生。然而，这并不是它可以成为重大新闻的原因，真正的原因在于它拥有 12 亿读者，这还不包括无法统计的那一部分；此外，它的引用次数远远超过了近期其他科学新闻的引用次数。这篇评估报告的标题是《保护我们共同的家园》（*On Care for Our Common Home*）。

此篇报告是如何描述生态的呢？“生态”这个词在报告中共出现了 80 次，“生物多样性”出现了 12 次，“生态系统”出现了 25 次。报告用了约 1 400 字的篇幅来描述生物多样性正在减少的趋势，这与《自然》杂志的投稿篇幅一致。

报告中关于生物多样性的部分是以这样一句话开头的：地球上的资源“正在被追求经济、商业和产品的短视行为掠夺”。报告还提出，采伐森林是物种减少的一个主要原因，物种的多样性对于食物、药品的来源等具有非常重要的意义，以及“不同物种具有的基因也许是以后若干年满足人类需求和减少环境问题的关键因素”。许多物种的灭绝引发了一系列道德问题，而对于这一方面的道德谴责尤为突出，即我们当前的行为限制了后代可运用的资源和可能的收获。

我们关于物种灭绝的绝大部分知识来自鸟类和哺乳动物。爱德华·威尔逊（E. O. Wilson）[1]曾写道：“若想生态系统发挥良好的作用，菌类、藻类、蠕虫、昆虫、爬行类动物和无数种类的微生物是必不可少的。虽然有些物种数量较少，一般很难用肉眼看见，但它们为保持特定地区的生态平衡发挥了关键性的作用。”这句话赞扬了统治世界的微生物。列出微生物的完整清单是没有意义的，威尔逊提出的这份简短的清单已足以体现它的洞察力和丰富的内涵。从复杂系统中去除某些部分可能会导致难以预料的后果，从生态系统中移除某些物种也是如此。

技术确实能带来好处，但这篇报告引用了多种数据来驳斥无限制的技术乐观主义：“我们似乎开始相信，通过人造的替代品来取代自然界本无法替代也无法还原的美是可行的。”我们不仅破坏了生物的栖息地，还对它们进行了分割。针对这一问题的解决办法是建立“生物走廊”。作者写道：“当我们对某些物种进行商业开发时，却很少研究它们的繁衍方式，致使这些物种的数量减少，最终导致生态系统失衡。”

[1] 进化生物学先驱，蚂蚁研究方面的专家，殿堂级的科学家，有“社会生物学之父”“当代达尔文”之称。讲述其重磅研究成果的《半个地球》《人类存在的意义》《创造的本源》中文简体字版已由湛庐策划，浙江人民出版社出版。——编者注

虽然我们在建立陆地与海洋保护区方面已经取得了显著成就，但亚马孙河和刚果河流域这两处仅存的大片热带雨林区仍然存在隐忧——用人工种植的树木替代原始森林。从物种的角度来看，人工种植的树木要孱弱得多。过度捕捞和由此导致的污染正在不断降低海洋的可捕捞性；人类活动对大部分海域的海床造成了物理性破坏，并正在从根本上改变着这些区域的物种组成。报告的这部分内容以一则发表于《科学》杂志上的政策论坛的声明作为结尾，作者对此的建议是投入更多努力和资金。

> 我们需要在两个方面的研究上投入更多资金，第一是更全面地了解生态系统的功能，第二是对由环境的显著变化引发的各种后果进行细致的分析。所有的生物都相互关联，彼此依赖，因此，每一种生物都应该得到保护。这就意味着，我们应当对所有物种进行密切的观察，以便为濒临灭绝的物种提供周密的保护。

对于我所教授的研究生课程来说，这篇报告关于生物多样性的内容是一份很好的课程大纲。这部分涉及的内容和全球性话题令人印象深刻，所提到的研究和话题在当下很受关注。

这篇报告还花费了相当大的篇幅来讨论以下话题：环境污染、气候变化、水资源、城市化进程、社会不平等现象及其对环境的影响、技术带来的好处与挑战、代际平等以及全球和区域政策等。每一个话题都是关于全球生态的课程应该囊括的。不过，这并不是本篇报告成为重大新闻的真正原因，真正的原因是，它以毋庸置疑的态度强调了科学在塑造我们这一代人的道德选择上的重要意义。作者号召全世界的人民和所有科学家认识到生态问题的严重性，并尽快找到对应的解决方法。最后，作者以下面这段话回答了“我们应该如何做”这一问题。

> 虽然科学和宗教看待世界的角度各不相同，但它们可以展开对彼此都有重要意义的对话。考虑到生态危机的复杂性及其成因的多样性，我们必须意识到，解决问题的方法不会来自某一种解释或对社会某一方面的改变。如果我们真的愿意构建一个可以弥补已造成破坏的生态环境，就应该应用所有的科学和知识。

05

LEAKING, THINNING, SLIDING ICE

开裂、变薄、流动的冰川

劳伦斯·史密斯（Laurence Smith）

加州大学洛杉矶分校地理学教授和地理系主任，地球、行星及空间科学系教授；著有《2050 人类大迁徙》[1]。

[1] 本书中文简体字版已由湛庐策划，浙江人民出版社出版。——编者注

最近，一个科学话题同时引起了《纽约时报》《华尔街日报》《洛杉矶时报》和其他重要的全球性新闻媒体的关注。这一话题与世界上最大的冰川有关，所传达的信号非常不乐观。

通过前所未有的高清照片、实地测量和建模，我们发现，遥远的格陵兰岛和南极洲的冰川对全球的海岸线造成了严重影响。超过 10 亿人将受到重大影响，包括经济、生态系统和文化遗产等难以估计的方方面面，有些事物可能会被改变，有些可能会被取代，而有些甚至会消失。

以下这 5 项研究发现值得我们高度关注。

- 第一，南极大陆周围的浮动冰盖虽然没有直接对海平面造成影响，但在阻挡数十亿吨的冰川冰从南极大陆滑入海洋中起到了重要作用，而这些浮动冰盖正在变薄，对环境的保护能力正在降低。

- 第二，通过无人机、卫星和大量的实地勘测，我们发现，格陵兰岛的冰面上出现了很多冰川融水形成的河流。
- 第三，美国国家航空航天局（NASA）的一项名为“海洋冰川融化”（Oceans Melting Glaciers，简称 OMG）的研究项目表明，由于海洋吸收了逐年增加的温室气体散发的绝大部分热量，海洋的水温正在升高。这一研究还表明，深入海洋的大型冰川的边缘部分正在从底部开始融化。
- 第四，科学家通过长期以来航拍的照片绘制出了 20 世纪以来格陵兰岛边缘冰川的消融轨迹。结果发现，冰川的流失速度正在加快。
- 第五，这一发现来自一项长期的研究，科学家运用高级计算机建模发现，如果我们继续燃烧所有已知的化石燃料，南极冰川将会在下一个千年完全消失。

第五项发现听起来有些令人难以置信，如果我们真的这样做，全球的海平面将上升 61 米。这是一个什么样的概念呢？整个大西洋沿岸、佛罗里达州和墨西哥湾沿岸的地区将从美国的版图上消失，洛杉矶和旧金山将成为孤岛。即使海平面仅上升 1.5 ～ 3 米，也会对现在的滨海地区及其人口造成严重影响。美国的纽约、纽瓦克、迈阿密和新奥尔良，印度的孟买和加尔各答，中国的广州、上海、深圳和天津的沿海地区，日本的东京、大阪、神户和名古屋，埃及的亚历山大，越南的海防和胡志明市，泰国的曼谷，孟加拉国的达卡，科特迪瓦的阿比让以及荷兰的阿姆斯特丹和鹿特丹都将受到影响。除了海平面上升，与之相伴的还有台风和海啸的增加（比如卡特里娜飓风和超级飓风桑迪），而这将导致私人企业和政府减少或不再向可能被淹没的地区提供保险服务。

总的来说，这些研究告诉我们 4 个引人注目且十分严峻的事实。

- 第一，冰盖存在洞窟。这意味着，因气候变暖导致不断加速的冰盖表层的融化，难以因重大事件或冰川内部水的重新结冰而扭转。

- 第二，在过去 20 年里，全球海平面的上升速度已经变为之前的两倍。当前海平面平均每年上升 3.2 毫米。同时，海平面的上升速度与冰盖的消融速度明显相关。

- 第三，海洋变暖会对漂浮冰川产生影响。

- 第四，因冰川融化导致的海平面上升正在不断加速，之前许多冰川学家对 21 世纪末海平面上升速度的预测过低（如果从现在开始严格控制温室气体的排放，海平面将上升 0.3 米；如果不控制，则会上升 0.96 米）。

海平面上升是客观存在的问题，而最终上升多少由你我决定。

06

GLACIERS
冰川

罗伯特·特里弗斯（Robert Trivers）

进化生物学家，罗格斯大学人类学和生物学教授；著有《生命：进化生物学家的探险》（*Life: Adventures of an Evolutionary Biologist*）。

当前，全球的冰川正在以前所未有的速度消融，而且会以前所未有的速度持续消融。努力在海平面比现在高 5 米的世界生存下去吧！

07

OUR COLLECTIVE BLIND SPOT

我们共同的盲点

珍妮弗·雅克特（Jennifer Jacquet）

纽约大学教授；著有《羞愧是必须的吗？》（*Is Shame Necessary?*）。

到底谁该对人类造成的气候变化负责？科学家和新闻媒体正在寻找这一问题的答案，由此引出的责任问题也许会成为当下最重要的新闻。因为，谁造成的污染，谁就应当负责治理。

一开始，气候变化主要源自温室气体的排放。发达国家的排放量要远远高于发展中国家。后来，在 21 世纪的第一个 10 年，美国等国家的主要排放源变成个人消费者；在第二个 10 年，企业生产者成为公众关注的焦点，这不仅是因为它们在温室气体排放方面造成的影响，还在于它们在气候变化的观点上对公众的误导，以及对相应政治行动的干扰。

虽然之前我们认为，工厂应该对排放的污染物负责，比如有害废物等，但将排放温室气体的责任从需求方转移至供应方这件事是否公平，还有待讨论。近期，一些研究揭示，化石能源公司为了应对气候变化的相关研究结果，将更多的责任转嫁给生产方。自 20 世纪 80 年代后期开始，随着气候变化带来的危害逐渐显现出来，一些企业开始资助否认气候变化的科学研究，转而强调化石燃料的未来前景。这些行为在无形中影响了公众的判断。

据调查，有些企业对气候科学研究施加影响的一个原因是，与气候研究相关的学科以及交叉学科正在增多。心理学家首次建立了与气候相关联的社会科学，这一下成了头条新闻，这种科学也体现了大众对个人责任和行动偏好的关注。而诸如社会学和科学史等领域的研究人员则记录和分析了已发生问题的企业究竟扮演了什么角色，以及相关媒体在气候变化问题上为什么没有发挥作用。

在气候变化方面，企业应负有责任的相关证据正在不断显现。然而，当前的时机比较尴尬。在过去 20 年的气候论战中，科学家往往被视为不称职的信息传播者，因为他们一直在强调不确定性，传播危言耸听的言论，让人们失去信心。我认为这些观点都不具有足够强的说服力。然而到目前为止，研究人员和媒体既看不到也没有分析有些企业为了摆脱僵局而要的诡计，这是一种失败。我们也许可以责怪企业对政治行动施加的影响，也可以责怪媒体对大众观点造成的误导和混淆，但这并不能解释研究人员和记者为何忽视企业的影响如此之久。既然我们已经认识到了企业对气候变化产生的巨大影响，希望这个问题不再成为我们共同的盲点！

08

THREE DE-CARBONIZING SCIENTIFIC BREAKTHROUGHS

脱碳化的三个科学突破

比尔·乔伊（Bill Joy）

未来学家，太阳微系统公司的共同创始人和前首席科学家，凯鹏华盈风险投资公司荣誉退休合伙人。

气候变化是我们面临的一项巨大挑战。制造、发电和运输行业的快速脱碳化对改善这一问题具有十分重要的作用，但也有可能因非线性效应而演变成危机。2015 年，共有三项相关科学研究取得了实质性突破，这三项成果可以显著地加快脱碳化的进程。然而，这些成果的商用性并没有得到广泛关注。

1. 脱碳水泥和二氧化碳的商业运用

混凝土是世界上应用第二广泛的材料，排名第一的是水。用于混凝土中的硅酸盐水泥的制造过程会排放大量二氧化碳，排放量占全球人为排放量的 5% 。罗格斯大学教授理查德·里曼（Richard Riman）发明了一种新型的"固态水泥"（Solidia cement），其原材料与普通硅酸盐水泥相同，并且可以在普通水泥制造窑中制造，不过所需的温度更低，而且使用的石灰石更少，这就减少了制造过程中的碳排放量。与硅酸盐水泥通过水来硬化不同，这种固态水泥通过消耗二氧化碳来硬化。由这种固态水泥制成混凝土所排放的二氧化碳比其他混凝土要低 70%。到目前为止，这种新型水泥的产量已经达到数千吨。2015 年，有大型混凝土公司改进了生产工艺，已使用这种新型水泥生产混凝土。这种新型水泥的广泛应用将会大幅度增加工业二氧化碳的需求，由此带来收集与再利用二氧化碳的强劲商业需求。

之前试图发明低碳水泥的所有努力都未能成功，原因在于所需的原材料很难获得，加之高昂的固定资产新投资，此外，工艺所要求的原材料的特殊属性以及特殊应用也是可能的原因之一。固态水泥解决了所有这些问题，而且成本更低，性能更好。一件商品能在现有条件中得到快速应用的前提条件就是，简单易用。固态水泥仅需修改生产过程中的一个步骤即可：使用二氧化碳而非水来硬化。

我们能否通过改造利用现有的基础设施，以类似的方式降低制造钢铁和铝等其他高能耗材料的二氧化碳排放量呢？为了寻找合适的替代品，有一项研究进行了 10 年之久，但仍旧没有取得重大突破。因此，这些材料的脱碳化可能需要使用结构聚合物和纤维等低能耗材料重新设计产品来实现，而这一过程所需的时间更长。

2. 用于不定向风的可变形风力发电机

全世界有超过 10 亿的人口缺乏稳定的电力供应，这些人口绝大部分居住于发展中国家的农村地区。实际上，这一情况很大程度上取决于他们获得电力的方式：是来源于可再生能源，还是化石燃料。如今，虽然风力发电是价格最低的可再生能源，但这仅仅是对于数百万瓦的应用规模而言，对于人群分散的地区来说，风力发电机仍不太可行。如果应用规模较小，现有风力发电机的性能将会显著下降。奥金能源公司（Ogin Energy）的沃尔特·普雷茨（Walter Presz）和迈克尔·韦勒（Michael Werle）发明了一种新型的罩式风力发电机，2015 年，该发电机首次用于中等规模（100 千瓦）的部署。这种新型风力发电机的叶片罩可以加快发电机的空气流速，即使在低风速和中低等规模的条件下，也很有效，这样便有利于分散人群和微型电网应用。

最近一项研究表明，达到可实际运用规模的风力发电是成本最低的可再生能源，其成本为 80 美元 / 兆瓦时，而太阳能光伏的成本为 150 美元 / 兆瓦时，传统中等规模的风力发电的成本为 240 美元 / 兆瓦时，这类发电的成本过高，无法得到实际应用。新型罩式风力发电机的发电成本约为当前用于中等规模的传统风力发电机成本的一半，如果批量生产，相比于可实际运用规模的传统风力发电机，前者在成本上具有巨大优势。

我们应该大量部署可再生能源设备，以在发电过程中实现完全脱碳化，以及停止使用现有的绝大部分化石燃料发电设备。风力发电设备的安装比原子能发电设备更快、更安全，也更便宜，前者还可以与电池等电力存储设施相结合，实现全面的部署。如果我们认真对待脱碳化，中小规模的风力发电机可以通过现有的生产设备，快速扩充为大批量生产。事实上，大部分现有生产设备是作为第二次世界大战的军事储备物资而建设的。使用具有成本优势、可用于不同规模的风力发电作为光伏太阳能发电的补充，再加上电网存储设备，这样便能构成一个可大幅加速市场向可再生能源转变的发电组合。

3. 用于固态电池的室温离子电解质

目前的锂离子电池使用的是易燃的液体电解质，或者其他有较大起火隐患的材料。绝大部分电池包含贵金属，如锂、钴和镍。一篇发表于 2015 年的文章介绍了由美国离子材料公司（Ionic Materials）的迈克尔·齐默尔曼（Michael Zimmerman）发明的新型聚合物电解质。这是第一种在室温状态下具有离子导电性的固体，具有很高的商业价值。同时，这种聚合物的安全性很高，被点燃时可自然熄灭，其产生的化学环境与液态电解质的具有本质性的不同。这种特性让该聚合物可以支持各种新颖的负极材料，比如硫黄（容量高、质量轻、价格低），还可以支持各种新型的金属正极材料，从而支持多价金属，比如正二价锌。这些使免用液态电解质且具有良好性能的电池化学过程成为可能。

事实上，这项科学突破是绝大部分电池工业计划在 21 世纪 30 年代实施的规划。这是一项人们一直在期盼的突破，因为固态电池更便宜、更安全，存储的电能更多，而且可以运用塑料行业成熟的规模生产设备进行制造。

在全球由燃烧化石燃料而排放的二氧化碳中，有 15% 来源于汽车。新增加的汽车是使用可再生能源还是化石燃料，对于全球的碳排放量来说影响巨大。低成本、安全性高和高容量的电池可以加速交通运输业的电气化进程，以及大幅度提高一些国家新增车辆的电气化程度。

21世纪，我们应该停止使用化石燃料。好电池和燃料电池的电化学所具备的潜力比一般人所知道的要大得多。电化学可以取代绝大部分化石燃料的使用。

此外，其他基于气态和液态的技术可以通过转换为固态来降低二氧化碳的排放量，比如制冷。当前的制冷环节主要通过“气态－液态”的转换来实现。我希望以后能在固态制冷方面取得突破。就像上述技术一样，固态制冷也可以快速扩大应用规模。

09
JUICE
电流

詹姆斯·克罗克（James Croak）

艺术家。

美国著名科幻小说《汤姆·斯威夫特和他的电力机车》中的主人公。——译者注

请用一只手拿着重约 2.7 千克、容量为 4.5 升的汽油，另一只手拿着 1.35 千克的电池，然后预估一下它们各自包含的能量。小小地剧透一下：目前，它们可以包含同等的能量了。最令人激动且最具深远影响的科学进步就是电池密度的大幅度增加，并且大到可以取代汽油，解决夜间能源、续航里程和风力减弱等问题。

电动汽车的续航里程每年约增长 9%。现在，我们可以开着电动汽车进行中等距离的往返旅行了。2011 年，由美国国家航空航天局发起的“绿色飞行挑战赛”（Green Flight Challenge）提供的百万奖金震惊了世界。最终，这份奖金授予了一架飞机的创造者。这架飞机可以载着一位成年乘客在两小时内飞行接近 322 千米，而所消耗的燃油不到 3.8 升。在这场挑战赛中，共有三架飞机参加了比赛，其中两架为电动的，一架为混合动力。最终，只有这两架电动飞机在规定的时间内完成了比赛。获得第一名的是一架没有燃气引擎的插电式飞机，时速达到 184 千米。这在 5 年前还只是汤姆·斯威夫特（Tom Swift）❶

式的幻想。就算可以塞进机身，当时电池的重量对于这类飞机来说太重了。当前电池的重量和体积都在减少，而存储的电量大幅度增加了。

现在，电池的能量密度最高可达 250 瓦时 / 千克，相比于几年前的 150 瓦时 / 千克，有了大幅度的提高。不过，汽油的能量密度更高，为 12 000 瓦时 / 千克。有一家企业已经成功制造出能量密度为 400 瓦时 / 千克的电池。随着电池技术的不断进步，也许在几年内，电池的能量密度就能超过化石燃料的能量密度。

最令人激动而又违反常识的电池发明是锂空气电池，这种电池从空气中吸取氧气用于化学反应，当化学反应完成时会释放出气体。这听起来是不是有些似曾相识？燃气引擎获取空气，形成喷雾，膨胀的空气发生燃烧，释放出能量，最终排放出废气。令环保人士欢呼雀跃的是，锂空气电池是固态的，释放的气体也是干净的。麻省理工学院已经发明了一种能量密度超过 10 000 瓦时 / 千克的锂空气电池。

电池并不需要通过达到汽油的能量密度来取代汽油。汽油释放能量的过程效率很低，仅有 15% 的能量用于驱动汽车，其余能量都被热量、引擎和传动系统的重量、摩擦和空转消耗掉了。实际上，试验阶段的电池已经超过化石燃料的能量密度了，并能使电动汽车的续航里程达到 800 千米；如果用于小型飞机，续航里程则更长。

此外，电池能量密度的不断增加降低了电力存储设备所需的体积和成本。这使得风力发电机和日间太阳能发电机可满足消费者全天候的用电需求。

在大风天气，风力发电机可以产出巨量电能，而在微风或无风的情况下，则几乎无法发电。与之相反的是，电池可以提供稳定的电量。弗吉尼亚州埃尔金斯的风力发电场新安装了一种电池，它使 98 兆瓦的风力发电机成为全美电力网的固定组成部分，这些电池使风力发电同时具备无污染性和传统火力发电的可靠性。

火力发电厂是按照比实际用电量稍高的发电功率运行的，以应对用电量突然增加的情况。智利阿塔卡马沙漠新安装了一种兆瓦级的电池，这种电池具有很高的稳定性，并且减少了化石燃料的使用量。

我们没有预料到的是，备受期盼的绿色革命之所以突然降临，居然是因为电池。一个世纪以前，路上行驶的电动汽车比燃油汽车要多，而很快，我们就能回到过去了。

10

A CALL TO ACTION
行动号召

汉斯·乌尔里希·奥布里斯特（Hans Ulrich Obrist）

著名策展人，伦敦蛇形画廊艺术总监；著有《策展的方法》（*Ways of Curating*）。

2015 年，马克·威廉姆斯（Mark Williams）等人在论文《人类世生物圈》（*The Anthropocene Biosphere*）中通过众多证据表明，人类活动造成的气候变化将会导致第六次物种大灭绝。根据这篇论文的共同作者地质学家彼得·哈夫（Peter Haff）所说，我们已经进入了一个正在发生许多根本性变革的时期，这些变革将以超乎想象的程度改变世界。事实上，人人都可以说出环境变化的证据。2013 年 12 月，一位朋友从瑞士的恩加丁打来电话，尼采就是在这个地方写出了《查拉图斯特拉如是说》。这位朋友说，他那里的海拔有 2 000 米高，居然没有下过雪。同一时间，伦敦海德公园的水仙花正在盛开。

作为艺术家、环保人士和政治活动家，古斯塔夫·梅茨格（Gustav Metzger）多年来一直在呼吁，但是仅仅在口头上谈论生态是不够的，我们需要制定行动号召。我们必须了解个人和机构在影响人们行为上的潜力，并为人类世制定相应的策略。根据梅茨格所说，我们需要“阻止当前正在发生的物种灭绝，即便最终成功的概率很小。奋战在这条战线的前列既是我们的权利，也是我们的义务”。我们必须努力阻止物种、语言，甚至某种文化的消失，必须与全球同质化现象作斗争，必须理解这是更广泛命运共同体的一部分。法国历史学家费尔南·布罗代尔（Fernand Braudel）提出了著名的“长时段”理论，这一理论主张将新闻事件的历史意义置于人类文明的长河之中加以考虑。灭绝是属于人类世的长时段现象，当前正在发生的新闻就是人类世的特征，通过将新闻与长时段联系起来，我们可以制定相应策略来改变未来和防止大部分物种灭绝。只要理解了这些新闻，我们就会知道应该如何采取行动。

有一些新发现将现在、过去和将来串联起来，也将新闻事件拉长到长时段的视角中，而艺术就是重新思考现有模式以适应这些新发现的方法之一。艺术还可以将各方面的知识汇聚到一起。与文学类似，艺术也是永具新意的新闻。当英国诗人雪莱说“诗人是世界上未经公认的立法者”时，他想表达的是，作家和艺术家思考新闻的方式改变了我们对世界的认识，以及我们的想法和行为。

有一个人对我启发良多，他的名字叫作费利克斯·费内翁（Félix Fénéon），是法国 19 世纪末的一位编辑（第一位在法国出版詹姆斯·乔伊斯的作品的人）、艺术评论家［发现并推广了乔治·瑟拉（Georges Seurat）的作品］和无政府主义者（曾被起诉，但因在公诉人和法官面前演出了一场十分出名的讽刺剧，博得了陪审团的极大好感而免于刑罚）。费内翁善于转变文学形式，以散文诗的形式将新闻变成世界文学。1906 年，他在法国《巴黎晨报》上发表了 1 220 条三行简讯，让该报纸由此出名。这些三行简讯以散文诗的形式描写了根据当时的谋杀案和人间惨剧改编的故事，由此流芳百世。劳伦斯·杜雷尔（Lawrence Durrell）所著的《亚历山大四部曲》（*The Alexandria Quartet*）将爱因斯坦和弗洛伊德取得的比肩哥白尼的科学突破写成了小说。通过将原本短暂且有地域局限性的事件变为具有世界影响力的持久新闻，我们便可以将新闻融入文化。

约翰·多斯·帕索斯（John Dos Passos）为看似短暂的新闻事件赋予了长久的形式。在所著的“美国三部曲”中，帕索斯开创了全新的写作风格，试图描绘生存于一个充斥着纸质媒体、电视和广告的社会中的真实体验。在新闻影片中，他将剪报与流行歌曲的歌词拼贴起来。他还尝试用一种被称为“摄影眼”（camera eye）的意识流技术，试图复制摄像头不区分重要程度的完整记录方式，然后将这些素材转变为故事。著名导演亚当·柯蒂斯（Adam

Curtis）这样评价了“美国三部曲”：

> 这是我们这个时代的伟大辩证法，它讲述了个人经历，以及如何将这些经历片段变为故事。当我们正在经历某些事情时，可能无法知道其所代表的含义，只有在回到家后，才能将所有片段联系起来，组成一个完整的故事。个人如此，社会也是如此。这就是包括列夫·托尔斯泰在内的那些19世纪伟大的小说家所描写的个人和社会对新闻事件的不同反应，以及两者之间弥漫的对立情绪。

美籍黎巴嫩诗人、画家、小说家、城市规划专家、建筑家、活动家伊黛尔·阿德南（Etel Adnan）曾说，转变的过程是“固化的底层与变化的上层之间的完美结合。转变过程存在连续性”。阿德南还表示，转变描述了历史的长时段、当下的新闻事件和可能对将来造成影响的活动三者之间的关系。阿德南还提出，对话有利于我们制定有关保留多样性和防止物种灭绝的新策略。同时，她还表示，这种变化是不可避免的。如果我们打算制定应对当前重大事项的相关策略，就应该克服对跨学科知识融合的恐惧。如果我们不进行知识融合，新闻就只会是新闻。每年都有语言和物种消失。我在写这篇文章时，收到了一封以阿德南的诗体风格写成的电子邮件，十分优美地说明了新闻的现状。

新闻将去往何处

天使去哪儿，新闻去哪儿
新闻被扔进了外国大使馆的垃圾桶
新闻被发射成为太空垃圾
新闻在我们的头脑里

11

A BRIDGE BETWEEN THE 21ST AND 22ND CENTURY

21 世纪与 22 世纪之间的桥梁

郭贞娅（Koo Jeong-A）

概念派艺术家。

亚里士多德在“米利都的泰勒斯”中提到了磁力。东方医学注重经络，一些人在铁器时代针灸发明之前就已经使用磁场来治疗疾病了。意大利哲学家贝内代托·克罗切（Benedetto Croce）曾说，所有的历史都是当代的历史。磁铁的可加密特性使其被广泛运用于计算机网络、医疗器械，以及利用电磁场开展的太空探索。电磁场是联系我们这个时代不同文化载体的纽带，同时也是 21 世纪和 22 世纪之间的桥梁，并且还将不断发展。基于磁力的技术可能会让我们远离极端分裂，给我们带来和平。

12

TECHNOBIOPHILIC CITIES
技术生态城市

斯科特·桑普森（Scott Sampson）

丹佛自然科学博物馆研究与收藏部副主席，研究恐龙的古生物学家，科学作家；著有《如何培养野孩子》（*How to Raise a Wild Child*）。

我们经常会看到关于重塑21世纪城市的新闻。在所有的社会性话题当中，也许只有教育才是我们最关注的，也是我们希望有所改变的。事实上，进行教育改革已经具备充分的理由。

自2008年开始，全球城市人口开始超过非城市人口。到21世纪末，90%的人口增长和60%的能源消耗都将来自城市。这些繁华的人类活动中心既是地球的创新中心，也是环境的主要破毁者。据估算，当前，城市产生了约占全球75%的二氧化碳排放量，还有许多其他污染物。城市消耗了广阔的森林、农田和其他土地，还污染了河流、海洋和土壤。总之，如果不能让城市走上正确的发展轨道，人类就很难拥有美好的明天，更不用说整个生物圈的未来了。

我认为，大部分关于重塑城市的观点可以划分为两个阵营。第一个阵营提倡建立智能、数字化的高科技城市。这一倡议的重点在于通过信息和通信技术大幅提升城市的功能。正在大幅度增长的城市数据（气象信息、交通模式、污染等级、电力消耗等）使这些关键领域实现高科技控制成为可能，它们分别是人群、能源、食品、水资源和垃圾等领域的流动过程。通信技术发达的城市会是什么样的呢？这种城市可以实时提供关于污染、停车、交通、水、电力和照明的数据，这些都要归功于超低功耗传感器和无线网络。智能城市正在迅速变为现实。

第二个阵营提倡建立绿色、生态，甚至野生城市。在这种城市中，自然环境会得到保护，进而得以恢复和繁荣。城市原本是为了远离野生动物，将人类与自然界隔离开来而兴建的。然而，最近越来越多的研究表明，定期与自然接触有益于人类的健康，包括减轻压力、提高免疫力，以及提高学习效率。也许最重要的是，接触自然界对孩子的生理、心理和情感健康大有益处，这是他们成长过程中必不可少的部分。绿色城市阵营还认为，如果我们不理解、不关心城市近郊的自然环境，当前的许多现实问题就无法得到解决，包括气候变化、物种灭绝、栖息地消失等。

利用大数据和亲近自然，这两种关于未来城市的观点看起来明显是对立的，一种重视技术进步，另一种重视生物智慧和自然联系。然而，如果我们仔细分析就会发现，这两者不是相互对立的，而是互补的关系。

对于城市而言，既具有高科技又拥有丰富的自然资源是完全有可能的。现在，很少有绿色城市的支持者声称我们需要回归自然，他们更多的希望拥有一个兼备高科技和丰富的自然资源的未来。当下出现了一些诸如“技术生态城市”和“自然智能城市”等新词，它们描述了这种融合现象，即自然和数据共同繁荣的城市环境。

自然智能城市将拥有许多绿色屋顶、绿色墙壁和相互连接的绿色空间。播种自然植物会引来昆虫、鸟类和其他动物，这样便能将阳台、操场和庭院变为小型生态系统。这些宝贵的城市自然，不仅可以改善人类的健康，还是濒危物种最后的希望。此外，自然资源丰富的城市可以运用智能技术帮助城市居民使用可再生能源——风能、太阳能、水能和地热能。绿色交通有助于减少碳排放量，改善环境。绿色建筑可以发挥类似于树的作用，充分利用阳光和循环水。这样，城市的作用就和森林一样了。

有趣的是，这两个阵营都强调了居民接受教育和参与解决社会性问题的重要性。数字技术和大数据可能会将控制权重新交回到个人手中，比如，数字政务（E-Gcvernance）会提供更高的居民参与度。同样，城市科学家和城市自然学家可以在这些方面发挥重要作用，包括保护动植物、监测各类物种的状况和改善近郊的环境质量。这类基于可靠科学数据的管理方法不仅可以规范人们的行为，还有助于提高人们的科学素养。

总而言之，设想城市的未来绝不仅是纸上谈兵。至少在城市内部，自然和大数据可以完美地实现互补。实际上，人类的延续和大部分地球生物的多样性都依赖于这一互补的实现。如果成功，我们将可以见证一种新型城市的诞生，在这种城市里，人和自然相互依存，生生不息。

13

LENR COULD SUPPLANT FOSSIL FUELS

低能核反应可以替代化石燃料

卡尔·佩奇（Carl Page）

人类世研究所（Anthropocene Institute）负责人，工程师，企业家，eGroup.com 网站共同创始人。

气候面临的严峻形势对能源的使用提出了新要求：比化石燃料更为便宜，可以抵御恶劣的天气和自然灾害，在燃料投入和污染排放方面符合可持续性的需求。低能核反应能否满足以上需求呢？这种能源来源于名声不太好的领域，人们对所用的技术也不甚了解。答案是可以。

1989 年，科学家斯坦利·庞斯（Stanley Pons）和马丁·弗莱施曼（Martin Fleischmann）意外地发现了被称为“冷聚变”的核反应。这种核反应能释放出大量能量，但辐射极小。许多大型航空公司、汽车生产商和初创公司正暗中加大对低能核反应的研究。许多国家的实验室也有类似的研究计划，但在投入上没有前者那么多。近年来，许多科研团队已经通过不同的方法观测到了这种反应，生成这种反应的模式也逐渐成形，相关实验的可重复性很高，也更具多样性，成功率也很高，释放的能量也越来越高。低能核反应的过程既不需要成本高昂或有毒的原材料，也无须经过此类实验步骤。也许，这就是我们继化石燃料之后期待已久的新选择。低能核反应所用的原材料不在各国政府的限制之列，这有利用其快速投入商业运用。

热核聚变反应的惯性思维导致我们一开始就错了。麻省理工学院在早期仓促进行的重复性实验失败了，原因是该热核聚变实验只释放热量，并未生成高能量的中子。起初，我们并不了解该反应所需的条件，许多尝试都未能达到燃料装载和点火能量的要求。即使满足了基本条件，仍然存在一些问题，比如由于原材料存在纳米级别的功能差异而使反应无法重现。在用尽第一批“幸运之钯”之后，庞斯和弗莱施曼也无法重现之前已经成功的实验。不过，现在我们已经掌握了能够克服材料缺陷、产生所需的高能量的方法。

在许多有关低能核反应的实验中，所释放的热量已显著超过所有已知和可能的化学反应。实验的能量层级也从毫瓦上升到数百瓦。与产生的能量一样，实验过程中产生的灰烬也得到了确认和量化。在实验中，研究人员还观测到了高能辐射，这与热核聚变反应中的辐射完全不同。斯坦福国际研究院（SRI International）的迈克尔·麦克库布雷（Michael McKubre）通过分析过去的数据发现了低能核反应所需的条件。为了实现能够释放大量热量的低能核反应，金属晶格必须载入大量氢的同位素，并被励磁系统激发至非常不稳定的状态。此外，在已经成功了的实验中，他们还发现了高质子通量和晶格原子的电迁移。

1955 年，梅尔文·迈尔斯（Melvin Miles）在美国海军航空武器站进行的实验定量分析了低能核反应的生成物。该反应释放的氦 -4 和热量与热核聚变反应释放的一样多，而释放的中子和伽马射线比预计的要低 6 个数量级。

有效的励磁系统包括热、压力、双激光、大电流或者重叠冲击波。为了满足低能核反应所需的条件，实验人员需要对原材料进行处理以形成汇聚能量的缝隙，包括孔、裂纹和杂质等，同时还需要增大反应表面积。产生高质子通量和电子束也是实验成功的必要条件之一。镍、钯等固态过渡金属可以作为反应的载体。反应灰烬中的大量证据表明，反应堆中的金属同位素的质量有所增加，它们似乎产生于中子累积。灰烬中氖和氙的含量也增多了，每次在实验中观测到的氙的浓度并不相同。此外，研究人员还在反应中检测到了少量的 X 射线，以及其他核粒子运动产生的轨迹。

从化学角度看，低能核反应与核聚变反应类似。这一判断基于反应原材料中的氢、反应产生的氦 -4 和嬗变[1]产物。而从等离子物理学的角度看，低能核反应与核聚变反应完全不同，因为两者的放射性强度相差太远。无论采取哪种方式，将氢转变为氦都会释放出大量热量。低能核反应不是零点能量（zero-point energy）或永动机，关键问题是，其能量能否以可承受的成本释放。

等离子物理学家对高温热核聚变反应了如指掌。等离子的相互作用只涉及很少的运动部件，对环境的要求也不高，因此它的影响为零。与此相对，对低温低能核反应机制进行建模涉及上百万处于非平衡态离子的系统的固态量子力学。在低能核反应模型中，纳米级的粒子加速器是必不可少的。该反应还需要可以发射 X 射线的智能设备或高温超 / 半导体。

关于低能核反应，还有很多问题需要解答。那么，汇聚多大的能量等级才能触发低能核反应呢？反应机制是怎样的？所产生的兆电子伏特级别的能量如何在不产生明显的高能粒子的前提下产生热量？麻省理工学院教授彼得·哈格尔斯坦（Peter Hagelstein）致力于研究损耗自旋玻色子模型（Lossy Spin Boson Model）已经有很多年了，他正在努力解答这些问题。

布里渊能源公司（Brillouin Energy）CEO 罗伯特·戈德（Robert Godes）提出了一种与观测结果相匹配的理论，并提出了一种实现方法，那就是受控的电子捕获反应。金属基质中的质子在高温和高压

[1] 一种元素通过核反应变成另一种元素。——译者注

下被禁锢于不到一埃米（10^{-10} 米）的范围内，质子可以捕获电子变为保持静止的超低温中子，这使另一个质子可通过隧道效应与之相结合，产生氘并释放热量。中子累积可分别产生氘、氚和氢 -4。氢 -4 是新生物质，它们会在 30 毫秒左右通过 β 衰变为氦 -4。每生成一个氦 -4 原子，将释放 27 兆电子伏特的热量。

质子 - 电子捕获反应在太阳中很常见。美国太平洋西北国家实验室（Pacific Northwest National Laboratory，简称 PNNL）的超级计算机通过模拟预测出了这一点。这种反应是自由中子 β 衰变的逆反应，而自由中子 β 衰变需要从周围吸收大量的热量，约为 780 千电子伏特。

裂变专家期望高温中子可以破坏易裂变原子。不过，低能核反应反向进行了这一过程：超低温中子（无法由中子探测器探测到，但很容易通过同位素的变化来确认）成为氢原子的靶标。这样便能通过化学方法产生氦，也就不需要克服库仑力，而且不需要也不会生成放射性元素。

低能核反应的准确原理尚处于讨论阶段，目前还没有得出具有普遍说服力的解释。这种反应产生的能量还不能保持在具有商业利用价值的水平上，而且相比于许多其他方法，这种反应产生的热量较少。在地质学成为系统科学之前，黄金的开采一度靠运气，之后我们才具备相关技术来预测金矿的位置。与此类似，偶然的成功逐渐加深了我们对低能核反应的理解，只有通过不断地确定或者否定候选理论，我们才能准确地解释整个机制。由于科学资助机构的过度保守，我们目前被迫依靠创业热情而非遵从科学规律来研究低能核反应；而且，在有效专注于发现正确理论这件事情上，各方的努力还不够一致。虽然合作能更好地解决问题，但这不是行事隐秘的企业所擅长的。

美国能源部、企业和五角大楼均不重视低能核反应，这实在令人不解，不过这远没有原子能的发展史那样离奇。如果不是美国海军的海曼 · 里科弗（Hyman Rickover）和他在美国国会工作的朋友的努力，用于潜艇和发电的核裂变技术可能永远不会出现。虽然私营企业将会在没有政府支持的情况下在这方面取得进展，但令人感到不幸的是，如果真是这样，我们就不能通过《科学》杂志来了解最新进展了。

14

EMOTIONS INFLUENCE ENVIRONMENTAL WELL-BEING

情绪影响环境

琼·格鲁伯（June Gruber）

科罗拉多大学博尔德分校心理学教授。

众所周知，情绪会影响个人的幸福感。许多研究表明，人类情绪的强烈程度和灵活性会对幸福指数产生多方面的影响。此外，在日常生活中，让情绪体验（正面的和负面的）的多样性达到最佳，可以大幅度提高幸福指数，减少得精神疾病的概率。然而，情绪对幸福感的影响仅限于个人层面吗？

最新研究给出的回答是：情绪还会影响环境。包括情绪状态在内的心理过程在应对紧迫的环境问题方面具有重要作用。然而，这一作用在以前被低估了。当人们处于遭到破坏的环境中时，大脑的不同神经区域（如前岛叶）会产生反应。这也就解释了为什么会有个人捐助保护国家公园了。由此可见，负面的情绪反应可能会催生支持环境保护的行为。布里安·克努森（Brian Knutson）和尼克·萨韦（Nik Sawe）的研究也明确证实了这一点。鉴于情绪相关过程（如情绪调节和回应）对环境的影响，研究人员对情绪进行了相关研究，最终也得出了上述结论。此外，将个人情绪反应相关的研究成果用于激发公众保护环境，这种心理学层面的进步意义重大。

情感科学与环境心理学的交叉研究表明，情绪可以通过塑造我们对环境问题产生的情绪反应以及保护环境的频率和程度来改善环境。不过，我们要研究的还有很多，包括搞清楚我们在制定决策和规划时，情绪和环境选择之间的相互关系。与此同时，我们还需要了解更多知识，包括环境的迅速变化（如清洁水资源、局部的空气污染）会对情感状态和动机性行为产生什么样的影响。此外，我们还应当进一步研究个人判断和现实生活中的选择行为是否可以以及如何纳入全局政策制定的考虑范围。

随着人们对环境问题的日渐关注，包括森林的大肆砍伐、不断增长的二氧化碳排放量、栖息地的破坏、关键的生物多样性面临的威胁，情感科学的研究成果将越来越重要。社会科学家是时候与工程师、自然科学家和政策制定者联合起来，致力于保护和改善环境了。

15

GLOBAL WARMING REDUX: A SERIOUS CHALLENGE TO OUR SPECIES

全球变暖再度来袭：人类面临严峻考验

米尔福德·沃尔波夫（Milford Wolpoff）

密歇根大学人类学博物馆古人类专家和人类学教授；著有《种族与人类进化》（*Race and Human Evolution*）。

虽然人类已经成功度过了20多个全球气候变暖的周期，但之前所依赖的条件已不复存在。

若想评选出2015年的年度最重大新闻，并不是一件太难的事情。全球变暖现象在可预见的将来会一直持续下去，而且会以前所未有的速度发展。至少现在看来，我们很难看到这一趋势何时会终止。古人类学是一种比较科学，通过比较之前和现在的全球变暖事件，我十分怀疑这一次人类能否安全度过。一些新闻也与我的疑虑相符：当前的气温正在以前所未有的速度升高。

更新世（距今有200多万年）之前，显著的全球变暖事件之后紧跟着的是伴有冰川的变冷期。此时人类的基因已经发生了进化，足以应对和利用环境的变化，包括气候变化，正如人属（Homo）不断提升自身的适应性以应对气候和生态环境的多样性，人类在交流和规划深度上取得的进步通过故事、诗歌和音乐以及其他文化行为在全人类中传播开来。

在整个更新世时期（除了最近一次冷暖周期外），人口数量都不算多，大约处于100万到200万之间，其中超过半数位于非洲。由于人口数量并不多，所以对生态环境造成的影响较小，再加上大部分自然栖息地没有人类居住，所以人类应对全球变暖的方法几乎都是迁徙。这对人类的进化产生了深远影响，因为人类独特的进化模式几乎都与刚开始和正在进行的迁徙相关。与人类历次大规模的迁徙类似，许多哺乳动物的大规模扩张致使许多族群在地理上形成隔离，最终形成不同的物种。基因流动带来的人口交融减少了人类的相互隔离。此外，人口迁徙和人口扩张所带来的人口交融也促进了人类的进化。人类独特的进化模式影响了部分个体的基因和行为，并使其有选择性地传播至全人类。无论个体种群多么多样化，人口迁徙和自然选择使对整个人类有利的基因变化分布于全人类。

然而，随着人类逐渐掌控了食物来源，人口数量突破了过去的恒定状态，实现快速增长。虽然当前人类数量的快速增长还没有遇到重大的气候变化，但新闻已经明确地表明了这一趋势：我们正面临着全球变暖的威胁。过去的成功并不代表这次我们也能安全度过。世界已经发生了深刻的变化，人类过去成功的应对方式如今可能不再有效。即使当前的气候变化发生得没有那么快，仍旧会有很多人无法安全度过这次全球变暖。

事实上，现在并不是过去的简单延续，因为过去的各种条件已经发生了根本性的变化。人类在更新世时期用于平衡以及成功适应各种气候变化的方法，在今天可能会导致人类内部发生相互竞争，而获胜者的生活也将比之前艰难。

全球变暖趋势不可避免，即使这一现象并不一定会发生，但可能性仍然非常大。我们必须认真对待，不能重蹈覆辙。

16

BLUE MARBLE 2.0

蓝色星球 2.0

朱利奥·博卡莱蒂（Giulio Boccaletti）

物理学家，大气和海洋学家，大自然保护协会全球水资源管理总监。

“蓝色星球”代表着人类第一次从太空中拍摄的地球全貌，由“阿波罗17号”于1972年12月7日呈现。不过，这并不是地球的第一张照片，在此之前，宇航员从月球上拍摄的第一张照片已广为传播。1969年，登陆月球的宇航员拍下了著名的“地球升起”的照片。在这张照片里，从黑暗中浮现的地球显得孤独又脆弱。不过，“蓝色星球”这张照片有所不同，它所呈现的细节更多，捕捉到了自然界的各种细节，传达了许多耐人寻味的信息。这张照片标志着人类世的开端。20世纪70年代，人类开始认识到自身在地球生态系统中所扮演的角色，并开始了解人类对这颗珍贵而脆弱的星球产生的影响。

“蓝色星球”这张照片展示了从地中海至南极的全貌，位于中间的是非洲大陆和阿拉伯半岛，旁边是印度次大陆和南太平洋。这张照片十分精细地展示了大气层的全貌，我们还可以看到热带复合带。在这一区域，潮湿气流从南北吹向赤道，上升为较窄的对流羽流，给热带地区带来了标志性的雷雨气候。我们还可以看到分别位于赤道南北纬度30°附近的撒哈拉沙漠和卡拉哈里沙漠。在这两个区域，气流逐渐向两极方向流动。气流在完成哈德里环流圈（Hadley cell）的同时，带走了所有水分。右上角由阿拉伯海表层温暖的海水生成的热带气旋和照片中间南太平洋地区强劲的西风带上的中纬度气候分别以高积云和卷积云为标志。南极大陆的轮廓清晰可见。这张照片可以完整地概括全球气候。

标志性的地理图片不仅可以增进我们对于自身地位的认识，还反映了一些文化现象以及作者的关注点。第一幅世界地图出自公元前 6 世纪美索不达米亚的“世界形象”（Imago Mundi）。这幅地图描绘了巴比伦城与周边城市、幼发拉底河和波斯湾之间的关系，它不仅展示了面临的主要威胁，还描绘了整个文明的延续。大约 1 000 年之后绘制的第二幅地图“伯伊廷格地图”（*Peutinger Map*）描绘了罗马帝国的范围和道路。这些道路体现了罗马帝国的运输能力，它们将整个帝国紧密地联系起来。

第三幅地图成为 2015 年全球性的头条新闻，它代表了我们对人类自身可持续发展的关注，以及所面临的挑战。

重力场双子卫星汤姆（Tom）和杰瑞（Jerry）于 2002 年 5 月 17 日发射升空。这两颗完全相同的卫星是重力恢复与气候实验（Gravity Recovery and Climate Experiment，GRACE）的主要项目，它们位于距离地面 500 千米的高度，每天围绕地球旋转 16 圈，向我们传回所拍摄的山脉和水资源的分布情况的图片。这两颗卫星通过测量由质量分布的细微变化引起的重力场变化来获得实验数据。这要求两者的速度有一定的差异。通过高精度（距离为 200 千米时的精度可以达到微米级别）测量两颗卫星之间的相对距离，它们可以对地球重力进行 CT 式的整体扫描。这是现代地球测量技术的重大突破之一——可以通过翻转、过滤和分析测量结果来生成地球的精确三维结构。

这项技术的一项关键应用是测量全球蓄水层的地下水含量。水的密度与周围岩石的密度明显不同，这将导致重力场存在细微差别，而这一差别可以通过重力场双子卫星探测到。对全球水文状况的评估总是受到复杂的区域资源现状的限制，很难进行，而且最终的实用性也不高，因为就算得出了这样的综合评估，那也是百科全书式的大部头作品：以章节划分不同河流和国家；数据来源单一，从寥寥几个测量结果和模型中进行勉为其难的引用、推理和假设。这难以引发大众对人类地位的广泛讨论。

不过，在重力场双子卫星发射15年后，其所传回的大量数据让我们第一次了解了地下水使用的综合状况。这是一幅全球性图像，是对地球的实时详细诊断，即便目前还不完整。这个实验已经照亮了水循环最朦胧的部分——位于地表以下的部分。这样的图片足以成为新闻。该实验揭示，全球有1/3的大型蓄水层正在遭受人类的破坏，人们抽取地下水的行为正在逐渐耗尽这些蓄水层。加利福尼亚州的中央谷、阿拉伯半岛和印度河盆地都面临着同样严峻的问题。面对管理好现有水资源这一全球性挑战，各个国家和地区应该联合起来。

科学实践应当与实验数据结合起来，而不是被数据改变。比如，遥感技术还有待进一步提升，它只有与地面勘测技术相结合才具备实际操作意义。实验数据已经开始改变我们对可持续发展的理解，这些数据在未来几年里仍然具有新闻价值。与古代地图和“蓝色星球”的照片类似，这些数据为我们应该关注这个时代的问题提供了强有力的可视化依据，包括对地球全部水资源的关注。实际上，重力场双子卫星已经告诉我们，“蓝色星球”十分脆弱，而且正日渐干涸。

17

HIGH-TECH STONE AGE
高科技石器时代

托尔·诺雷特安德斯（Tor Nørretranders）

科学作家；著有《慷慨的人》（*The Generous Man*）。

真正的新闻实际上是“旧闻”——我们属于这个星球，我们是土著居民。最近的一大新闻是，我们正在运用新技术试图回到原始居民的生活方式，像远古人类那样利用能源和物质，以及交流信息。这样的高科技石器时代即将来临，主要体现在三个方面：食物、光和人际关系。

1. 食物

过去，人类以狩猎和采集食物为生。现在，随着农业的不断发展，我们可以以少数几种驯养的动植物为生（4 种农作物提供了我们所需的一半以上的热量）。按照人类的意志使用自然资源导致机器和化石燃料的使用率急剧上升，而土壤因此遭受侵蚀。此外，单一的种植方式会导致害虫不断增多。

虽然让地球上 70 多亿人口都回到这种生活方式还比较困难，但各种新技术为此提供了可能。具有开拓精神的厨师发现了被遗忘的野生资源，比如，可食用的昆虫和不为人知的海洋生物。同时，信息技术使获取食物变得更加容易。此外，城市农业正在蓬勃发展。许多人将不再直接食用通过农业生产的各种食物，如面条、米饭、玉米和土豆。在厨师的技艺和发酵等技术的推动下，野生食物和多年生植物正在重回一些人的餐桌。从长远的角度来看，与高度规范的种植业相反的是，自然生长的动植物可以提供更多样的食物。石器时代的原则是自然生长，高技术仅用于将动植物变得可供使用，比如筛选、烹饪、发酵、用酶进行分解等。

2. 光

太阳、篝火和蜡烛发出的光属于热辐射，具有连续的光谱。当我们透过棱镜观察这类光时，可以看到彩虹光谱，白炽灯泡也是如此，因为它们发出的光同样属于热辐射。不过，节能灯泡和其他日光灯的光谱不是连续的，而是线性的，这类光只包含几种颜色。因此，现代照明技术在颜色种类和色彩表现力上仍然存在不足。日光灯已逐渐被淘汰，但替代品（节能灯）的照明效果并不好。

LED 拥有较完整的光谱和节能等特点，具备解决以上问题的潜质。然而，当前家用和商用 LED 的颜色种类依然不多。人类的感官已经习惯了在连续光谱的光线下观察事物，而 LED 目前还无法达到要求。不过，这个缺陷终将会得到解决。下一波照明技术将会在发射连续光谱方面取得进展。运用量子点（人工获取的原子）可以发出具有连续光谱的光，其能耗比热辐射低。诸如 LED 和量子点等固态光源不仅可以发出我们早已习惯的光，还能降低能耗。

3. 人际关系

狩猎–采集文化形成的点对点的扁平关系网是管理该时期日常生活的最佳选择。然而，农业的出现带来了中央集权、城市、驿站、王权和控制。因此，社会结构不再需要自下而上的自发组织，转而变成自上而下的基于管理的结构，虽然这种结构有其优点，但不利于保持民间的活力。同时，对于政府和市场而言，在人人匿名的状态下管理公共资源非常困难。虽然气候变化带来的挑战提高了公众参与公共事务的热情，但政府对人们的实际行动能力感到失望。不过，风力发电、城市花园和共享经济的实际应用越来越多。随着分散式的生产方式的出现，比如 3D 打印技术、发酵中心和网络文化，传统的全球化浪潮可能会转向本地化。

信息技术可以使人们回到分散的、自我组织的生产方式，这种生产方式还可以根据当地环境进行调整。本地管理对于实现物质流的闭环是必不可少的。因此，真正有价值的新闻是：新技术和新的社会政策能使我们像古代人那样利用能源，包括分布式太阳能和本地化物质和信息流的利用方式。

这是一个好消息。

18

THE DEMATERIALIZATION OF CONSUMPTION

消费的去物质化

罗里·萨瑟兰（Rory Sutherland）

英国奥美集团总监和副董事长，英国杂志《旁观者》（*The Spectator*）专栏作者。

21 世纪早期，英国似乎达到了某种意义上的巅峰。这是经过复杂的计算得出的结论。虽然这个最古老的工业化经济体在 21 世纪一直处于增长状态，但其原材料和化石燃料的消耗量并未保持同步的增长，反而一直呈下降趋势（除了在一个寒冷的冬季能源消耗激增）。

克里斯·古道尔（Chris Goodall）和其他几位评论员评论了这两种相反的发展状况。英国的官方数据也显示了物质消耗的下降趋势。从 2000 年到 2013 年，原材料的人均年消耗量从 12 吨下降至 9 吨。日本的情况也与此类似。

不过，一些人对这一结论心存异议，还有一些人虽然相信这个结论，但不希望被广泛传播。然而，在全球范围内已有足够的证据显示，消费与发展的模式已经发生改变，同时，在许多领域，无形的商品正在取代有形的商品，这种情况不仅限于诸如音乐和电影下载已经取代 CD 和 DVD 这类明显的例子。此外，汽车的续航里程和销量似乎都已达到峰值。看过《美国风情画》（*American Graffiti*）这部喜剧电影的人应该对其中一个情节印象深刻：在美国所有 18 岁的人中，有半数人没有驾驶证。

有几股力量推动了物质消费的降低，其中之一是简单的满足感，也就是除非人们已经拥有了一辆车长达几年时间，否则他们很难看到不拥有车的好处。只有在长途旅行几次之后，我们才会发现自己最喜欢的休闲之所是离家100千米的一个湖泊。当大部分人都可以负担得起乘坐飞机旅行时，英国的富裕阶层变得更愿意在国内度过主要假期（这具有标志性意义）。

不同商品的时髦化（啤酒、杜松子酒、咖啡等）是互补趋势的又一证明，即人们在基本差别越来越小的不同商品中寻求能体现价值和自我的商品，而不是一次性购买大量同类或不需要的商品。

进化心理学家杰弗里·米勒（Geoffrey Miller）将这种行为上的变化归结为网络社交媒体。网络社交媒体改变了信号传递的性质，即分享经验可能以付出所拥有的财产为代价来获得传播的力量。

物品的经济价值正在越来越多地从物理属性中剥离出来，转移至无形的属性。伦敦最有商业价值的街道由橱窗组成，这些橱窗如果被维多利亚时期的富人看到了，肯定会觉得小得可笑。这些橱窗的价值来源于所处的中心地位，现在的人们觉得住在市中心要比住在郊区时尚。

我认为，更重要的一点是，创造无形的价值几乎不会对环境造成破坏。这种价值可能会使人们产生这种信念：拯救地球的唯一方法是重返“贫困”。这可能意味着，就算无法被淘汰，那些会带来破坏性后果的竞争和猎奇的人类品性很有可能会发生改变。

19

SCIENCE MADE THIS POSSIBLE

科学让梦想成真

布鲁斯·帕克（Bruce Parker）

史蒂文生理工学院海事系统中心客座教授；著有《海洋的力量》（*The Power of the Sea*）。

对于科学的态度，最近的新闻出现了分歧。第一类新闻报道了激动人心的实用科学成果；第二类则报道了对科学成果的公然蔑视及其所采取的行为，以及对科学价值的怀疑，这类新闻有：父母不愿给子女接种疫苗；对转基因食品的恐慌；对学校进化论课程的抵制；对全球变暖现象的怀疑，以及对加氟自来水的质疑。

有人也许会认为，第一类新闻的拥护者和面向大众的科学作品应当致力于降低第二类新闻的数量。令人感到不幸的是，事实并非如此。在这个遍布互联网和有线电视的时代，正面科学新闻的数量的确增多了，但负面科学新闻的数量也在增加。毫无疑问，相信科学的读者会首先选择阅读正面新闻，而易受反面新闻影响的读者则会优先看负面新闻。我们应该想办法扩展第一类新闻的读者群，而对第二类新闻进行通俗易懂的反驳。

鉴于一些科学新闻对于普通大众而言过于复杂，出现怀疑主义是可以理解的。气候变化和全球变暖就是典型的例子。这两者包含了物理学、化学、生物学、地理学等学科，而且它们都十分依赖实验数据（基于对冰核、沉积岩芯和煤等物质的同位素监测），这些实验数据向我们提供了能够反映数百万年来气候变化所需的信息，包括温度、二氧化碳、沼气、海平面、冰盖的记录等。对于计算机气候模型来说，这些数据对于预测未来的气候变化至关重要。我们应该竭尽所能地向普通大众解释气候系统的原理、疫苗的原理、转基因食品与其他普通食品一样安全的原因、加氟自来水的安全性、物竞天择的进化原理等。无论最终能否成功，我们至少应该让科学家付出的心血得到理解。

我们应该如何利用第一类正面新闻，使支持第二类新闻的人改变看法呢？如果可以让怀疑论者认识到交通工具、通信手段，以及家中、工作中和上班路上所遇到的一切都离不开科学，他们的想法会有所改观吗？我们对待事物的看法能否稍微客观一些呢？许多人（也许是大部分）仍然深受传统观念和特殊利益集团的宣传的影响，不愿改变自己的看法。虽然在这个充斥着互联网和数字媒体的世界，负面影响无处不在，但在编写科学新闻时，我们更应该注重科学让梦想实现的方式。如果我们可以在所有科学新闻和日常新闻的结尾，以及所有家用物品、药物、汽车、计算机、游戏机和其他生活必需品上加上“科学让梦想成真”的标识，结果可能会有所好转。

20

THE BRAIN IS A STRANGE PLANET

大脑是一颗神奇的星球

达斯廷·耶林（Dustin Yellin）

艺术家，先锋作品基金会（Pioneer Works）创始人。

大脑是一颗神奇的星球，而地球是一个神奇的大脑。过去一年最重要的科学新闻不是具体某一个，而是一系列头条新闻的集合。通过运用不断发展的记录手段和通信技术，越来越多的人开始分享个人经历和一些事件的细节，文化也随之变得更具渗透性和流动性。这种多样化的记录方式在将人们联系得更紧密的同时，也放大了人与人之间的差异。

边缘群体乐于看到自己的权利得到广泛认同，比如同性婚姻获得了美国联邦立法的通过，曾一度不被认可的生活方式获得了认同。然而与此同时，政治上的分裂仍然很严峻。

曾有人说："个人的自由意味着他人的不自由。"如果这种观点是现今文化理念的来源，那么关于水资源和能源的使用，以及气候变化的对话将取决于这些问题对人们的影响。

斯科特·菲茨杰拉德（Scott Fitzgerald）曾说："检验一流智力的标准是，头脑中同时存在两种截然相反的想法，仍能保持正常的行动能力。"我们的文化具有改变观念、重新平衡环境与社会规模的潜能。我们建造了现在的世界：居住的城市、用于表达想法的语言和符号，以及让我们不断前行的爱。我们需要做的是改变自身的观念：人类最大的威胁并不是来自其他大陆的人类，而是人类整体。

21

THE ABDICATION OF SPACETIME
放弃时空

唐纳德·霍夫曼（Donald Hoffman）

加州大学埃尔温分校认知科学教授；著有《视觉智能》（*Visual Intelligence*）。

自从1915年爱因斯坦发表广义相对论以来，空间与时间的本质问题就成为科学界关注的焦点。在这一事件之后，空间与时间从物质的“舞台”变成了科学研究界的“明珠”。1919年，阿瑟·爱丁顿（Arthur Eddington）证明，当发生日食时，时空会与其中的物质和光线一起发生变形。这使原本无人问津的时空的本质问题突然成为热门研究，当年11月10日《纽约时报》的头条新闻是《天上的光都歪了》（*Lights All Askew in the Heaven*）。

时空既能引发人们的思考，也会禁锢想象力。回想一下在夏威夷的假期、新款的汽车、好友的婚礼、乔治·阿姆斯特朗·卡斯特（George Armstrong Custer）[1]的最后一战，时空都起到了重要甚至必须的作用。试着想象一个四维空间，它的上下、前后、左右，以及一个时间维度。这可能很难在想象中勾勒出来是吗？时空成了想象力的阻碍。再试着想象一个二维的时间，或完全不

美国内战和印第安战争中陆军骑兵指挥官。——译者注

存在时间的情况，是不是更难了？

1926年诞生了一个天才理论——量子理论。在某些场合，量子理论能够准确地描述时间与空间的关系。两者相结合，催生了粒子物理学标准模型（Standard Model），这一模型描述了电磁力、强相互作用力、弱相互作用力和亚原子粒子。不过，当物质密度太大或距离太近时，标准模型就不再有效，而量子理论就开始起作用了。

1935年，爱因斯坦、鲍里斯·波多尔斯基（Boris Podolsky）和纳森·罗森（Nathan Rosen）发现了一种现象，根据量子理论，粒子的量子状态会立即改变与其纠缠的另一个粒子的状态，无论这两个粒子的距离相隔多远。纠缠的量子不可能以比光速还快的速度传递信息，而量子理论无视时空的存在，这深深地困扰着爱因斯坦。

弦理论促使时间与空间彻底地分离开来。诺贝尔奖获得者戴维·格罗斯（David Gross）发现："支持弦理论的人都相信时空注定会终结，但没有人知道它会被什么取代。""菲尔兹奖"获得者爱德华·威滕（Edward Witten）也这样认为。普林斯顿大学高等研究院的纳森·塞伯格（Nathan Seiberg）曾说："我几乎可以肯定，时空只是一种幻觉。这些原始概念将会被更复杂的概念取代。"

好消息是，复杂的替代者可能即将出现。一个可能的继任者是纠缠的量子本身。布赖恩·斯温格尔（Brian Swingle）和马克·范·拉姆斯顿克（Mark Van Raamsdonk）发现，遵从爱因斯坦广义相对论的扭曲时空可以在纠缠的量子点的张量网络中产生。在这种情况下，纠缠的量子并非不受时空的干扰，而在某种程度上是容纳时空的载体。

另一个可能的替代者是时空之外的另一种几何结构，其中最具代表性的是尼马·阿尔卡尼-哈米德（Nima Arkani-Hamed）和雅罗斯拉夫·特尔恩卡（Jaroslav Trnka）发现的"amplituhedron"模型。数十年以来，物理学家一直在用一些公式来计算，亚原子粒子以多种方式发生碰撞，然后散开的各种概率。这些公式假设物理过程限于时空内。然而实际情况是，这些公式不仅过于复杂，还忽略了物质的高度对称性。不过，amplituhedron 模型简化了这些公式，引入了对称性，并在计算过程中放弃了时空必须作为基础这一假设。

如果时空不是基础，那什么才是呢？目前还无人知晓。最有可能的是量子信息，即量子点和量子门。不过，量子信息十分抽象，因为它不是包含于时空中的。在某种程度上，时空和物质来源于量子信息的非时间和非空间状态，正如约翰·惠勒（John Wheeler）所说："来源于点。"然而，这会带来另一个问题：为什么量子信息、量子或其他因素应该成为现实的基础？量子信息如何才能成为基础呢？

虽然现在就宣告时空会终结的结论也许为时尚早，甚至还有些夸张，但无论如何，这个话题在长时间内一直会是一则重要新闻。无论时空是不是基础，其论证过程都将改变我们对现实世界的理解，也许还会改变我们对人类自身的想象。

我认为，时空会终结的观点并不夸张。不过，这可能会为认知心理学的研究人员带来新的难题。如果真像塞伯格所说，时空只是一种幻觉，终将会被其他概念取代，那为什么我们的感官系统要进化成以时空的形式来认知世界呢？这种认知形式偏好哪种选择，具有哪些适应性优势？

认知心理学的通用假设是，进化更偏好真实知觉。这种知觉能准确地描述关键的环境要素。"人类的认知是基于非真实的、虚幻的时空形式"这类假设并不多见。如果时空是一种幻觉，认知领域将会发生什么变化？物理上的因果关系又将会发生什么变化？这些变化是否会影响我们对于意识 / 身体的理解，即我们的认知经验是如何与身体，尤其是大脑活动相关联的？

这一问题意义重大。一个世纪以前，时空探索大门的打开是头条新闻，而如今时空的结局同样引人关注。

22

THE NEWS THAT WASN'T THERE

还未发现的新闻

安东尼·加莱特·里斯（Antony Garrett Lisi）

理论物理学家，独立研究者。

2012 年 7 月 4 日，欧洲核子研究中心（European Organization for Nuclear Research）宣布发现了希格斯玻色子（Higgs boson）。这是基础物理学领域的一则大新闻。20 世纪 70 年代建立的粒子物理学标准模型已经被大量的实验数据证实。虽然希格斯玻色子的存在对标准模型非常重要，但这并不是基础物理学领域最重大的新闻。该领域最重要的新闻——超粒子（superparticle），还没有被发现。

粒子物理学标准模型建立后不久，科学家就据此提出了超对称理论（supersymmetry），即所有粒子都有相对应的与其自旋相反的超粒子。这一理论迅速获得了理论物理学家的青睐。我们可以通过超粒子来平衡现有粒子质量的量子属性，使观测到的质量更自然。超对称理论解决了粒子物理学标准模型的微调问题（fine-tuning problem），即使粒子为何具有如此精确的质量仍然是基础物理学领域最引人关注的话题。此外，对于大一统理论的支持者而言，如果真的存在超粒子，粒子物理学标准模型已知的三种力便能更完美地统一为某个高能量的值（即便通过增加几种非超级玻色子能更简单地达到这种统一）。实际上，超对称理论是超弦理论的基础，而超弦理论是在粒子物理学领域占主导地位的推测性理论。

建造大型强子对撞机（Large Hadron Collider）的目的除了寻找希格斯粒子

之外，另一个主要目的是寻找超粒子。如果超对称理论能帮助解决粒子物理学标准模型的自然问题，那么对撞机所能达到的能量层级应该可以发现超粒子。在第一次运行对撞机时，研究人员感觉到了超粒子的存在，这种感觉就如同眼前升起了一颗气球，上面还挂着一条横幅："欢迎回家，超对称理论！"然而，超粒子并没有出现，这让许多理论物理学家非常失望，包括弦理论学家。

试想一下，假如你昨晚做了一个十分逼真的梦，梦见你家后院有一只独角兽，这个梦是如此逼真，以致第二天你就跑到后院四处寻找，希望真能找到，结果什么都没有。这就是弦理论学家和其他超对称理论的支持者面临的处境。即使现在你知道后院并没有独角兽，但根据贝叶斯理论，你可以宣称独角兽更有可能藏在壁柜里。这就是目前超对称理论支持者的观点，因为对撞机在电弱能量层级附近没有找到超粒子。这样看来，独角兽在壁柜里的可能性和对撞机找到超粒子的可能性的确增大了，但你知道最大的可能性是什么吗？那就是独角兽和超粒子根本不存在！独角兽也许是美好的，但它与超对称理论和超弦理论一样，真的不存在。还是考虑一下其他的可能性吧！

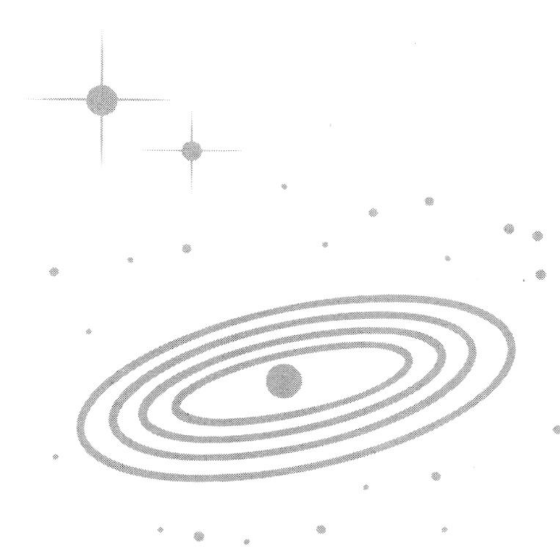

PERHAPS THE LAWS OF NATURE ARE NOT STATIC BUT HAVE EVOLVED, THROUGH SOME DYNAMICAL MECHANISM, TO HAVE THE UNLIKELY FORMS THEY ARE OBSERVED TO HAVE.

也许物理定律并不是恒定的，而是依据某种动态机制不断演化的，也许这才是为何我们观测到的宇宙万物与实验推论并不完全一致的合理解释。

——李·斯莫林，《没有什么大新闻》

23

NO NEWS IS ASTOUNDING NEWS

没有什么大新闻

Lee Smolin

李·斯莫林

美国知名理论物理学家，畅销书作家；著有《时间重生》[1]。

自从2015年开始，理论物理学界就没有出现过什么大新闻了。仅有的一个例外（还有可能是统计上的异常）是一系列实验证明，20世纪70年代以来建立的基本物理学理论体系并不完整。虽然数千名科研人员付出了巨大努力，希望能够发现某种新现象，以进一步统一和简化我们对物质世界的理解，但就目前而言，进展并不大。

① 《时间重生》是一部集科学、哲学与科幻小说于一体的著作，它用新颖独特的方式解读了量子力学、引力及宇宙学的大统一，引领读者穿过层层迷雾，感受时间真实性的回归。本书中文简体字版已由湛庐策划，浙江人民出版社出版。——编者注

1973年以后，我们将基本粒子和基本力统一为粒子物理学标准模型，这一模型将除引力以外的所有物理现象归结为通过三种力相互作用的12种基本粒子。到目前为止，所有实验都证明了这一标准模型的正确性。通过运用超环面仪器（ATLAS）和紧凑型缪子螺线管探测器（CMS），欧洲核子研究中心的两组科研人员所做的实验也证明了标准模型的正确性。他们所建的大型强子对撞机产生的能量大约是之前其他设备的两倍。

2012年，欧洲核子研究中心的科研人员宣布发现了希格斯玻色子。希格斯玻色子是粒子物理学标准模型预测的尚未发现的最后一种粒子。然而，由于包含29个自由变量，该标准模型还不够完善。一方面，我们目前对这些变量的值缺乏解释。因此，我们希望找到能确定这些变量的深层次理论。另一方面，这些变量中有一些现象相当不同寻常。比如，级列问题——某些相当小的数值之间相差的倍数非常大；还有微调问题——对于包罗万象的宇宙而言，某些变量的值必须非常精确。此外，我们对基本粒子的选择以及决定粒子之间的力的对称性也缺乏了解。寻找标准模型之外的粒子的另一个重要原因在于，通过天文观测，我们获得了充足的证据，它们都证明存在只吸收而不发射光线的暗物质。此外，所有这些证据都表明，大型强子对撞机应该能发现某些新现象。

已经有科学家提出了统一所有物理现象所必需的一些重要假说：超对称理论、人工色模型（technicolor）、大型额外维度（large extra dimensions）和复合性原理（compositeness）。这些假说都推测，大型强子对撞机应该能发现新粒子；一些假说甚至认为，存在诸如量子黑洞之类的特殊现象。到目前为止，绝大部分实验结果都与这些假说相吻合。

可以肯定的是，最新的实验找到了粒子物理学标准模型之外的粒子存在的证据。虽然这个证据的说服力很小，但这一结果令人无比激动。最近在大型强子对撞机中进行的两项实验都发现，产生光子对的碰撞要高于理论值。然而，我们的监测方式如此之多，必然会观测到这种现象。因此，从统计学的角度来看，这一现象可能源自一种随机波动，随着采集的数据越来越多，这一现象也可能会消失。

即使这一现象最终促使发现新粒子（这将会成为一则轰动性的新闻），但这最终会促使形成更高层次的统一，还是会让本已相当复杂的粒子物理学标准模型变得更复杂呢？结果还很难说。值得庆幸的是，不久的将来，我们将会获得更多的观测数据。

量子引力理论的情况也与此类似，这一理论旨在统一量子理论和爱因斯坦的引力理论。根据量子理论的推测，当能量层级变得非常高时，我们观测到的物理现象将与普通的物理现象有所不同。这可能意味着，当处于非常低的能量层级时，空间将会变得离散，或者量子的几何结构将会发生变化。这也就意味着，光速不再是恒定的。正如广义相对论提出的，光速将与能量相关，而且我们可以在某些特定的能量层级观测到光的极化。

在过去的20年里，我们对伽马射线所做的精确观测已经证实了这一推测。这些伽马射线产生于伽马射线暴，它们已经在宇宙中传播了数十亿年。如果光速受能量的影响，即使这种影响十分微弱，我们也能观测到不同能量的光子在到达时间先后上的区别，而且，光在宇宙中传播的这段时间又会进一步放大这一效应。当前，费米伽马射线太空望远镜和其他伽马及宇宙射线探测器正在寻找这种现象。目前，我们还没有观测到与广义相对论相违背的现象。因此，发现量子引力物理的希望还得延后。

另一个类似的现象可能会改变宇宙学。

在宇宙的起始阶段，一定发生了某些重要的事件，才促使形成了如此巨大的宇宙。不过，这一过程又是十分平稳和均匀的。关于这一现象的一种解释是，宇宙发生了暴胀，即在起始阶段发生的快速膨胀。除此之外，还存在一些其他解释，但这些解释都需要对参数和初始条件进行十分精确的微调，而微调之后的结果都显示，平稳的宇宙中分布着噪声波动，这种波动呈现为密集区域和松散区域的随机分布，经过几亿年的膨胀，这些区域最终形成了星系。在宇宙微波背景辐射中，这种波动会产生可以被观测到的碰撞。到目前为止，这种波动的分布是相当随机和普遍的，暴胀理论和其他理论都足以解释这一现象。

在以上这些领域，我们已经从实验中发现了宇宙演变的种种迹象，它们有助于我们解决目前还不完善的宇宙理论的诸多难题。不过，当前的进展还相当缓慢。也许，物质真的是精确设定好的，那么，我们应该转而寻找为什么会这样设置的原因；也许，物理定律并不是恒定的，而是依据某种动态机制不断演化的，也许这才是为何我们观测到的宇宙万物与实验推论并不完全一致的合理解释。

24

ONE HUNDRED YEARS OF FAILURE
一百年的失败

塞思 · 劳埃德（Seth Lloyd）

麻省理工学院量子力学工程系教授；著有《为宇宙编程》（*Programming the Universe*）。

2015 年是爱因斯坦发表广义相对论的 100 周年。该理论描述了以时空曲率为依据的引力：物质的存在使宇宙的基本结构发生了变形，从而使光的传播路径发生扭曲，时间变慢。广义相对论允许我们将宇宙描述为一个整体，同时还准确地预测了黑洞等特殊天体的存在；它甚至支持闭合的时间曲线，从原则上允许时间的倒流。广义相对论是一种非常成功的科学理论，在其诞生 100 周年之际，有许多人以文章、节目或学术论坛的形式来纪念爱因斯坦取得的成就。

不过，大家似乎遗漏了一个故事。当爱因斯坦发表广义相对论后不久，有一些物理学家试图融合广义相对论和量子力学。量子力学是描述物质在最小距离和最基本尺度上的状态的物理理论。在过去的一个世纪，量子力学在基本粒子、固态物理学、光学和信息处理这些基础物理学研究方面取得了长足的进步。爱因斯坦发表广义相对论没多久，一些物理学家就提出了量子引力理论，但都失败了。

第一批量子引力理论失败的原因在于，这些物理学家并没有真正理解量子理论。在爱因斯坦提出广义相对论 10 年之后，薛定谔和海森堡（Heisenberg）才提出了关于量子理论的准确的数学表达公式。到了 20 世纪 30 年代初，保罗 · 迪拉克（Paul Dirac）成功地提出了包含爱因斯坦早期狭义相对论的量子力学公式。在此之后的50多年里，理查德·费曼和默里·盖尔曼等物理学家运用量子场论（quantum field theory）让我们对基础物理学的理解有了本质性的提高，据此所取得的最大成果就是20世纪70年代的基本粒子物理学标准模型，这一模型统一了除引力以外的所有力，随后的实验都证明了它的正确性。

那么，引力的量子理论又如何呢？迪拉克之后的物理学家尝试将量子场论扩展至广义相对论，但都没有成功。失败的原因在于一个棘手的技术问题。量子场论存在一个特殊情况：当计算可观测的值时，比如电子的质量，得到的答案是无穷大。

通过进一步分析，科学家意识到必须考虑电子与其他粒子（如光子）的相互作用，这些相互作用使电子的质量回归常态，不再是无穷大。在量子场论中，这种回归常态发挥了重要作用，比如让电子的质量可以精确至6位数。然而，这种回归常态不适用于量子引力理论，因为该理论无法使电子的质量回归常态，其质量仍然是无穷大。

在这之后的数十年间，广义相对论量子化的失败致使人们放弃了探究新发现。也许大家最能接受的关联引力和量子的理论是，霍金提出的“黑洞不仅会吸收所有物质，还会向外辐射物质”的推断。霍金辐射并不是关于量子引力的，而是关于量子在遵循爱因斯坦非量子公式的经典时空中的运动的。圈量子引力论（loop quantum gravity）虽然解决了量子引力理论的部分问题，但又让其他问题变得更为复杂了，比如，该理论难以将物质包括进来。作为由物质组成的人，我反对不包括物质的理论。

弦理论的一个主要吸引人之处在于，它一开始就包含了一种等同于引力的粒子——引力量子。令人感到不幸的是，即使弦理论最忠诚的支持者也知道，弦理论目前还不是一种能完全自证的理论，而是一系列被称为“奇迹”（这明显具有讽刺意味）的数学上的观察结果。

一位长期研究量子引力的学者曾告诉我，若想在该领域发表论文，宣称在某方面取得进展，都必然会让某些问题变得更复杂，所以总效果为负。如果说经济学是令人沮丧的科学，那么量子引力学就是令人沮丧的物理学。

然而，最近几年出现了一些曙光。作为物理学和数学的分支，量子信息论是关于如何以量子力学的形式系统地表示和处理信息的。与弦理论不同，量子信息论实际上是一种理论，它依赖于有序的猜想和数学证明，并与实验联系紧密。量子信息论可以被视为离散量子系统（可以由比特或量子比特表示的系统）的整体性理论。

最近，量子引力理论和量子信息论的研究人员展开合作，以证明量子信息论有助于我们更深入地了解一些问题，包括黑洞蒸发、全息原理（holographic principle）、反德西特/共形场论（anti-de Sitter/conformal field theory，简称 AdS-CFT）等类似问题，如果这些问题听起来很深奥，那是因为它们原本就很深奥。令人感到鼓舞的是，量子信息论带来的关于量子引力方面的进展不会因为使其他问题变得更加复杂而导致总效果为负。

我们目前还不知道统一量子和引力子的努力能否成功。过去 100 年量子化引力的失败表明，这种努力难以成功。不过，如果运气好的话，量子化引力的下一个百年应该不会如此沉闷了。

25

HOPE BEYOND THE HIGGS BOSON

希格斯玻色子之后的希望

萨拉·德默斯（Sarah Demers）

耶鲁大学物理学副教授。

假设一位所信任的朋友告诉我们一个传闻，这个传闻听起来不太真实，而且这位朋友自己也不是很确定。几分钟以后，另一位朋友又小心翼翼地告诉了我们同一个传闻。两位值得信赖的朋友都说了同一个传闻，这会促使我们去搞清楚它是否属实。这就是 2015 年 12 月 15 日所发生的情况。当时，通过超环面仪器和紧凑型缪子螺线管探测器，欧洲核子研究中心公布了高能量运行实验的初步分析报告。两组报告都发现了相同的特殊现象。即使宣布发现新粒子还为时尚早，但当前粒子物理学的现状致使这成为近期的头条新闻。[1]

[1] 后来证明这只是一次随机波动，并没有发现新的粒子。——译者注

大型强子对撞机的高能量运行实验重启于 2010 年。2008 年发生的一次事故导致对撞机损坏，2009 年，它小心翼翼地运行了一年。2011—2012 年的实验数据发现了希格斯玻色子。随着实验数据的不断增多，全世界的粒子物理学家都在议论一个令人难以入眠的问题：除了希格斯玻色子以

外，如果我们再也不会发现任何粒子了该怎么办？换句话说，如果我们熟练地将粒子物理学标准模型预测的粒子分类，引入希格斯粒子使某些物质具有质量，但在理解暗物质、暗能量、量子引力等占宇宙 96% 的物质和能量方面一无所获该怎么办？

如果物理是理解宇宙的基础，那应该还存在一些有待发现的粒子。希格斯粒子的预测、数十年的探索历程，再加上实验和理论的结合，这些都增强了我们对现有方法的信心。不过，未知的部分可能超出我们的想象和当前的技术水平。

这些“希格斯粒子之外再无其他粒子”的言论体现了我们已经达到能量极限的悲观情绪。如果不存在未知部分的确凿证据，我们也许就不会再有建造以更高能量运行的机器的动机。即使我们说服了自己，那能否说服全世界再一次集中资源突破能量极限，继续在极限条件下探索宇宙，理解宇宙的基础呢？

2015 年，大型强子对撞机突破了另一个能量瓶颈：从产生希格斯粒子的 8 兆电子伏特提高至 13 兆电子伏特。参与紧凑型缪子螺线管探测器和超环面仪器实验的研究人员对数据进行了不间断的分析，并在 12 月 5 日的一次年底活动上公布了分析报告。这两项实验的研究人员都十分谨慎地宣布，他们在同一位置发现了同样的全新粒子的轨迹。在高能碰撞中，来源于同一个粒子的两个光子可以生成质量。基于这一原理，这两项实验都观察到了少量的质量增加现象（多于粒子物理学标准模型的预测值），接近 1.34×10^{-24} 千克。谨慎地宣布这一实验结果是有道理的。这两项实验发现的这些轨迹之后可能随着数据的增多而不再出现。如果不是大家对此议论较多，这可能不会成为大新闻。然而对于我而言，这代表着我们当前高能物理学领域的希望。

在接下来的几年时间里，在 13 兆电子伏特的能量级别，我们将会收集到比现在多 10 倍的数据。因此，从理论上来说，我们具有发现特殊现象的基础。如果随着数据的增加，在 7 500 亿电子伏特的能量级别上发现的特殊现象不再出现，我们将会继续寻找能改变我们对世界的认知的新现象。我们将继续努力前行，发现新粒子。

26

AN UNEXPECTED, HAUNTING SIGNAL

出乎意料而又令人难忘的信号

杰拉尔德·霍尔顿（Gerald Holton）

哈佛大学物理学教授、科学史教授，现已退休；著有《科学中的胜利与烦恼：爱因斯坦、波尔、海森堡以及其他》（*Victory and Vexation in Science: Einstein, Bohr, Heisenberg, and Others*）。

2015 年 12 月，对于全世界物理学界的许多人而言，出现了一则大新闻。欧洲核子研究中心的大型强子对撞机发现了一种出乎意料而又令人难忘的信号❶。这种现象可能意味着存在一种全新的粒子，它无法用当前的高能物理学理论来解释。实验与理论的一扇全新的大门也许已经被打开，希格斯粒子的发现已成为过去。

然而，在这一发现之后，大型强子对撞机按照惯例被关闭了。直到第二年 3 月份才重新运行，关闭的时间的确有些漫长。这与第二次世界大战期间世界上第一个核反应堆的遭遇一模一样，后者的发生地点在芝加哥，负责人是恩里科·费米（Enrico Fermi）❷。在即将到达关键一步的某个中午，费米并没有继续实验，而是让大家等一等，等他午睡起来再继续。

后来，欧洲核子研究中心确认实验为异常现象，不是新粒子的特征。——译者注

恩里科·费米（1901—1954），美籍意大利裔物理学家，1938 年诺贝尔物理学奖获得者。他对理论物理学和实验物理学方面均有重大贡献，首创了 β 衰变的定量理论，负责设计建造了世界上首座自持续链式裂变核反应堆，发展了量子理论。——译者注

27

NEWS ABOUT HOW THE PHYSICAL WORLD OPERATES

关于物理世界如何运转的新闻

伦纳德·萨斯坎德（Leonard Susskind）

理论物理学家，斯坦福大学教授；与阿特·弗里德曼（Art Friedman）合著有《理论最小值：量子力学》。

我来讲述一个关于物理学前沿研究的新闻。这个新闻在我看来十分重要，我说的“重要”是指对于那些对物理世界的运转原理感兴趣的人而言。

首先，这一新闻来源于欧洲核子研究中心的大型强子对撞机，它发现了一种新粒子的可能证据，这也可能是数据统计上的一个小异常。不过，这一发现也许是新粒子，也可能是一次意外。如果是新粒子，那么它和希格斯玻色子不同，它不属于粒子物理学标准模型。实际上，就我所知，新粒子无法运用任何理论框架来解释，比如超对称理论和人工色模型，它也不是黑洞或引力子。目前来看，它更可能是一种特殊粒子。

如果这一新闻成真，就意味着宇宙中可能存在更多粒子等着我们去发现，甚至可能存在一种新的力，或者在粒子物理学标准模型之上还存在一整套体系。目前，还没有人能说清楚这一新闻的真正含义，它可能与神秘的暗物质有关，也有可能与孕育星系的物质有关。虽然新粒子本身可能并不是暗物质（生命周期太短），但它可能与暗物质存在某种联系。

在理论研究方面，我认为最具吸引力的是关于引力、空间结构和量子力学的新观点。比如，越来越多的证据（均为理论依据）显示，量子纠缠是将宇宙维系成一个整体的关键因素。如果没有量子纠缠，空间将会分裂成一种无固定形态、无结构、难以分辨的东西。

另一种有趣的观点是（更准确地说是我的观点），黑洞内部的空间来源于量子的复杂性。这个观点比较复杂，可以将它当作物理学与量子信息学之间的一种全新的联系。这个观点并不牵强，它不仅可以加深我们对于基础物理学相关问题的了解，还能解决在建造和使用量子计算机时遇到的实际问题。这是多么神奇！

28

UNPUBLICIZED IMPLICATIONS OF HAWKING BLACK-HOLE EVAPORATION

黑洞蒸发理论的深层含义

弗兰克·提普勒（Frank Tipler）

杜兰大学数学物理学家、宇宙学家；著有《不朽的物理学》（*The Physics of Immortality*）。

1974年，史蒂芬·霍金证明了黑洞会向外辐射某种物质。量子力学致使黑洞以非常平稳且缓慢的方式来减轻自身的质量。黑洞的引力会在其外部产生粒子对，其中一个粒子具有负质量，而另一个粒子具有正质量。负质量的粒子会掉入黑洞，正质量的粒子则会远离黑洞。结果便是，黑洞的质量逐渐减轻，最终变为零。

霍金意识到质量为零的黑洞是一种无法说得通的结论，因为像黑洞这样的实体只可能是一个消灭黑洞内部信息的裸奇点（naked singularity）[1]。量子力学（告诉我们黑洞会蒸发）的一个基本原则是"幺正性"（unitarity），即信息是守恒的。然而，如果黑洞在蒸发的最终阶段会消灭信息，则信息就无法守恒。如果黑洞完全蒸发，那就违反了幺正性。

霍金后来犯了一个错误。他声明我们在黑洞

[1] 裸奇点是理论中没有被视界包围住的引力奇点。广义相对论所描绘的黑洞是由奇点与包围住它的视界构成的，连速度最快的光也无法逃脱到视界之外。因此，从理论上来说，外界观察者无法直接观测到黑洞内部的现象。裸奇点则与之相反，光与其他粒子有机会逃离奇点至远方，而视界因此不存在；外界观察者有机会观察到奇点附近发生的时空剧烈扭曲的现象。裸奇点的存在对于天文物理学等领域来说意义重大。一方面，通过它，我们可以观察到星体坍缩成无限大密度的点的一些过程；另一方面，它的存在及其特性是检验量子引力理论的良机。——译者注

蒸发这个问题上只能接受对幺正性的违反。然而，幺正性是量子力学的基本原则之一。幺正性极其重要，如果幺正性被违反，那就同时违反了能量守恒定律。只要违反一点点幺正性，之后一定会违反得越来越多，这就像孕育小生命，会一点点变大。斯坦福大学教授伦纳德·萨斯坎德指出，即使违反一点点幺正性，也会对能量守恒定律产生灾难性的影响，这就如同打开微波炉发现，它凭空产生了巨量能量（请记住，能量并不守恒），足以毁灭地球。

显然，上述情况不可能发生。虽然信息和能量必须守恒，但我们已经探测到了许多黑洞，而它们确实会蒸发。那该如何解决这一难题呢？

对于这个问题的一个解释是，我们观察到的所有黑洞，其质量与太阳质量相近或更大，这样的黑洞在变成裸奇点之前还需要数十万亿亿年的时间。在黑洞完全蒸发之前，也许宇宙已经坍缩成一个奇点了。

关于黑洞蒸发难题的这种解释具有许多意义。第一，这意味着暗物质（无论其实质是什么）最终会消失。在不断加速膨胀的宇宙中，宇宙不会坍缩成奇点，所有黑洞最终都会蒸发。

第二，著名美籍以色列裔物理学家雅各布·贝肯斯坦（Jacob Bekenstein）（他建议霍金应该研究黑洞蒸发的可能性）已从数学的角度证明，如果黑洞存在视界，那么随着宇宙不断向奇点发展，宇宙的熵将会逐渐变为零。然而，热力学第二定律表明，熵不会减少，只会增加，更不用说在时间的尽头趋于零了。因此，如果热力学第二定律成立（确实成立），就意味着不存在视界。我们可以通过数学证明：如果不存在视界，就意味着宇宙在空间上是有限的。

不存在视界还顺便解决了黑洞内部信息如何逸出的问题。如果不存在视界，也就不存在逸出障碍。我们应该牢记，黑洞有视界的假设仅仅是一种假设，不是观测事实。如果宇宙最终走向大坍缩，那黑洞内部的信息直到接近大坍缩时才会逸出。目前，我们还没有观测到这种现象：信息不会一直禁锢在黑洞内部。声称视界存在就如同一些人宣扬自己是不朽的，这只能留给时间来检验了。

如果接受关于黑洞蒸发难题的这种解释，并依据标准的物理定律，我们便能推断出，宇宙在空间上是有限的，暗物质最终会消失，宇宙最终将会走向大坍缩，而且视界并不存在。在过去 10 年里，虽然许多物理学家已经得出以上结论，但其中的含义也许并未被科学记者知晓。如果信息最终会逸出，那我们希望是在时间的尽头之前。

29

THE ENERGY OF NOTHING

真空的能量

安德烈·林德（Andrei Linde）

永恒混沌理论的提出者，斯坦福大学理论物理学家。

1998 年，研究超新星的两个天体物理学家小组获得了 20 世纪最重大的发现——真空并不完全是空的。每立方厘米的真空包含了 10^{-29} 克被称为真空能量的不可见物质。这基本等同于什么都没有：这个数量是 1 立方厘米水所含物质的 10^{-29} 倍，比质子的质量轻 5 个数量级。如果地球由这种物质组成，质量将少于 1 克。

如果真空能量如此之小，那我们是如何知道它们的存在的呢？就算将 10^{-29} 克物质放在最小的体积内，看起来也相当于没有物质。起初，许多人都对这一结论持怀疑态度。然而，经过多年的共同努力，研究宇宙微波背景辐射和大尺度结构的天文学家不仅证明了真空能量的存在，还将真空能量的密度精确至百分之几。最初的怀疑和不相信变成了接受。索尔·伯尔马特（Saul Perlmutter）、布赖恩·施密特（Brian Schmidt）和亚当·里斯（Adam Riess）也因此获得了 2011 年的诺贝尔奖。

这一发现震惊了全世界的物理学家。不过，这一发现是否无关紧要呢？

虽然真空能量很小，但其密度实际上与宇宙中普通物质的能量密度相当。在这一发现之前，天文学家认为物质的密度仅占平坦宇宙密度的 30% 。这表明宇宙是开放的，并非像暴胀理论预测的那样，是封闭的。真空能量组成了宇宙剩下的 70%，从而证实了宇宙暴胀理论最重要的一个推测。

这么小的真空能量足以让宇宙的膨胀速度缓慢增加。如果宇宙膨胀至现在的两倍大，则需要 10 亿多年的时间。如果膨胀持续，大约 1 500 亿年以后，所有银河系之外的星系都将从我们的视线中消失。这与之前预测的我们看到的星系会越来越多的结论相反。

大约一个世纪以前，爱因斯坦就曾考虑过真空可能具有能量，但之后又放弃了这一想法。此后，粒子物理学家重新提出了这一理论。然而，即便他们最佳的估计，也比实际值大了很多。在很长一段时间内，他们试图寻找能够证明真空能量为什么必须是零的理论，但都失败了。然而，解释真空能量为什么不是零而是如此之小更具挑战性。

这里还存在一个问题。如上所述，当前真空能量与宇宙中普通物质的平均能量密度相等。在过去宇宙尺度小一些的时候，相比于普通物质的能量密度，真空能量的密度小到可以忽略不计。当未来宇宙变得更大时，普通物质的能量密度将呈指数级减小。为什么我们生活在两者刚好相等的时期呢？

30 年前，也就是在发现真空能量很久之前，史蒂文·温伯格和其他几位科学家在一次争论中提到，真空能量如此之小不应该令我们感到惊讶。如果真空能量为较大的负值，宇宙就会在生命出现之前坍缩；如果真空能量为较大的正值，星系将无法形成。因此，我们仅能生活在一个真空能量足够小的宇宙中。我们过去以为，关于基本相互作用力的大一统理论的所有参数（如真空能量）的值是不会变的。这也是为什么真空能量又称为宇宙常数的原因。如果真空能量不会变，那么人类的顾虑就没有意义。

真空能量如此之小的唯一解释来自多元宇宙理论和弦理论的适用条件。这两种理论认为，宇宙由不同属性和不同真空能量的区域组成，而我们只能生存于真空能量足够小的这片区域。这也就解释了我们所在宇宙的真空能量为什么如此之小。

一些人认为，这种解释是错误的。然而，自从发现真空能量之后的 20 多年里，没有出现一个具有说服力的替代答案。对于这一想法，有些人表现得十分激动，包括温伯格。他们宣称："也许我们正面临新的转折点。我们所接受的物理学理论的合理基础发生了根本性的变化。"

上述关于真空能量如此之小的解释意味着，将来会发生出人意料的变化。根据这一解释，如今宇宙的所有真空均处于亚稳定状态。这意味着在遥远的将来，我们所在的真空会衰退，并会毁灭现有的生命，然后在其他区域重新创造生命。

现在断定这个变化是否会发生还为时尚早。无论能否发现这种变化，抑或真空能量如此之小的发现也许无关紧要，但它们都可能会对宇宙学、弦理论、科学方法论，甚至我们关于宇宙未来的看法，产生巨大影响。这个发现算得上令人感兴趣的新闻。

30

THE BIG BANG CANNOT BE WHAT WE THOUGHT IT WAS

宇宙大爆炸不是我们原来想象的那样

保罗·斯坦哈特（Paul Steinhardt）

普林斯顿大学理论物理学家，普林斯顿大学理论科学中心主任；与尼尔·图罗克（Neil Turok）合著《无尽的宇宙》（*Endless Universe*）。

2014年，来自一个科研团队的一则声明吸引了科学界和新闻媒体的关注。他们声称找到了宇宙起源于大爆炸，随后膨胀速度加快的有力证据：在探测器的观察下，宇宙初期产生的光呈现出独特的极化。这种极化方式只有在宇宙的温度和密度相当高，且宇宙能够形成大尺度结构的条件下才能形成。这与暴胀理论的预测一致。

然而，在接下来的一年时间里，这一声明被证明是错误的。原因是，该科研团队在寻找宇宙深处的信号时，并未考虑到光在穿过银河系中的星尘时所发生的极化。最近，他们的声明变成了：即使采用高灵敏度的探测器进行大范围的寻找，也没有发现宇宙极化的证据。

虽然这一态度上的转变受到了广泛关注，但这一新闻的完整含义并未被广泛理解。我们现在知道，大爆炸并不是我们之前认为的那样。

当前的普遍观点是，大爆炸是一个剧烈、高能量的过程。在这个过程中，空间、时间、物质和能量突然产生，并呈扭曲和不均匀分布。为了解释我们实际观测到的非扭曲、近似均匀分布的宇宙，许多宇宙学家推测，大爆炸之后紧接着的是一个迅速膨胀的阶段，并且这一阶段的能量和物质密度仍然非常高。如果只发生了暴胀，那么宇宙应该是完全平稳的。然而问题是，量子和膨胀是同时存在的，而量子“反对”完全的平稳。

在暴胀所需的能量高度集中的阶段，随机的量子涨落在宇宙形状以及物质和能量的分布中会持续产生碰撞和摆动，结果便是在暴胀结束后，宇宙呈不规则分布。量子产生的不规则分布呈现为以光的形式辐射的热点（hot spot）和冷点（cold spot），它们就是宇宙微波背景辐射，源自宇宙极早期。自从宇宙背景探测卫星于 1992 年第一次观察到宇宙微波背景辐射的温度在空间存在微小的变化以来，已经有很多实验观察并确定了热点和冷点的分布情况。

然而，关键的问题在于，当能量十分集中时，量子产生的空间扭曲应该足以改变宇宙早期光的传播方式，并使光呈螺旋式的极化。这种螺旋式的极化（又称为 B 模式）就是前文科研团队提出又撤回的暴胀理论的证明。未能发现 B 模式意味着，在剧烈的大爆炸之后，由高能量驱动的暴胀这一推测存在明显错误。与之前的推测不同，无论塑造宇宙的大尺度结构的过程是什么样的，都应该是一个更加温和、更低能量的过程。

一些理论家认为，简单地降低暴胀初期的能量只会导致更多问题。这就为大爆炸之后物质和能量的不均匀分布留出了更多时间，以使宇宙停止暴胀。随着能量集中程度的降低，大爆炸之后的初始暴胀以及暴胀让宇宙变得平滑的可能性将呈指数级下降。与我们所观测到的宇宙不同，宇宙一开始更可能是非常粗糙、扭曲和不均匀的。

我们需要更完整的理论。也许，深入理解量子引力可以让我们放弃大爆炸和暴胀理论，转而接受一个更温和的宇宙开端。也许，大爆炸是从之前的紧缩阶段温和地反弹到当前的膨胀阶段的，而且通过一定时间的缓慢紧缩，就有可能使空间、物质和能量的分布变得平滑，并在不产生任何 B 模式的情况下产生热点和冷点。

随着对这一新闻的深入理解，科学家需要重新考虑是否运用更灵敏的方法来探测 B 模式。无论最终会发现什么，都将会改变我们对大爆炸的理解。这一点具有新闻价值。

31

ANOMALIES

异常

斯蒂芬·亚历山大（Stephon Alexander）

达特茅斯学院理论物理学家；著有《宇宙的结构》。

近期，物理学的处境和物理学家在20世纪面临的处境类似，当时正处于发现量子力学和广义相对论的前夕。1894年，光速不变原理的共同发现者、美国首位诺贝尔物理学奖获得者艾伯特·米切尔森（Albert Michelson）宣称："物理学的重要基本原理均已牢固地确立。"当时许多物理学家相信，与这些原理相冲突的少数实验异常现象无关紧要，它们最终会被经典物理学解释。然而，在一代人的时间里，诞生了量子力学和爱因斯坦的相对论，没有人再运用经典物理学来解释这些实验异常现象了。

2012年，我休了一年假，受戴维·斯珀格尔（David Spergel）之邀，在普林斯顿大学待了一年。斯珀格尔是研究威尔金森宇宙微波各向异性探测卫星（Wilkinson Microwave Anisotropy Probe，简称WMAP）的顶尖科学家之一，这种探测卫星能以最精确的方法测量大爆炸的"余辉"，即宇宙微波背景辐射。根据宇宙学标准模型，这种形式的波促使宇宙形成了当前的结构。这一点得到了广泛认同。宇宙暴胀这一有关宇宙早期的最好理论，与最精确的理论广义相对论和量子场论是一致的。

暴胀理论虽然成功地预测了威尔金森宇宙微波各向异性探测卫星所观测到的现象，但难以解释那些一直出现的异常现象，这与19世纪末的情况类似。我和普林斯顿大学的同事花了一整年的时间来寻找这些异常现象的原因，但毫无成效。斯珀格尔安慰我道："探测卫星发现的异常可能来源于实验条件的影响，而非太空中的特殊现象。如果普朗克卫星也发现同样的异常，那我们就必须得认真对待了。"2014 年，普朗克卫星对宇宙微波背景辐射的各向异性进行了更为精确的观测，发现了半球异常（hemispherical anomaly），这也许是最重大的新闻。

什么是半球异常？

宇宙微波背景辐射中的波动印证了暴胀理论的一个推测：如果不考虑这些小波动，从最大尺度上来看，宇宙无论从哪个方向或角度来看都是相同的。这个推测与现代宇宙学的一个支柱性理论一致，那就是哥白尼原理。在宇宙微波背景辐射各向异性的形成时期，背景辐射中的波动（平均来看）同样被认为是各向同性的。暴胀理论预测了这一特性：时空的快速膨胀消除了所有的各向异性，同时在不同方向上形成相同数量的波动。这意味着，如果将宇宙分成两个半球，我们应该会在两个半球看到同样的统计特征。

然而，威尔金森宇宙微波各向异性探测卫星和普朗克卫星都观测到了各向异性在数量上的区别。如果我们进行某些调整，对暴胀理论做少许修改，便可以解释这一异常现象。不过，这样做似乎有些奇怪，因为暴胀理论本来就是用于证明宇宙早期是平稳的，以及早期的各向异性促使后来星系的形成。也许有人会认为，这给其他关于宇宙早期的理论提供了脱颖而出的机会，比如反弹 / 循环宇宙论（bouncing/cyclic cosmologies）。然而，目前尚未出现十分引人关注的理论。

在日内瓦的大型强子对撞机中，科学家分别通过超环面仪器和紧凑型缪子螺线管探测器实验发现了质子以接近万亿电子伏的能量发生碰撞时产生的异常现象。这两项实验均发现了光子的超量产生。如果这一发现始终能保持统计上的显著性，我们将需要高于粒子物理学标准模型的理论才能解释这两种异常现象。

对于我和同事而言，这两种异常现象都是好事。这是否会促使我们修改现有的标准模型呢？也许超级理论，比如，超对称理论、弦理论、圈量子引力论、大一统理论中有一种能解释异常现象？这些异常现象是否通过某种未知的方式相互联系在一起？也许，这些问题会带领我们走上全新的道路。无论是哪种情况，对于一名理论物理学家来说，现在都是幸福的时刻。

32

LOOKING WHERE THE LIGHT ISN'T

眺望光到不了的地方

布莱恩·基廷（Brian G. Keating）

加利福尼亚大学圣迭戈分校物理系、天体物理学和空间科学中心教授。

几十年来，寻找中微子的科学家就像醉汉一样，采取了在路灯下寻找钥匙的搜寻策略。结果便是，就像醉鬼找不到钥匙，寻找中微子的科学家也同样一无所获。

1916年，爱因斯坦发表了广义相对论。100年之后，根据爱因斯坦的预测，我们即将可以测量最后一种基本粒子的质量。这不是旧新闻吗？在测量了希格斯玻色子的质量之后，我们不是已经知道所有基本粒子的质量了吗？答案是“既是又不是”。

根据粒子物理学标准模型，共有16种亚原子粒子，分为：夸克、轻子（如电子）、玻色子（如光子），再加上希格斯玻色子。它们可以组成一个表格，这让我们想起了门捷列夫的元素周期表，除了没有周期性和明显的顺序之外，区别并不大。

六种轻子（不参与强相互作用力的粒子）中包含三种不同的中微子：电子、μ介子和τ中微子。虽然这三种轻子对于物质的组成不可或缺，但我们至今仍无法准确地测量出它们的质量。粒子的质量是其最重要的特征，对物理学界来说，无法测量其质量似乎有些尴尬。不过，这一尴尬局面即将会化解。

中微子产生于聚变和放射性衰变等原子核反应，终极反应炉就是宇宙大爆炸。与光一样，中微子也是稳定的，它们的生命周期也是无限长，同样也不存在可以让它们发生衰变的粒子。中微子在太空中传播时会改变其物理性质（阶段类型），这就是所谓的振荡（oscillation）现象。2015 年的诺贝尔物理学奖被授予了梶田隆章和阿瑟·麦克唐纳（Arthur McDonald），以奖励他们发现了中微子的振荡现象，这表明中微子具有质量。他们的成果彻底反驳了约翰·厄普代克（John Updike）的诗《宇宙之痛》（*Cosmic Gall*）中的内容。中微子虽然很小，但具有质量。感谢梶田隆章和麦克唐纳，我们不仅知道了中微子拥有质量，而且了解了粒子的质量下限，它降低了。这三种中微子中至少有一个的质量大于 1/20 电子伏，最重的基本粒子是电子，质量比这大 1 000 万倍。最重要的是，这些中微子的质量下限为实验提供了目标临界值，剩下的工作就是建造足够精确的质量测量工具了。

由于无法在地面实验中收集足够多的中微子以测量质量，宇宙学家将星系团作为测量中微子质量的天平。星系团中的发光物质中散布着大量中微子，它们的质量可以通过广义相对论提出的引力透镜效应来测量。无论明暗与否，所有物质均会对光线产生引力扭曲作用。引力透镜效应改变了光子的传播路径，阿瑟·爱丁顿在 1919 年发生日全食现象时证明了这一点。在没有太阳对时空造成扭曲的情况下，恒星的位置与存在扭曲时的位置不一样，光线的传播路径也发生了偏移，我们可以通过偏移的量算出造成引力透镜效应的物质的质量。

那么，我们应该使用哪种光线来测量悄无声息的中微子的质量呢？太阳系内明显没有足够多的中微子来扭曲太阳光线。最合适的光线是最古老、数量最多、温度为 3 开尔文的宇宙微波背景辐射。这种辐射的光子与中微子一样，都产生于大爆炸。宇宙微波背景辐射是宇宙的背景，通过这种背景辐射，星系团中所有物质（包括中微子）的质量都可以被计算出来。

2015 年，普朗克卫星运用一种之后被用于计算中微子质量的技术发现了宇宙微波背景辐射中的引力透镜效应。这种基于宇宙微波背景辐射的极化特征的技术于 2016 年得到了大幅度改进，主要用于南极和智利阿塔卡马沙漠部署的上万个被冷却至 0.3 开尔文以下的探测器。

中微子属于典型的暗物质，数量多、颜色暗淡（只通过引力透镜效应与光发生作用）、呈电中性，暗物质具有的必要属性中微子都具备。虽然我们知道中微子不是宇宙“丢失”的质量的主要存在形式，但它们是唯一已知的暗物质。在测量了中微子的质量后，我们将会通过中微子缩减暗物质的候选范围。就如同存在多种普通物质，比如从夸克到原子，我们也希望能够找到几种不同的暗物质，也许最终会得出一张有关暗物质的周期表。

科学家仍在以直接的方式寻找暗物质。2016 年，液态惰性气体实验将进行多项升级，可能会有所斩获。不过，到目前为止，直接性的探测实验只确定了除中微子以外的其他暗物质的质量上限。也许，中微子会是我们唯一能发现的暗物质。

广义相对论的下一个百年可能与第一个百年一样激动人心。约翰·惠勒曾说：“时空赋予物质移动方式，物质赋予时空扭曲方式。”我们已经了解了这种扭曲，现在我们想要知道暗物质还有哪些，以及除了黑暗之外，哪里更有可能找到未知物质。

33

SIMPLICITY
简单

尼尔·图罗克（Neil Turok）

理论物理学家，加拿大圆周理论物理研究所主任；著有《宇宙内部》（*The Universe Within*）。

我们正处于一个具有历史意义的时代。科学仪器使我们看到了遥远的宇宙边缘，并帮助我们研究最小粒子。与主流理论不同的是，这两项探究都十分简单。我认为，这种简单也许代表着一种全新的科学理论，它将引发物理学的下一次革命，并完全改变我们对宇宙的理解。

颇具讽刺意味的是，虽然当前的实验观测结果非常清晰且令人振奋，但理论研究却完全陷入了僵局，主要的物理学模型不仅复杂且晦涩，还不断被新的实验数据否定。一些物理学家提出了"多元宇宙"假说。在多元宇宙中，所有的物理定律只可能在某个区域内成立，因此（他们希望）至少有一个区域和我们所在的宇宙类似。然而，我认为，实验数据更有可能指向相反的方向。宇宙不是杂乱的，也不是不可预测的，而是完全规整的。宇宙结构可能简单到和原子的结构类似。也许大家最终都会接受这一点。

功能最强大的"显微镜"——大型强子对撞机，已经发现了希格斯玻色子。这种粒子是希格斯场的基本粒子，是填充空间并赋予粒子质量和电荷等属性的介质。希格斯场对于我们理解粒子物理学和宇宙学都具有非常重要的意义。对于真空能量（即暗能量）来说，它的意义也很重大。通过天文观测可知，真空能量的密度非常小。此外，根据大型强子对撞机的测量和粒子物理学标准模型可知，希格斯场恰好处于当前宇宙状态的不稳定与稳定的临界点上。希格斯玻色子的发现代表着量子场论的胜利，后者是量子力学和居于主导地位的相对论相结合的产物。不过，量子场论很难解释希格斯玻色子的质量和真空能量的密度。这两个问题的本质是一样的。已知场和粒子的量子涨落在短距离上变得非常剧烈，这大幅度修正了希格斯玻色子的质量和暗能量的密度，这两者的实际值比观测值要大得多。

为了解决这些问题，许多理论物理学家提出，可能还存在未知粒子，该粒子的主要作用是抵消已知粒子的影响，使希格斯玻色子的质量和暗能量的密度不受量子的影响。然而，目前为止，大型强子对撞机还没有发现类似的粒子。自然界似乎有控制短距离内量子现象的更简单的方法。这是我们应该进一步研究的问题。

与此同时，当前最强大的天文望远镜普朗克卫星正在探索广阔的宇宙，并且取得了重大成果。所有的成果可归纳为 6 个因素的数值：当前宇宙的年龄和温度；暗能量和暗物质的密度（目前只能描述，但没有准确值）；以及宇宙大爆炸后各处物质的初始密度的变化强度，对距离的轻微依赖性。不过，该卫星并没有发现诸如引力波和密度模式等比较复杂的信息。自然界在这些方面比我们设想的要简单。

物理学上最大的长度单位是哈勃长度[1]，它是由暗物质定义的。通过使宇宙加速膨胀，暗能量将离我们较远的物质拉扯得越来越远，并形成最终能观测到的宇宙的边界。物理学上最小的长度

[1] 约等于 144 亿光年。——译者注

单位是普朗克长度（1.6×10^{-35} 米），即能相互碰撞形成黑洞的光子的最小波长。普朗克长度范围内的物理特性超出了所有已知对撞机的能力研究范围，这一距离内的物质属性在宇宙最早期就已经形成了。因此，宇宙的简单结构可能是物理定律在这种极端情况下变得简单的一种迹象。

宇宙中所有复杂的物体明显都处于“复杂的中间区域”，包括恒星、行星和生命体。哈勃长度和普朗克长度的几何意义在于，两者之间的区间是生命所在的区间，我们生活在这一区间，大自然的复杂性也发生于这一区间。这一点着实令人惊讶。

上述的异常现象需要一种全新的理论来解释，该理论需要在最大和最小距离附近保持简单性，在宇宙的开端和终结附近也要如此，这样才能解释我们当前的世界。实际上，理论和实验数据都表明，在这两种极限距离附近，物理定律应该与距离无关。这种全新的理论不应该考虑质量、长度和时间，而仅仅考虑信息及其关系。一旦实现，这将是一种统一所有的力、粒子以及整个宇宙的宏大理论。

34

THE LHC IS WORKING AT FULL ENERGY

大型强子对撞机正以全功率运行

戈登·凯恩（Gordon Kane）

理论物理学家，宇宙学家，密歇根大学教授；著有《超对称理论及其他》（*Supersymmetry and Beyond*）。

近期，物理学界最吸引人的新闻是，欧洲核子研究中心的大型强子对撞机终于达到了所设计的最大运行能量和强度。这一新闻如此重要的原因在于，该对撞机终于达到了发现新粒子［超伴子（superpartner）］的条件。如果发现了这种新粒子，我们就可以通过公式来表达并验证物理世界最根本的理论。

一个多世纪前，麦克斯·普朗克（Max Planck）发现量子理论后便立即意识到，最根本的理论的公式应该使用物理常数来表达，这些常数包括：牛顿的引力常数 G、爱因斯坦的恒定光速 c，以及普朗克常数 h。根据这一公式可得，宇宙的大小为 10^{-33} 厘米，其寿命为 10^{-43} 秒，这与我们所在的宇宙相去甚远。物理学家需要解释当前的宇宙如此之大、如此古老、如此之冷及如此之暗的原因。量子理论可以将普朗克长度、我们和宇宙的尺度与物理定律联系起来，因为在这个理论中，所有物质的虚粒子（virtual particle）都参与了上述公式，将不同的范畴联系了起来。

然而，上述设想只有在超对称理论中才成立。在该理论中，我们熟知的粒子，比如夸克、电子和玻色子都有对应的超伴子——超夸克、超电子和超胶子。在大型强子对撞机进行的碰撞实验中，根据爱因斯坦的质能方程式 $E = mc^2$，参与碰撞的粒子产生的多余的能量转变成了未知粒子的质量。

不过，超对称理论并没有告诉我们超伴子的质量应该是多少。有一些观点认为，它们的质量不会太大。这样，我们便能通过对撞能量的不断提高来产生这些粒子了。然而，目前还没有产生这种粒子。最近 10 年，越来越多的人开始研究弦理论和膜理论（M-theory），并且对超伴子的质量有了更多推测。弦理论和膜理论的区别与本文关系不大，不过为了保持数学上的一致性，以及成为关于引力与其他力的量子理论的一部分，这两种理论必须包含九维或十维空间（还有一维的时间）。为了预测超伴子的质量，我们必须将其放在三维空间来研究。这一点已经可以实现。

2015 年下半年，大型强子对撞机开始了第二次运行，并在 2016 年大幅度提高了运行能量。最重要的一点是，根据弦理论和膜理论的预测，利用大型强子对撞机，我们将能发现超粒子。这将打开探究普朗克长度内部世界的大门，并推动实验科学朝着最根本的理论前进。大型强子对撞机以全功率和最高强度运行，并将在几年内收集大量实验数据，这应该是近几年内最重要的科学新闻。

35

NEW PROBES OF EINSTEIN'S CURVED SPACETIME—AND BEYOND

打开爱因斯坦扭曲时空的新钥匙

史蒂夫·吉丁斯（Steve Giddings）

理论物理学家，加州大学物理系教授。

描述时空的量子属性是当今物理学界最重大的研究课题之一。这一课题面临的真正挑战是，寻找有用的实验指导。令人激动的是，关于经典时空的理论，我们即将会得到一些新的关键性实验数据，这也有助于量子时空的研究。

物理学界将关注点投向了大型强子对撞机，认为它有可能会发现新粒子，其依据是这种新粒子会分解成光子对。如果后者真的存在，而不是统计上的异常，那么这种新粒子一定是其他维的引力子。如果情况属实，这将成为世纪性的重大发现。虽然这可能会成为打开量子时空的一把钥匙，但我们应当在获取更多数据、了解了对撞机内部发生的具体情况之后，再做分析。

多方面的成就显示，我们已经进入了天文学的新时代。首先，我们建造的用于探测引力波的长达数公里的设备达到了可能发现时空波动的精确度，这种时空波动产生于碰撞实验中或者中子星的合并过程。实际上，当我写下这篇文章时，这些探测设备已经发现了一些新现象。如果这些现象可以成为证据，将会证明广义相对论的一个主要推论，并开辟天文学的新分支，后者正在检测遥远的天体释放的引力波。通过对从宇宙大爆炸中遗留下来的宇宙微波背景辐射的精确测量，我们也有可能发现引力波，即便有科研团队在2014年撤回了这方面的不确定声明。地面引力波探测设备可能在这一竞争中最终获胜。无论哪方获胜，这一进步都将鼓舞人心。

更多关于广义相对论的重要推测将通过事件视界望远镜（Event Horizon Telescope）来证明。这一望远镜用于研究银河系的中央黑洞，其质量约为太阳质量的400万倍。目前该望远镜正在建造中。事件视界望远镜实际上是一个射电望远镜阵列，最终目标是组成一个类似于地球大小的望远镜阵列。这样我们就可以研究银河系的中央黑洞，以及相邻星系M87中质量为太阳质量60亿倍的黑洞。实际上，利用已完成部署的部分阵列，我们已经可以看到大小接近中央黑洞视界的结构。当引力强大到物体的速度需接近光速才能逃离黑洞时，事件视界望远镜就能探测到这种引力。这会促使我们以全新的方式研究引力。

我们更关注的是事件视界望远镜可能发现的时空的更根本的量子特性。在2014年的“Edge年度问题”中，我曾写道：“我们关于时空的基本理解是时候让位于更根本的量子结构了。”这样做的理由有很多，其中之一是，如果我们试图用现代物理学来解释黑洞的演变，基本的物理定律（包括时空概念本身）都相互矛盾。虽然霍金曾预测，当黑洞通过辐射释放粒子时，量子力学将不再起作用，但目前的证据表明，我们不应该抛弃量子力学。如果当黑洞向外辐射粒子时，量子力学还起作用，量子信息必须同时逸出。这与我们当前对时空的理解是相违背的。

在当前关于时空的场和粒子传播速度的理论中，没有物体的速度可以超过光速，因此它们是无法逃逸出黑洞的。这与量子信息应该从蒸发的黑洞中逸出的观点相悖。因此，问题就变成了：我们应该如何修改关于黑洞的理论，使之允许量子信息逸出？这种修改必须包括黑洞的视界。有科学家假设，揭示量子特性的新现象会终止于视界。不过，这一假设不太合理，而且会导致出现与被重新命名为“黑洞防火墙”的悖论相关的其他疯狂结论。更加合理的说法是，修改关于时空的定义，使其能应用于黑洞视界的外部区域，这一区域可能是几倍于视界半径的范围，而且，至少应该包含引力很强的范围。总之，若要保留量子力学，就需要对对当前时空的定义做一定的量子化修改，并将其扩展至事件视界望远镜可以观测到的范围。做此修改的主要目的是，提高我们对宇宙现有时空特性的理解以及事件视界望远镜的可观测。

36

SUPERMASSIVE BLACK HOLES

超级黑洞

杰里米·伯恩斯坦（Jeremy Bernstein）

史蒂文斯理工学院荣誉退休教授，前《纽约客》专栏作者。

我觉得最吸引人的新闻是，许多星系中央存在超级黑洞，包括银河系。这些黑洞来自哪里，它们诞生于什么时期？它们并不是源自恒星的坍塌。目前，我还没有发现具有较强说服力的解释，也许它们诞生于宇宙大爆炸之前。

37

GIGANTIC BLACK HOLES AT THE CENTER OF GALAXIES

星系中央的超级黑洞

卡洛·罗韦利（Carlo Rovelli）

知名理论物理学家，圈量子引力理论开创者之一，当前在法国带领量子引力研究小组；著有《七堂极简物理课》。

越来越多的证据显示，银河系中央存在一个超级黑洞，名为人马座 A*，其质量约为太阳质量的 400 万倍。绝大多数星系的中央都存在类似的黑洞，而且有的黑洞的质量达到太阳质量的几十亿倍。你能想象比太阳大几十亿倍的黑洞吗？

这些超级黑洞的存在再一次加深了我们对宇宙的认识。显然，这些超级黑洞在宇宙的演变过程中起到了主要作用，但目前我们对这样的作用还不太了解。天文学家正在建造与地球大小相当的射电望远镜阵列，后者会将许多已有的射电望远镜组合起来，来直接观察人马座 A*。

这些超级黑洞是我们知识的边界。我们虽然知道它们会吞噬物质，但并不知道它们最终的结局。在黑洞内部，空间和时间似乎都停止了，或者说，可能变成了我们不了解的东西。宇宙仍然充满未知。

38

THE UNIVERSE IS INFINITE

无限的宇宙

鲁迪·拉克（Rudy Rucker）

数学家、计算机科学家，赛博朋克先驱；与布鲁斯·斯特林（Bruce Sterling）合著《超现实网络空间》（*Transreal Cyberpunk*）。

许多宇宙学家认为，宇宙是无限的。这就是我要讲述的新闻。由于最近参与的活动不太多，我在 2016 年才知道这种观点。

30 年前，人们普遍认为，宇宙空间是四维超球面的有限三维超曲面，类似于三维球面的有限二维曲面。这一超球面诞生于宇宙大爆炸，并在不断地膨胀。在遥远的将来，这一超球面将会失去膨胀的驱动力，开始大坍缩，这一过程可能孕育着下一次大爆炸。空间并不是无穷大的，也不需要时间起始点。当前宇宙的大爆炸可能来源于上一次的大坍缩。这种膨胀－坍缩的过程类似于珍珠链。这种理论相当工整。

在此之后，实验宇宙学家找到了计算宇宙曲率的方法，计算结果似乎为零，也就是说当前的宇宙类似于广阔无垠的平原，而非超球面的超曲面。宇宙空间很可能具有反向曲率，也就是像一个具有双曲率的马鞍形状，这意味着宇宙是无限的。

如果你不喜欢无限，可能会说："那好吧，虽然我们是处于无限的空间中，但大部分都是真空。宇宙就是一个空洞、无限的空间，数量有限的星系散布在其中，彼此相距甚远，类似于一个火星四溅的孤独火箭。"不过，许多宇宙学家则会反驳："不，无限空间中的星系也是无限的。"

星系源自哪里？宇宙学家给出了一种包含了相对论和宇宙膨胀理论的解释：无限空间的每一个原点都将发生大爆炸。一道光闪过之后，包含无限星系的无限空间就诞生了。

不过请注意，我在这里谈论的不是“多元宇宙”理论，而是古老而美好的“行星－太阳”这样的单一宇宙。宇宙学家告诉我们，这类宇宙将会在空间和时间中无限延续，而且存在无数多个与地球类似的行星。也许，我们只能找到极少数这样的行星。不过，知道还有这样的行星存在，感觉真好。

那么，这会对坐在家中的我们产生什么影响呢？如果我们了解了宇宙是无限的，也许精神上就会开阔一点儿，自由一点儿，或者内心会变得平和，感觉一切都没有那么重要。不过，我建议将这当成一种放松的方式，而非认为什么都无所谓的借口。

在无限的宇宙中，有人类居住的行星就像无垠草原上的蒲公英，珍贵而美丽，尤其对于生物而言。我们珍视地球是因为我们是地球的一部分，即便地球没有那么特别。这就像我们对家的珍视一样，家虽然不是唯一的，但却是属于自己的，这就足够了。

也许，有人想知道更多，但就我所知，宇宙学家目前还未掌握宇宙变化的实质，还不太了解宇宙的起源、膨胀，以及其中的暗能量和暗物质。也许可以说，他们对宇宙一无所知。

一无所知也许是一件好事，因为这意味着我们很快就能发现一些真正有趣、特别的东西，也许是在明年、10 年后、20 年后。届时可能会出现取之不尽的免费能源、反重力、远距离传送？谁知道会出现什么呢？存在无限可能，未来是光明的。

生活在无限的宇宙中真好。

THE DETECTION OF GRAVITATIONAL WAVES WOULD NOT MERELY PROVIDE A DEFINITIVE TEST OF EINSTEIN'S CENTURY-OLD THEORY; IT WOULD SERVE TO OPEN UP A WHOLE NEW WINDOW ON THE UNIVERSE.

探测引力波不仅能证明爱因斯坦的广义相对论，更重要的是，它会为我们研究宇宙指明全新的方向。

——保罗·戴维斯，《升级版LIGO和升级版VIRGO》

39

ADVANCED LIGO AND ADVANCED VIRGO
升级版 LIGO 和升级版 VIRGO

Paul Davies
保罗·戴维斯

著名理论物理学家，宇宙学家，天体生物学家；著有《可怕的寂静：对外来文明的进一步搜寻》（*The Eerie Silence: Renewing Our Search for Alien Intelligence*）。

2015 年是爱因斯坦提出广义相对论的 100 周年。当时正处于第一次世界大战的迷雾中，这位伟人在普鲁士科学院做了 4 场讲座。人们普遍认为，广义相对论是人类知识成就的巅峰，并且已经通过了许多实验的检验。不过，在对广义相对论进行了几十年的彻底研究之后，物理学家仍需要找出它的缺陷。

一项关键性的实验尚在进行中。爱因斯坦在公布著名的引力场方程后不久，就想到了这个方程的一个很好的解，它描述了宇宙本身几何结构的波动——一种以光速传播的波，被称为引力波。探测引力波是实验物理学领域多年以来的主要任务。2016 年上半年，这一任务终于有了曙光。

一套用于探测源自宇宙剧烈事件的引力波的激光系统现已升级，被称为激光干涉引力波天文台（Laser Interferometer Gravitational-wave Observatory，以下简称 LIGO）。有消息称，它已经获得了一些新发现。这套系统使用激光光束来探测非常细微的引力作用。在欧洲，功能与此类似的系统——升级版室女座干涉仪（以下简称 VIRGO），也即将投入使用。这两套系统是对现有系统的升级，虽然现有系统验证了所用技术的可行性，但精度还不足以检测到超新星或中子星发生碰撞时所产生的引力波暴。这两套系统即将开始发挥作用。

探测引力波不仅能证明爱因斯坦的广义相对论，更重要的是，它会为我们研究宇宙指明全新的方向。现有的常规望远镜可以观测从无线电到伽马射线的整个电磁波谱，而 LIGO 和 VIRGO 这两套新系统可以观测全新的波谱，这会促使形成新的天文学分支。这样一来，我们便可以观测黑洞碰撞事件以及其他特殊的宇宙现象。

每当有新技术用于宇宙探索时，都会获得令天文学家感到震惊的新成果。一旦通过引力来研究宇宙的引力天文学成型，科学家将会在未来几十年内带来许多重大发现。

40

THE NEWS IS NOT THE NEWS

新闻并不是真正的新闻

弗兰克·维尔切克（Frank Wilczek）

麻省理工学院理论物理学家，2004年诺贝尔物理学奖得主；著有《美丽之问：宇宙万物的大设计》（*A Beautiful Question: Finding Nature's Deep Design*）。

在冰雪覆盖的加拿大东侧拉布拉多地区，冬天白雪皑皑，而到第二年开春，大部分雪都会融化。如果降雪比融化的多，冰雪层将变厚，反之则变薄。这是一种非常精妙的平衡，如果这一平衡发生一点点倾斜，比如，冰雪厚度的增加超过了2.5厘米，气候将会发生重大变化：大型冰川将变大，北美洲将被冰雪覆盖。如果格陵兰岛或者南极洲的冰雪厚度减少2.5厘米，海平面将上升，北美洲的海岸将被淹没。

这两种过程都曾在历史上反复发生过，周期大概是几万年。这种变化可能来源于地球轨道的周期性变化。当前，我们正处于相对少见的冰雪间隔期，这一时期还将持续5万年。众所周知，过去几十年里，人类活动已经让平衡向融化这一边倾斜。这可能会酿成大灾难。

这些重大新闻来源于长期的观察，它们很容易淹没在各种各样的新闻当中。现在所谓的新闻都不是真正的新闻。

对于人类来说，最大的新闻是：科学的发展使人类掌控物理世界的能力不断得到提升。理查德·费曼曾就这一问题发表过深刻见解：“以人类历史的长远观点来看，比如距今一万年以后，19世纪最重大的发现毫无疑问是詹姆斯·麦克斯韦发现的电磁场。”

基于同样的道理，20 世纪最重大的发现是关于物质的基本定理的，包含三部分：相对论、量子力学，以及核心理论粒子物理学标准模型包含的特定力和定律。从化学和工程学的角度来看（包括所有的实用角度），我们已经掌握了自然能提供的所有知识。

我冒昧地猜测，21 世纪最重大的发现将是一系列新发现的集合，这些新发现将来源于物理世界的基础理论，即量子物理学的深层次运用。21 世纪，我们将会更有效地获取并存储太阳中的能量；制造更轻、强度更高的材料；发明出更强大、更通用的照明工具、传感器、通信工具和计算机。

我们已经掌握了游戏规则，随着人类的创造发明，我们将学会如何以一种良性循环的方式参与这场游戏。

SCIENCE IS AN EMPIRICAL ENTERPRISE, AND WE SHOULD ALWAYS BE WILLING TO CHANGE OUR MINDS WHEN NEW EVIDENCE COMES IN.

在新的发现面前，我们应当随时做好改变观念的准备。

——肖恩 · 卡罗尔，《我们已经知道组成人类的所有粒子和力》

41

WE KNOW ALL THE PARTICLES AND FORCES WE'RE MADE OF

我们已经知道组成人类的所有粒子和力

Sean Carroll
肖恩·卡罗尔

著名理论物理学家；著有《生命的法则》[1]《大图景：论生命的起源、意义和宇宙本身》（*The Big Picture: On the Origins of Life, Meaning, and the Universe Itself*）。

有时候，新闻是悄然降临的。1897年，英国物理学家约瑟夫·汤姆孙（Joseph Thomson）发现了电子，这标志着构建粒子物理学标准模型的开始；2012年，希格斯玻色子的发现意味着该标准模型的完成。“粒子物理学标准模型”这一名称对于描述夸克、轻子以及将它们结合在一起的玻色子这样一个激动人心的理论来说，太过于平淡了。诺贝尔物理学奖得主弗兰克·韦尔

①《生命的法则》以优美的文笔、生动的故事深入浅出地讲述了万物兴衰的奥秘，让我们更深刻地认识自然、了解生命、共建美好家园！本书中文简体字版已由湛庐策划，浙江教育出版社出版。——编者注

切克（Frank Wilczek）将引力与爱因斯坦的相对论结合起来，这样描述该标准模型的核心内容：这一理论完整地描述了组成人类和日月星辰，以及我们在地面实验中所能观测到的所有力和粒子。

物理学领域还有很多我们并不了解的东西：暗物质和暗能量的属性；大爆炸发生时发生了什么；黑洞内部是什么样的；粒子和力为什么会呈现出我们所观察到的特性。我们虽然完全不了解基本粒子和力是如何组成复杂的结构的，但对组成我们日常生活的方方面面有了更深的了解。

宇宙中是否存在我们尚未发现的粒子和力？答案是必然存在。根据量子场论的原则，如果新的粒子和力与组成我们世界的现有粒子和力之间的相互作用足够强烈，我们就可以在实验室中发现它们。虽然我们一直在努力寻找，但目前尚未有发现。任何新的粒子，要么是质量太大无法通过实验产生，要么是半衰期太短无法通过实验发现。任何新的力，要么是作用距离太短无法被发现，要么是太弱对粒子毫无影响。虽然粒子物理学远未达到成熟的阶段，但在理解人类自身及其所处的环境方面，这一领域以后的发现不再会有所助益。

我们将会继续探索。也许，“在时空中穿梭的粒子和力”并不是研究宇宙最基本的方式。我们可能会发现一种超乎想象的新的客观事实，如同在 19 世纪，我们认识到空气和水是由原子和分子组成的。然而，空气和水不会因为我们发现原子和分子就不再是流体。在预报天气方面，我们当前仍然是从温度、气压和风速这三个角度来描述的，而不是列出大气中的原子和分子的运动方式。1 000 年或 100 万年以后，粒子物理学标准模型仍然是思考人类组成的有效方法。

粒子理论描述了组成人类和世界的所有粒子和力，这种观点可能存在错误吗？事实上，我们经常犯错。太阳也许明天不会再升起，人类可能是容器中的大脑，宇宙可能是上周四才诞生的。科学是基于经验的。在新的发现面前，我们应该做好随时改变观念的准备。不过，量子场论是一种特殊的基础理论，是唯一符合量子力学、相对论和区域性要求的理论。在日常生活中，违背量子场论的现象将会成为科学史上最令人震惊的发现之一。虽然存在这种可能，但可能性并不大。

2012 年，大型强子对撞机发现了希格斯玻色子，这证明粒子物理学标准模型的基本结构是连续的、正确的。这一理论是人类思想史上最伟大的成就之一。我们已经了解了组成自身的基本粒子，而若想研究清楚这些粒子是如何组成纷繁复杂的世界的，则需要几代人的努力。

42

COMPUTATIONAL COMPLEXITY AND THE NATURE OF REALITY

计算复杂性与现实的本质

阿曼达·格夫特（Amanda Gefter）

科学作家；著有《闯入爱因斯坦的草坪》（*Trespassing on Einstein's Lawn*）。

在过去100年间，物理学家一直在尝试将爱因斯坦的广义相对论和量子力学统一起来。广义相对论描述的是时空的几何结构，而量子力学描述的是粒子的行为。长期以来，这些努力没有获得什么进展，不过现在，这一情况出现了转机。

其中一个重要转机是，公式“ER = EPR”的提出。这个公式凝聚了物理学家胡安·马尔达塞纳（Juan Maldacena）和伦纳德·萨斯坎德的很多心血。公式左边的“ER”代表爱因斯坦－罗森桥，这是一种连接太空中两个相距甚远的点的几何隧道，又称为虫洞。公式右边的“EPR”分别代表爱因斯坦、鲍里斯·波多尔斯基和纳森·罗森。这三位物理学家首次指出了量子纠缠的幽灵式相关性，即在量子纠缠中，两个相距遥远的粒子的状态相互关联。公式中间是“等号”，表示时空的几何结构和纠缠粒子的关联属于同一问题的两个不同方面。“ER = EPR”这一公式虽然看起来简单又低调，但实际上是结合广义相对论和量子力学的一种激进的表达。

从直观上来看，两者的联系十分明显。虫洞和量子纠缠都无视了空间的限制，两者都属于某种捷径。虫洞能让我们直接穿越一段遥远的距离，而无须穿越其间的空间；同样，粒子状态的改变将会立即影响它的纠缠粒子，即使这两个粒子中间隔着许多星系。

如果从信息的角度来看，这些联系则更加有趣。对于两个纠缠最强烈的粒子而言，它们包含的信息同步存储于两个粒子，而不是由某一个粒子单独携带。从信息的角度来说，这样的两个粒子之间不存在距离。如果两个粒子还没有达到最大纠缠程度，我们可以认为这两个粒子之间存在较小的距离。随着粒子纠缠的程度越来越低，信息就越来越本地化，这时，我们便可以用类似于“这里”“那里”这样的词语来描述，也可以认为它们之间存在普通意义上的空间。

100 年前，爱因斯坦为我们开辟了一条思考空间的新角度。空间不是万物的静态背景，而是动态的组成部分。如今，公式“ER = EPR”又给了我们一个新颖的角度：所谓的“空间”，只不过是存储量子信息的一种方式而已。时间又是什么呢？起初，有物理学家认为，时间可能是计算复杂性的指标。

计算复杂性表示执行某种计算的复杂程度，比如需要多少步逻辑推理，以及需要哪些资源来解决问题等。这与物理学家过去的理解不同。计算复杂性是关于工程学的，没有那么深奥。基于“黑洞防火墙”悖论，所有的一切都改变了。该悖论是一个让理论物理学家抓狂的难题。黑洞会向外辐射质量，因此所有掉入黑洞的信息都会在霍金辐射中回到黑洞之外的宇宙中。如果不是这样，那就违反了量子力学。完全相同的信息将留在黑洞内部，如果不是这样，那就违反了广义相对论。而且，根据物理定律，信息是不能复制的。我们设想一位观察者——爱丽丝，她解码了霍金辐射中的信息，这时便会产生黑洞防火墙悖论，她基于某种原因跳入了黑洞。结果便是，要么是不合理的信息复制，要么就是无法解释的防火墙。无论是哪种结果，都不是好消息。

然而，当两位物理学家帕特里克·海登（Patrick Hayden）和丹尼尔·哈洛（Daniel Harlow）开始思考爱丽丝需要多长时间才能完成解码时，她的命运发生了变化。基于计算复杂性的分析，他们发现解码时间将随着辐射粒子的增多而呈指数级延长。换句话说，在爱丽丝完成解码之前，黑洞早就蒸发完了，一并消失的还有防火墙和所有违背物理定律的东西。计算复杂性允许广义相对论和量子力学和谐共存。

海登和哈洛的工作以全新的方式将物理学与计算机科学联系起来。长期以来，物理学家推测，信息在物理学中具有基础性的作用。这一观点可追溯至 1938 年，德国工程师康拉德·楚泽（Konrad Zuse）在父母的起居室里制造了世界上第一台可编程数字计算机。三年后，他又制造了第一台通用图灵机。1969 年，楚泽写了一本书，叫作《计算太空》（*Calculating Space*）。他在书中提出，宇宙就是一个巨型数字计算机。20 世纪 70 年代，物理学家约翰·惠勒提出了“万物皆比特”的观点。这一观点认为，物质世界实际上都是由信息构成的。惠勒的影响推动了量子信息理论的蓬勃发展，并催生了量子计算、密码学和传送理论。也许，计算复杂性不仅描述了物理定律，还支撑了物理定律。这是一个全新的观点。

与资源限制一样实际的东西能告诉我们关于现实的本质的深层次知识，初看之下，这确实有些奇怪。同样，在量子力学和相对论中，一些看起来很实际的概念却具有基础性的作用。爱因斯坦通过限制观察者所能看到的内容推算出时空的本质；通过注意到我们无法测量远处的同时性，想到了狭义相对论；通过意识到我们无法区分加速度和引力的区别，想到了时空的曲率。同样，当量子力学的先驱意识到不可能精确地测量位置和动量，或时间和能量时，量子范畴的奇异特征就出现了。这些限制是量子力学和相对论的核心内容。正是基于此，阿瑟·爱丁顿这样的思想家才提出，物理学的本质属性是认识论。计算复杂性取得的新成果也印证了这一点。

因此，我认为的重大新闻是：信息、计算复杂性和时空的几何结构的深层次联系已经显现。虽然我们现在还难以定论这些发现可能带来的影响，但有一点是确定的，那就是物理学家、计算机科学家和哲学家将共同努力探索现实的本质。

43

EINSTEIN WAS WRONG

爱因斯坦错了

汉斯·霍尔沃森（Hans Halvorson）

普林斯顿大学哲学教授。

“量子的奇异性”（quantum weirdness）这一特征的发现已经有 100 多年了，关于这一领域的重大新闻从未间断过。2015 年夏天，来自美国博尔德、荷兰代尔夫特和奥地利维也纳的科研团队宣布，他们已经完成了对量子的非定域性（nonlocality）的证明。这一证明历经了数十年。物理学家第一次注意到量子的非定域性是在 20 世纪 30 年代。爱因斯坦称这种特性为“幽灵般的超距作用”，并将其视为新理论的缺陷。爱因斯坦在这一问题上错得有些离谱：非定域性不是量子力学的缺陷，而是物理世界无处不在的基本属性。

为了说明科学界在接受这一特性上如此迟缓的原因，我们先回顾一下 19 世纪的物理学，它是基于定域因果（local causality）原则的理想条件建立的。根据这一原则，若想两个事件存在因果联系，它们之间必须存在空间上相邻的事件链。换句话说，一个事件若想影响另一个事件，必须先接触第二个事件，第二个事件接触第三个事件……最终才接触另一个事件。

对于受过经典物理学教育的我们来说，定域因果原则似乎是物理世界的基本原则。比如，我对有关心灵感应的报道之所以不是很感兴趣，不是因为我花费时间分析了所有试图证明心灵感应存在的实验，而是因为我知道不需要时空传递的因果联系不合乎逻辑。

然而，量子力学却违背了定域因果原则。根据量子力学，如果两个粒子处于纠缠状态，第二个粒子的测量结果将与第一个粒子保持严格的对应（或逆对应），即使两个粒子相隔很远。量子力学还认为，在测量之前，两个粒子都不具有确定性。那么，我们该如何解释测量结果之间的对应关系呢?

当量子力学认为粒子在测量前不具有确定性时，人们就很容易认为量子力学是错误的。实际上，这正是爱因斯坦在与鲍里斯·波多尔斯基和纳森·罗森在合著的著名论文 *EPR* 中提出的观点。实际上，20 世纪 60 年代，荷兰物理学家约翰·贝尔（John Bell）就提出，*EPR* 可以通过实验来验证。如果像爱因斯坦的论文中提到的那样，每个粒子都有各自的状态，总会有实验结果与量子力学的结论相矛盾。因此，20 世纪七八十年代，为了证明量子的非定域性，这类实验的努力此起彼伏。

20 世纪七八十年代的相关实验结果明显倾向于量子的非定域性。然而，这些实验存在两个不足之处，直到 2015 年在博尔德、代尔夫特和维也纳进行的创造性实验做了弥补，这使量子的非定域性重新占据了新闻头条。

然而，“量子力学是正确的”这一事实应当成为新闻吗？我们不是已经知道这一点了吗？或者至少对量子力学来说，这些实验结论难道不是有利的吗？真正的新闻不是量子力学是正确的，而是我们开始知道如何利用量子的特性。20 世纪二三十年代，量子的非定域性还仅仅是一种哲学上的困惑和讨论话题，而到了 2015 年，问题从量子的非定域性的含义变成了我们如何利用量子的这一特性。比如，量子的非定域性可以简化信息论和加密协议等所有基于经典物理学的产物。这就是量子的非定域性仍不断成为重大新闻的原因。

不过，不要想太多了，量子的非定域性也无法证明心灵感应是否真的存在。

44

REPLACING MAGIC WITH MECHANISM?

量子力学取代魔术？

罗斯·安德森（Ross Anderson）

安全经济学开创者，剑桥大学教授；著有《信息安全工程》（*Security Engineering*）。

2015 年，在我参加过的学术会议中，获得启发最多的是格哈德·格罗辛（Gerhard Groessing）在维也纳举办的关于“新兴的量子力学”的讲座。如果你对“量子力学是否决定了宇宙不是因果的就是定域的，但不能两者皆是”或者“我们最终能否搞懂量子力学”这两个问题感兴趣，那么这个讲座不容错过。这次讲座的主题是：新兴的全局相关性（emergent global correlation）。这是什么意思，为什么要选择它作为主题呢？

量子力学的核心问题是贝尔测试。1935 年，爱因斯坦、波多尔斯基和罗森在一篇共同发表的论文中提到，如果你测量一对具有相同量子力学波函数的粒子中其中一个粒子的某些属性，将会立刻影响另一个粒子的相同属性，这样便能保证两个粒子的相同属性总是一致的，即便它们相隔甚远。爱因斯坦认为这种“幽灵般的超距作用”毫无道理，量子力学肯定不完善。这篇论文是几十年内引用次数最多的论文。1964 年，物理学家约翰·贝尔证明，如果运用隐藏的局部变量解释粒子的行为，这些局部变量所产生的效果必须满足某种不平衡，而这种不平衡可能在某些条件下会被量子力学行为打破。1969 年，约翰·克劳泽（John Clauser）、迈克尔·霍恩（Michael Horne）、阿布内·西蒙尼（Abner Shimony）和霍尔特（Holt）

证明了一个相关定理。这一定理限定了两个光子极化间的相关性，并假设极化完全通过粒子本身进行，并完全发生于光子内部。1974 年，斯图尔特·弗里德曼（Stuart Freedman）和克劳泽发现，这一限制在实验中被打破了。之后安东·阿斯贝克特（Anton Aspect）、安东·蔡林格（Anton Zeilinger）和其他很多人都证明了这一点。这些贝尔测试让许多物理学家相信，现实世界必定具有非常奇异的特性，可能具有非定域性、非因果性，甚至可能存在多个宇宙。

比如，我们可以分别让光子 A 与 B、光子 B 与 C、光子 C 与 D 处于纠缠状态，然后测量光子 A 与 D，无论它们是否存在于同一时间。这是否意味着当我们测量光子 D 时，某种神秘的作用通过倒退时间将信息反馈给了 A？数学不允许我们通过这种方式向过去传递信息，比如，下令谋杀曾祖父［无信令定理（no-signaling theorem）变成了一种无时间机器定理（no-TARDIS theorem）］，但这类实验仍过于反直觉。

在维也纳的这次讲座上，根据来源于局部活动和全局相关性的量子现象，一些学者对不同的模型进行了各种改进。诺贝尔奖得主杰拉德·胡夫特（Gerard't Hooft）在主题演讲中提到，贝尔曾假设，类空相关性是无关紧要的。不过，这一假设并不正确。在杰拉德的模型中，现实就是信息，由细胞自动机（cellular automaton）组织在普朗克距离范围内进行处理，这就如同约翰·康威（John Conway）的“滑翔机”[1]，不过是三维的。2013 年，胡夫特在新兴量子力学会议上展示的版本中，这

[1] 著名数学家，他在 20 世纪 60 年代末设计的游戏《生命的游戏》非常出名。“滑翔机”是这款游戏中的一种元素。——译者注

种细胞自动机是有规律的，它的断点不变性刚好足以提供必要的远距离相关性。问题在于洛伦兹群[1]是开放的，这看起来阻止了细胞自动机中的变量变成无限长度的比特串。在他的新版本中，细胞自动机是随机分布的，这一点受到了霍金关于平衡进出黑洞的信息流的观点的启发。

[1] 在闵可夫斯基时空中，所有洛伦兹变换所构成的群。——译者注

在另一种新模型中，长程序（long-range order）来自基础热力学。格罗辛提出了一种模型，在这个模型中，长程序来自亚原子统计物理学，阿里尔·卡提查（Ariel Caticha）提出的模型与此类似，在这种模型中，量子力学源自熵动力学。安娜·玛利亚·科托（Ana María Cetto）试图从零点场中寻找答案，描绘处于纠缠状态的活动零点场模式。美国马里兰大学胡悲乐（Bei-Lok Hu）为半经典引力增加了一个随机项，其重整化之后的效果为具有有色噪声的非局部耗散。

还有其他模型。量子密码学领军人物尼古拉斯·基辛（Nicolas Gisin）写了一本关于量子的新书。在书中，他提出解决办法可能是非局部随机性——一种可以在不同位置出现的随机事件。我个人的猜测是，可能是某种不那么色彩化的东西，也许量子真空具有序参数，像正常的超流体或超导体。如果我们想要长程序与量子系统交互，有很多粒子和模拟可以应用。

无论量子真空是“上帝的计算机”“泡泡浴”，还是“密码生成器”，我们都会感到兴奋，为想法的汇聚和成功而感到喜悦。我们相信，量子力学可以取代魔术。

这可能是一个先例。自伽利略之后的40年，物理学是一场开放式的竞赛，自此，托勒密的确定性被抛之脑后，哲学家的想象开始变得无边无际。有人曾畅想，也许在未来，乘坐天鹅衔着的篮子，我们（英国）可以在8个小时内到达美国。牛顿所写的《自然哲学的数学原理》一书结束了所有闹剧。在过去40年里，虽然理论物理学家取得的进展不大，但人们的想象力再一次飞升，比如提出允许物体回到过去而不引发悖论的多元宇宙理论。也许，是时候出现新的东西来结束闹剧了。

45

QUANTUM ENTANGLEMENT IS INDEPENDENT OF SPACE AND TIME

独立于时空的量子纠缠

安东·蔡林格（Anton Zeilinger）

维也纳大学物理学家，量子光学与量子信息研究所科学主任；著有《光子的舞蹈》（*Dance of the Photons*）。

量子纠缠的观点（被爱因斯坦称为“幽灵般的超距作用”）大大地改变了我们对世界的理解。最近的实验证明，两个处于纠缠状态的粒子的量子相关性比所有经典物理学理论所允许的都要大。实际上，量子物理学至少在80年前就预测到了这样的结果。然而，那又如何？

关键的问题在于，量子力学的预测与独立测量的时空无关：与粒子之间的距离完全无关，与粒子的测量顺序也无关。纠缠系统中的所有粒子均保持着完全的相关性，即使这些相关性不能通过测量之前系统具有的属性来解释。因此，量子力学很大程度上违背了关于时空的物理学理论，我们应当从概念上重新思考时空的基本属性。

假设有一个相互纠缠的系统集合，这个集合可能是两个光子，也可能是任意数量的光子、电子或原子，甚至是更大的系统，比如低温的原子云或超导电路等。接下来，我们需要对这些系统进行独立的测量。关键的问题在于，对于处于最大纠缠状态的粒子而言，量子力学预测到，粒子的纠缠属性具有随机性，就光子而言，可能是极化的状态。也就是说，对于两个或多个处于最大纠缠状态的光子来说，实验中观察到的极化可能是任意状态的：水平的、垂直的、线性的（任意方向）、顺时针旋转的、逆时针旋转的、任意椭圆的。因此，如果进行测量，我们将会观察到随机的极化。对于纠缠系统中的每一个单独的光子来说，也是如此。不过，最大纠缠状态预测到：构成纠缠状态的光子的极化之间存在相关性。

我认为，关于量子纠缠，最重要的结论是，粒子（如光子、电子或原子）或者更大的系统（如超导电路）之间的相关性与先测量哪些粒子或部分，以及相隔的距离无关。

初看之下，这可能没有什么好惊讶的，比如，当我们测量周围山峰的高度时，无论先测量哪一座，比如远处的或者近处的，都不会对测量结果产生影响，量子纠缠系统也是如此。然而，关键的问题在于，先测量任意一个与其他系统缠绕的系统都将会立刻改变所有纠缠系统的共同量子状态，接下来测量其他系统也会产生同样的效应。结果便是，所有相互纠缠的系统的所有测量结果都将完全相关。

此外，如同近期的实验最终证明的那样，这无法通过任何受爱因斯坦“光速最快理论”限制的通信加以解释。有人也许认为，如果运用以下这种方法进行两次测量，结果会有所不同：先测量一个粒子，然后这个粒子发送一个信号给第二个粒子，告诉第二个粒子该如何做；或者粒子被置于某种距离，两个粒子的测量同步进行，以至信号来不及告诉第二个粒子该如何做。因此，从测量相互纠缠的粒子的属性这一点来看，量子物理学无视了空间和时间。

从信息的角度来看，这种解释是可行的，信息带来了获取知识的可能性。然而，量子纠缠描述了这样一种场景：对于单独的测量来说，不存在信息；对于可能进行的测量来说，存在关于测量结果的可能相关性的信息。前者说明量子具有随机性，后者说明量子存在纠缠，两者都对关于因果联系的传统观念产生重大影响。

量子的这种特性将对时空的概念产生何种影响还有待观察。时空本身不能脱离或超越这些思考。我认为，我们需要对时空进行全新的深层次分析，一种类似于维也纳物理学家恩斯特·马赫（Ernst Mach）曾完成的分析，他将牛顿“绝对空间”和“绝对时间”的概念踢下了王座。希望我们最终能形成类似于爱因斯坦相对论所体现的全新物理学。

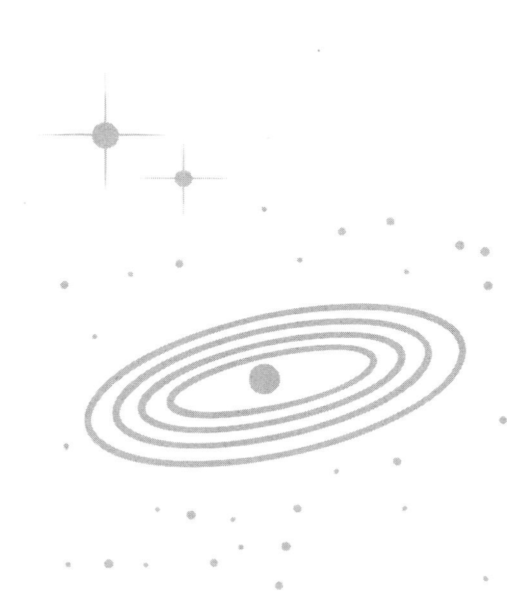

THE TRUE SIGN THAT DARK-MATTER SEARCHES HAVE SUCCEEDED WILL BE THAT THE DISCOVERY WILL BE TAKEN FOR GRANTED AND CEASE TO BE NEWS.

暗物质寻找成功的真正标志是：该发现被认为是理所当然的，不再成为新闻。

——丽莎 · 兰道尔，《让突破成为文化的一部分》

46

BREAKTHROUGHS BECOME PART OF THE CULTURE
突破成为文化的一部分

Lisa Randall
丽莎·兰道尔

哈佛大学理论物理学家；著有《暗物质与恐龙》《叩响天堂之门》《弯曲的旅行》[1]。

2015 年令人感兴趣的发现和研究成果有：发现新的人种；对冥王星等矮行星的观测表明，冥王星的地质活动比我们原来认为的要频繁；有关物种灭绝的数据表明，我们离第六次物种大灭绝越来越近；对小行星撞击地球的时间的精确测量表明，该事件引发了白垩纪－古近纪灭绝事件和德干火山的猛烈喷发，这两个事件发生于相同时期，并导致 6 600 万年前的物种灭绝。

① “宇宙三部曲”《暗物质与恐龙》《叩响天堂之门》《弯曲的旅行》是一套妙趣横生的科普书系，作者通过通俗易懂的语言，对科学求索的真相与未来展开探讨。她告诉我们，若想理解地球和人类的现在、历史与未来，就必须搞清楚物质深层次的结构和宇宙大尺度的规律。这三部著作的中文简体字版已由湛庐策划，浙江人民出版社出版。——编者注

科学新闻总是源自多年辛苦努力的结果，即使突然获得的革命性发现也是如此。因此，任意特定年度的头条新闻并不能代表当年最重要的科学发现或科研成果。

在这里，我想换一个稍有不同的问题来回答，这一问题便是：我希望在接下来的 10 年内看到哪些进步？请牢记，从某种意义上来说，流传最广的新闻往往是那些突发事件和许多重要发现，但它们持续的时间很短暂。只有真正的突破才能成为文化的一部分。广义相对论于 1915 年提出，光会发生扭曲的发现于 1919 年发表，虽然现在还会出现关于广义相对论的新闻，但它们已不再是新闻；虽然有关量子力学的发现仍不时登上新闻，但这仅仅是因为人们不愿意相信它，因此新增的证据仍然具有新闻价值。

我在这里不打算谈论更多上一年度的重要发现，而是想列举几类希望能在接下来几年看到的科学发现。第一类属于我们可能很难真正解决，但会取得缓慢而稳定的进步的科学发现；第二类属于我们将会取得进步，但新闻可能无法准确传达其最重要影响力的科学发现；第三类是能解决难题的真正突破，类似于希格斯玻色子的发现，这是 2012 年的重大新闻，但今天就算不上了，即便这一发现仍然令人激动，并且对粒子物理学后续的发展具有重要指导意义。

第一类发现是关于如何更好地理解“生命的组成成分”的，或者至少是我们了解的生命。这一发现有助于我们更好地了解太阳系物质的化学成分，也许还可以推断出将会出现的生命元素，它也有助于我们对其他恒星及其行星系统的化学属性（或者至少一些物理属性）有更深的了解，或者使我们推断出哪里会出现生命（如果不是高级生命的话）。这些都有助于我们发现化石的更多细节，比如新的化学和物理方法会使我们更深入地了解地球的过去。由于在很长一段时间内，我们都无法搞清楚生命是如何产生的，因此，以上这些都将成为新闻。这一难题的答案拼图将会一块儿一块儿地涌现。

第二类发现是，人工智能和机器人领域将会涌现出很多新进展。关于自动化的作用，真正的新闻将会悄然发生，比如，技术将使靠我们自己就能完成的任务变得更简单或更高效，或者替代工人，降低就业率（或者改变就业的现状）。在未来，我们将发现更多关于无人机、医学机器人和人工智能方面取得新进展的新闻。不过，这些工业机器人仅仅算得上商业方面的重要新闻，或者对发现自己即将失业的工人家庭来说是重要新闻。

第三类发现能加深我们对暗物质基本属性的理解。暗物质包含的能量是普通物质的5倍，它们能与引力相互作用，但与光的相互作用非常小或完全没有。有新闻报道，科学家正在用不同的方法寻找暗物质，这其中包括氙1T（XENON1T）项目和LUX-ZEPLIN项目[1]。这两个项目将特殊材料制成的容器埋藏于地下深处，用于探测当暗物质粒子穿过时形成的微小反冲；不过，还存在另一种可能，即当两个暗物质粒子接触并转变为光子时，暗物质将湮灭。

未来还可能会出现一些非常规的探索，它们会告诉我们更多暗物质的特征，以及通过对由暗物质崩溃形成的类似于星系的结果的对比模拟，运用实际数据探索星系内恒星或其他物质的分布。这些对暗物质的细节性观察可能会揭示暗物质是如何发生相互作用的。也许，暗物质具有普通物质不具有的相互作用或作用力，就如同暗物质不具备类似于现实世界中的电磁力。

如果能够发现暗物质的这些属性或者暗物质粒子，科学家将会了解更多暗物质的属性及其对宇宙学和天文物理学的影响。不过，这种从外部的探索将是一个长久的过程。寻找暗物质获得成功的真正标志是，该发现被认为是理所当然的，不再成为新闻。

LUX（Large Underground Xenon）项目是指大型地下氙项目，ZEPLIN（ZonEd Proportional scintillation in Liquid Noble gases）项目是指液态惰性气体闪光实验。——译者注

47

SPACE EXPLORATION, NEW AND OLD

太空探索的过去与现在

罗伯特·普罗文（Robert Provine）

心理学家，马里兰大学教授；著有《奇怪的行为：打哈欠、笑、打嗝及其他》（*Curious Behavior: Yawning, Laughing, Hiccupping, and Beyond*）。

"新视野号"（New Horizons）宇宙飞船飞过矮行星冥王星时，传回了令人震惊的照片，这是2015年最重大的科学新闻之一。这一事件让太空探索重新登上了新闻头条。与我们原先以为的贫瘠、寒冷的景象不同，冥王星上其实充满了差别明显且复杂的色彩，而且具有不同的地质结构，包括山脉、峡谷，以及由水和氮构成的冰原。冥王星表面留有过去和当前的冰川流动的痕迹，可能还存在从温度更高的内核喷发出的水构成的冰火山。冥王星表面还有一个数百公里厚的大气层。它的五颗卫星中最大的一颗叫作卡戎（Charon），其表面的情景也与冥王星类似。

关于冥王星，2015年还出现了一系列更神秘的新闻。洛厄尔天文台（Lowell Observatory）24英寸的克拉克折射望远镜经重新修葺向公众开放，这是一项具有历史意义的举措。1930年，该天文台的一位年轻工作人员克莱德·汤博（Clyde Tombaugh）在查看天文台拍摄的一些底片时发现了冥王星。无论是巨大的光学天文望远镜，还是放在后院的小小天文望远镜，都是眼睛和大脑的"宇宙飞船"。天文望远镜颇具说服力的直观性是昂贵的高科技航天器所不具备的。回忆一下我们曾在乡间小路上仰望过的星空，或者是通过天文望远镜第一次看到的土星。虽然现代地面天文望远镜不断带来新的天文发现，但这些古老的天文望远镜和圆顶、铜绿斑斑的天文台仍然被当作科学殿堂而留存下来。2015 年，“新视野号”飞越冥王星，这给了我们一个时机去纪念太空探索的过去与现在，以及重新思考仰望星空的意义。

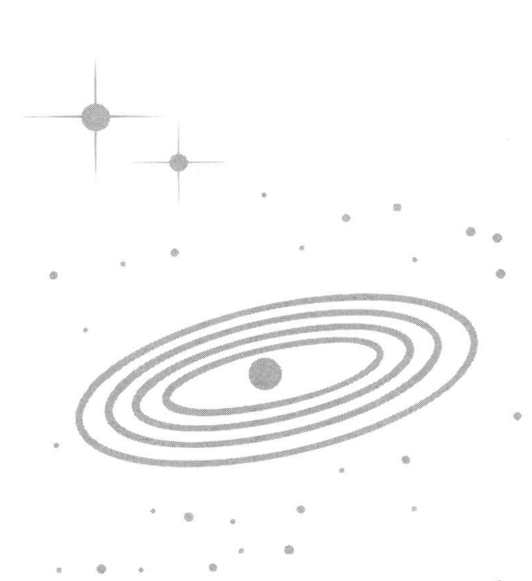

SCIENCE AND DISCOVERY ARE THE ULTIMATE DRIVERS OF OUR WEALTH AND SECURITY.

科学与发现是人类保持繁荣和稳定的最终推动力。

——尼古拉斯·克里斯塔基斯，《太空探索中的坎坷：冥王星》

48

PLUTO IS A BUMP IN THE ROAD

太空探索中的小坎：冥王星

Nicholas Christakis

尼古拉斯·克里斯塔基斯

物理学家，社会科学家，耶鲁大学人类自然实验室主任；与詹姆斯·富勒（James Fowler）合著《大连接》[1]，创作了《蓝图》[2]。

2015年7月14日，美国国家航空航天局的"新视野号"宇宙飞船抵达距离冥王星12 600千米的位置。自从2006年发射升空后，它已经在太空中

① 随着互联网时代，移动互联网的到来，手机、手表等智能随身设备，将人与人之间的连接发展到可感应、可量化、可应用。一个大连接时代已经到来，讲述大连接详细社会学剖析的著作《大连接》中文简体字版已由湛庐策划、中国人民大学出版社出版。——编者注

② 基因不仅决定着我们的身体结构与功能，还影响我们社会的结构与功能。讲述人类进化蓝图的巨著《蓝图》中文简体字版已由湛庐策划、四川人民出版社出版。——编者注

航行了48亿千米。到达这一位置后，“新视野号”开始传回冥王星的照片。太阳系中我们最后探索的这颗行星的外貌震惊了所有人，它拥有许多由冰川组成的山脉与平原。不过，对我而言，这些照片并不是“新视野号”带来的最具新闻价值的成果。

实现这一壮举所运用的科技令人赞叹。“新视野号”是工程上的奇迹，它采用放射性同位素提供动力，而且携带着复杂的电池、光学和等离子科研设备、精密的导航以及遥感技术等。它的主要目标（均已实现）包括拍摄冥王星和它的卫星卡戎的表面照片；测量这两颗星球的地质构造，并分析其大气成分。在这一过程中，“新视野号”还加深了我们对太阳系组成成分的了解。

现在，太阳系内的这类探索的成功率很高，以至它对我们来说就像例行公事，只是我们无尽的探索之路上的一次小颠簸。不过，对冥王星的探索是探索之路上的另外一种坎，探索过程要令人沮丧得多。

2011年进行的一项皮尤调查（Pew survey）[1]显示，超过半数（58%）的美国人支持太空探索。他们认为，这有助于科学进步和提高国家自豪感。而2015年进行的另一项皮尤调查显示，同样有超过半数（59%）的美国人支持将宇航员送入太空。然而，问题是，部分美国人和政治家不太愿意在太空项目上花费太多金钱。2014年进行的一项综合社会调查显示，仅有23%的美国人持赞同意见。与此相对，70%的美国人认为应该在教育上投入

皮尤调查是由美国一家名叫皮尤研究中心的独立民调机构展开的调查，该机构总部位于华盛顿特区。——译者注

更多，57% 的人认为应该在医疗上投入更多。自 1985 年以来，美国国家航空航天局的预算金额几乎就没怎么变过（当前约占联邦预算的 0.5%），而在 1965 年，其预算是历史上最高的，占到了联邦预算的 4% 。现在的预算水平同样低于 20 世纪 90 年代占联邦预算 1% 的水平。

2015 年夏天，冥王星那些迷人的照片仅在不断滚动的新闻中停留了大约一个星期，然后就无人问津了。关于冥王星的新闻，真正令我感到吃惊的是，没有太多人觉得这是一项了不起的成就，甚至人们对太空探索的支持热情都减弱了。美国国家航空航天局的努力让载人 / 非载人太空探索变得可靠、标准化和安全，但令人感到不幸的是，普通民众觉得这像例行公事，没有什么特别之处，许多人甚至有些厌烦了。我认为，这是冥王星任务真正具有新闻价值的地方。

我的祖父出生于 19 世纪 90 年代的希腊，他曾告诉我，当莱特兄弟在 1903 年实现人类第一次飞行时，他觉得非常不可思议。他也目睹了 1969 年的登月。他曾参与过第一次世界大战。他还告诉我，在第二次世界大战中，当纳粹入侵时，他是如何让家人在雅典活下来的。不过，我的祖父对太空探索更感兴趣，因为它的前景要乐观得多。从坐在帆布和自行车制造成的飞机飞过海滩到登月，人类仅用了 66 年的时间。这让我的祖父感到惊讶。同样，直到我写下这些文字时，这样的速度和奇迹仍在激励着我。

当然，我知道 20 世纪六七十年代太空探索所取得的大部分伟大成就都源于冷战；我也知道现在有许多人认为，私营企业应当接过太空探索的接力棒；我还知道承诺用于太空探索的投入并不高，因为许多人有更好的资金用途，比如给孩子接种疫苗，给穷人提供福利，以及投资公共卫生和医疗研究。这些会比投资太空探索更好吗？我的常规回答是："科学与发现是人类保持繁荣和稳定的最终推动力。"不过，我更想说的是，这是一个根本就不存在的分歧。真正的问题是，我们应该资助战争还是向火星移民？哪一个更具有新闻价值？在这一点上，我同意祖父的看法。

49

PLUTO NOW, THEN ON TO 550 AU

已抵达冥王星，目标是 550 天文单位的远方

格雷戈里·本福德（Gregory Benford）

小说家，加州大学埃尔温分校物理学荣誉退休教授；与拉里·尼文（Larry Niven）合著《船星》（*Shipstar*）。

2015 年最具影响力的事件是，美国国家航空航天局的“新视野号”宇宙飞船近距离飞越冥王星，并拍摄到了冥王星及其卫星的许多高清照片。该飞船还携带了克莱德·汤博（Clyde Tombaugh）的一些骨灰，用以纪念他在 1930 年发现了冥王星。如果汤博看到近星际空间深处这颗美丽星球的彩色照片，应该会非常高兴。我们已经打开了观察冥王星的新视界，将从中收获良多。

“新视野号”宇宙飞船于 2019 年元旦近距离飞越一颗小行星，并拍摄到了高清照片，第一次向我们展示了太阳系外的寒冷世界，这些原始星球与冥王星显著不同。这些发现向我们展示了地球等行星和早期圆盘状天文结构的物质组成，由此慢慢揭开了宇宙的族谱。不过，这仅仅是“开胃菜”，“新视野号”的重要性并不仅限于完成对太阳系所有行星的首次探测，更在于探索太阳系之外更广阔的世界—— 银河系。

冥王星外围存在一片区域，太阳的引力在这里形成了巨大的引力透镜效应，将其他恒星的光线汇聚在一小片区域内，这就好比引力将光线汇聚在铅笔尖上，然后聚焦于寒冷星球上的一个点。引力透镜效应本应该出现在牛顿

的力学和光学理论中，但直到1912年，爱因斯坦才算出了引力对光的扭曲效应。

直到1988年通过引力透镜效应，我们才发现了银河系的全貌。恒星和行星附近的这种光线放大效应形成了一种功能无比强大的“天文望远镜”，后者可以根据光的频率对画面进行不同倍数的放大，从1亿倍至1 000万亿倍。我们还可以利用这种效应研究遥远的宇宙。通过开普勒望远镜和其他天文望远镜，我们已经发现了其他恒星系中的2 000多颗行星。当这些行星经过我们所观察到的其所围绕的恒星时，在眩光的映衬下，我们便可以观测到行星大气层。通过这种方法，我们还能观测到更多具有大气层的行星。

未来几十年内可能出现的太空天文望远镜会给我们带来遥远行星的信息。不过，这只能通过研究光线如何反射或吸收等变化来实现。最佳的结果是，这样的星球看起来是模糊的光线形成的点。不过，在引力透镜效应的范围内，我们能观测到的画面清晰度要高得多，可以看清行星的全貌：大气层和卫星、海洋和陆地，甚至有可能看清上面的城市。

无畏的“新视野号”现在正以每秒15千米或者一年3天文单位[1]的速度继续前进。正如爱因斯坦在1936年所预测的，太阳的焦点在550天文单位之外。“新视野号”将在180年后抵达那里，并因原子能动力耗尽而长眠在那里。因此，后续发送至那里的宇宙飞船的速度至少要比“新视野号”快10倍以上。“航海家号”（Voyager）宇宙飞船历

天文单位是距离单位，即地球至太阳的平均距离，1天文单位约等于1.5亿千米。——译者注

经 38 年多的飞行，目前仅仅距离地球 108 天文单位。

我们已经掌握了提升宇宙飞船速度的方法，大部分均采用向日飞行，然后在近日点点燃火箭，或者展开太阳帆，借助强烈的太阳光来获取推动力。不过，还有其他天文方法可用于提高飞船的速度，如果我们愿意，人类将会在几十年内实现这些壮举。

将来，我们的目标可能是将一艘宇宙飞船发射至“上帝的透镜”的焦点处，后者是一个 1 130 亿千米长的天文望远镜，光穿过这个望远镜需要三天多的时间，而这艘宇宙飞船应该具备飞出这一焦点的能力。在这个焦点上，宇宙飞船可以看到被太阳挡在许多光年之外的宇宙。

这一壮举将有助于我们对未知世界的探索。不过，当前这种探索还处于选择一些恒星并研究其行星的阶段。使用太阳作为透镜对于所有波长的光线都适用，因此我们可以用其来寻找生命的迹象——大气层中的氧气，甚至“偷听”外星人的电台。这种“天文望远镜”首先应该对准半人马座阿尔法星系。如果阿尔法星系周围存在行星，我们应当进行仔细的观察。这是飞向这些行星之前的重要一步。这艘宇宙飞船可以以垂直于向外路径的螺旋轨迹飞行，缓慢改变其位置以对半人马座阿尔法星系进行精确扫描。由于当宇宙飞船向外飞行时，引力透镜效应在 550 天文单位以外的区域仍然起作用，所以继续向外探索仍能看到大幅度放大的画面。

在所有的宇宙飞船中，也许“新视野号”的名称最为恰当，因为它确实为我们带来了广阔而有说服力的新视野。

50

THE UNIVERSE SURPRISED US, CLOSE TO HOME

宇宙带给我们离家不远的惊喜

劳伦斯·克劳斯（Lawrence Krauss）

理论物理学家，宇宙学家，亚利桑那州立大学教授；著有《从无到有的宇宙》（*A Universe from Nothing*）。

2015年，当“新视野号”宇宙飞船飞过冥王星时，传回的第一批近距离照片震惊了世界。之前，大家对这颗刚被降为矮行星的星球的设想错得离谱。常识告诉我们，冥王星应该是一颗冰冻的星球，经过几十亿年彗星的撞击，它的表面应该早已千疮百孔。然而，冥王星实际上是一颗活跃的行星，有三四千米高的山脉，有一个1 000千米宽的冰原，这个冰原没有被碰撞过的痕迹，这意味着它诞生于一亿年以内。冥王星的表面非常活跃。由于冥王星附近没有大行星为其提供潮汐力，因此，它的内核仍然处于活跃状态，从而不断改变着表面的构造。我们目前还不知道其中的原因。

对太阳系其他行星的探索给我们带来了类似的惊喜。比如，土星的卫星土卫二上存在地下液态水海洋和含有有机物的喷泉，木星的卫星木卫一上有火山。现在我们明白，这些奇特现象来源于其主星强大的潮汐力的影响。没有人曾预想到会有这样的极端活动。

随着对其他恒星的日渐了解，我们发现，恒星普遍都有行星围绕。这种观点曾被认为是不可能的。类似于木星和土星的气体巨态行星离所围绕的恒星的距离比水星离太阳的距离要远得多。我们曾一度认为，离恒星较近的行星会更小，更岩石化，而较远的行星会更大，更气态化。而现在我们知道，在这些恒星－行星系统中，随着时间的推移，动力学效应可能会促使大行星向离恒星更近的位置移动。

同样，根据之前经典动力学的推测，双星系统周围不会存在行星，因为引力摄动（gravitational perturbation）会将围绕的行星推出去。而现在，我们已经在双星系统中发现了行星。这表明，双星系统中存在某种新的稳定机制在起作用。

我们习惯性地认为，宇宙的边界是一个神秘之地。比如，暗能量（真空能量）支配着宇宙边界的动力学，并产生万有斥力使宇宙加速膨胀。从微观的角度来说，我们目前还不知道希格斯玻色子如此之轻，以及自然界中的4种基本力的差别如此之大的原因。

在探索太阳系的邻居的过程中，我们逐渐发现，促使形成冥王星、木卫一、土卫二这些天体并使其发生演化的物理学原理比我们想象的要丰富和复杂得多。这不仅戳穿了“不会再出现有助于理解宏观物理世界的新发现”这一谎言，还让我们重新客观地看待“量子引力理论（比如最热门的超弦理论和膜理论）将成为万物之理论”这种夸张的观点。虽然这类理论对于理解宇宙的起源和时空的特性具有关键作用，但它对理解宏观物理世界中复杂现象的帮助并不大，这就好比煮沸的燕麦粥和沙滩上的沙雕之间的区别。

然而，燕麦粥和沙雕不会引起公众的关注，但太阳系内外的新世界会。最新的发现表明，我们应该重新思考关于太阳系邻居的许多传统观点和经典物理学理论（如牛顿的一些理论），这一举措有助于解答一些关键问题，包括最重要的一个问题：我们在宇宙中是独一无二的吗？

太阳系真是奇妙无穷！

IN THE SPACE BUSINESS, NEW ROCKETS ARE LAUNCHED AT REGULAR INTERVALS, BUT THE LAUNCH OF A USED ROCKET IS IMPORTANT NEWS.

在太空领域，虽然不断有新的火箭被发射升空，但其能完好无损、平稳地降落是一则重大新闻。

——乔治·戴森，《火箭技术的最新进展》

51

PROGRESS IN ROCKETRY

火箭技术的最新进展

George Dyson

乔治·戴森

科学历史学家；著有《图灵大教堂》[1]。

2015 年年底，两枚火箭陆续被发射升空，穿过卡门线❶进入太空，然后利用自身动力返回，并完好无损、平稳地降落在地面上。在太空领域，虽然不断有新的火箭被发射升空，但其能完好无损、平稳地降落是一则重大新闻。

❶ 距地面 100 千米，国际航空联合会定义的大气层和太空的界线。——译者注

① 在《图灵的大教堂》一书中，作者乔治·戴森着重介绍了一小群人，为首的是曾供职于新泽西州普林斯顿高等研究院的约翰·冯·诺伊曼，他参与建造了最早的一台计算机，以实现艾伦·图灵提出的通用机的愿景。他们的工作打破了用于表意的数字和用于运算的数字之间的区别，世界因此而改变。本书中文简体字版已由湛庐策划，浙江人民出版社出版。——编者注

1966年12月，“猎户座计划”（Project Orion）先驱西奥多·泰勒（Theodore B. Taylor）对将任何东西送入哪怕是近地轨道的高昂成本表达了自己的不满：“这基本上等同于使用喷气式运输机从马德里至莫斯科每几周飞行一次，并且每次飞完飞机都会报废；还要算上几大主要机场的所有建设和运营所用的花费。”

虽然已经退役的航天飞机是可以重复使用的，但发射成本非常高，而且违反了一条基本的运输规则：人货不得混装。当有一天我们回顾这一切时会发现，高效发射系统的一个主要障碍是推进剂与燃料分离。

反应物（推进剂）的来源没有理由必须与能量的来源（燃料）一致。燃烧接近爆点的混合化学物本身就非常危险，并为比冲量（specific impulse，简称ISP）设置了一个难以逾越的上限，推力比表示给定数量的推进剂和燃料所能产生的加速度。这也是军用火箭的早期目标花了很长时间才实现的原因，这个早期目标就是“让目标比发射地点更危险”。

目前，火箭发射任务陷入了逐渐萎缩的恶性循环，基本局限于运送宇航员、军用卫星、通信卫星、远距离探测器等昂贵设备。这些设备的客户可以承担发射火箭只使用一次的高昂成本。重复使用火箭是打破这一恶性循环的最大希望，将火箭发射变为低成本、高频率的活动，同时火箭只携带惰性推进剂，燃料则储存于地面。

自主控制、燃烧工程和计算流体动力学等方面取得的成果，让本文开头提到的两架火箭可以在数次尝试之后实现受控降落。这些成果可以用于研发不携带燃料，以地面脉冲能量柱为动力的新一代发射器。

2015年，我们在这一方面迈出了重要的第一步。

52

THE SPACE AGE TAKES OFF . . . AND RETURNS TO EARTH AGAIN

太空时代重回发射－返回模式

彼得·施瓦茨（Peter Schwartz）

未来学家、商业战略学家，软件服务公司 Salesforce.com 全球政府关系与战略规划高级副主席；著有《未来在发酵》（*Inevitable Surprises*）。

20 世纪 50 年代，我还很年轻，和许多人一样，我也梦想过太空时代。那时，我们心目中的太空时代是这样的：银色子弹形的火箭拖着一股火焰升空，当其返回时，拖着同样的火焰下降，平稳地降落在宇航中心。怀揣着这样的梦想，我在伦斯勒理工大学（Rensselaer Polytechnic Institute）获得了航天工程学位。

然而，实际的太空飞行与我们想象的完全不同。我们建造了多级推进式火箭，每次发射完，火箭都会坠毁在地球的某个角落。回收火箭是一件非常困难的事，让火箭携带着陆所需的足够燃料，通过控制尾焰来实现平稳降落也很困难。实际上，基于类似的原因，20 世纪 50 年代尝试制造垂直起降的喷气式战斗机的任务也失败了。

对于太空时代来说，火箭发射后坠毁这一问题提高了应用成本，将东西送入轨道的成本高达每千克几千至一万多美元。如果飞机每次飞完都报废了，那机票该有多贵啊！平均而言，一枚火箭的成本达到几亿美元，相当于现在一架喷气式飞机的价格，但火箭只能使用一次。我们还没有解决可重复使用火箭的技术难题，包括俄罗斯和中国在内的其他所有国家，以及所有公司，比如波音公司和洛克希德公司（Lockheed）。

航天飞机的设计本来是为了解决重复使用的问题，但令人感到不幸的是，每次发射后重新整修的费用非常高，比普通火箭的花费高得多。20世纪70年代早期，我在斯坦福国际研究院参与过航天飞机的前期项目，当时做过一次计算，对于大部分用途而言，如果该机构每周发射一次航天飞机，平均下来每次的发射成本预计为每千克260美元（相当于现在的1 447美元）。实际上，航天飞机一年只能飞行几次，成本高达每千克59 471美元。能负担得起这种成本的人寥寥无几。因此，太空飞行实际上只对那些能够承受如此高昂成本的客户开放：军队、通信公司以及部分政府资助的高成本科研项目。

然而，2015年的最后几个星期，一切都改变了。两家初创太空企业——蓝色起源公司（Blue Origin）和太空探索技术公司（SpaceX），成功地发射了可以垂直降落的火箭，这两家公司的火箭都可以通过控制喷出的尾焰实现平稳降落，这样使火箭可以快速实现再次发射。如果这类火箭能实现定期发射，太空飞行的成本将很快发生根本性的改善。虽然太空飞行的成本在短时间内可能不会变得十分低廉，但许多其他应用将有可能实现低成本，而且其成本还会随着发射次数的增多而持续下降。

这两家公司都解决了火箭在低速下控制尾焰这一难题。不过，太空探索技术公司在近期内取得的成果更为重要，蓝色起源公司的火箭仅能飞至距地面100千米的高度，而且其主要目的是用于旅游。太空探索技术公司的火箭“猎鹰9号”（Falcon 9）已经可以进入地球轨道，并且该公司已经开始向太空运送补给，很快就可以将宇航员送往国际空间站。重复使用成本最高的组件可以将成本最高减少90%，而且随着时间的推移，这些成本还会继续下降。波音公司和洛克希德公司应该开始担忧了。

当然，蓝色起源公司的火箭“新谢帕德号”（New Shepard）也会得到不断的改进。该公司面临的真正竞争来自维珍银河控股有限公司（Virgin Galactic Holdings），这家公司最近遇到了一些困难，其太空观光飞船在试飞时发生坠毁，一名飞行员也牺牲了。这两家公司均瞄准了太空旅游市场。目前来看，蓝色起源公司暂时领先。

航空事业正处于转折点，我们可以重新憧憬太空时代，太空轨道上的生活也不再遥不可及。捕获小行星和星际探索的成功率将比以往更大。对于普通人来说，从太空中观察地球不再是一个遥不可及的梦想。

53

HOW WIDELY SHOULD WE DRAW THE CIRCLE

探索该在哪里止步

斯科特·阿伦森（Scott Aaronson）

计算机科学家，得州大学教授；著有《德谟克利特之后的量子计算》（*Quantum Computing Since Democritus*）。

科技爱好者已经习惯了“商用量子计算机即将来临”这种哗众取宠的说法。我想表达的是，到目前为止，2015年才是真正意义上的转折点。实事求是的实验科研人员第一次展开讨论，将40个或更多高质量的量子比特集成到一台小型可编程量子计算机中，这件事不是发生在遥远的将来，而是最近几年。虽然这种量子计算机设计成功后，暂时还不能进行有实际意义的计算，但我认为这已经不重要了。

关键的问题在于，40个量子比特已经足够做一些现在的计算机需要万亿次计算才能完成的任务了，计算机科学家对这一点非常确信。如同20世纪20年代后期以来的物理学课本所提到的，自然界的确给我们提供了非常强大的计算能力。这足以反驳所有的质疑。不过，基于某些深层次的原因，有人认为，量子计算最终会被证明是不可行的。虽然我认为这种可能性不大，但令人激动的是，这将意味着物理学领域将会发生一场重大变革。

所以，即将来临的“量子主宰一切”的观点是不是近期最令人感兴趣的科学新闻呢？我没有信心这么说。问题在于，哪些新闻令我们感兴趣，取决于我们想要探索的边界。在某些时候，量子计算逐渐远离了我的关注范围，与我对地球何时变得不稳定的感兴趣程度差不多。也许当100年以后的人们回顾现在时，会认为2015年最重要的科学新闻是南极洲西部的冰盖比那些危言耸听的预测更接近坍塌。或者，他们可能会认为，2015年最重要的新闻是，人工智能存在风险的观点终于成为主流。

这类观点认为，超级人工智能将会在接下来的100年内出现，当前人类面临的最大问题是，确保当这种超级人工智能出现时，对人类保持友好的态度，而不是将太阳系夷为平地。我有一个要好的朋友认为，人工智能会威胁到人类的生存，他曾开玩笑说："当我们的无线网络持续有信号传输超过一个星期时，就需要担心人工智能的奇点是否来临了。"但谁又知道呢？如果这一场景真的出现了，至少比冰川的消融要重要得多。

相比于将"兴趣范围"扩大至包含文明的将来，我更倾向于缩小它，仅关注我的理论计算机科学家同事。2015年，芝加哥大学数学家拉斯洛·鲍鲍伊（László Babai）宣布了首个"可证明的快速"算法，用于解决计算的核心问题——图同构。这一问题是确定两张节点与连接的图是不是同构的，即如果重新标识节点，两张图是不是相同的。对于一张具有 n 个节点的图来说，之前最好的算法（发现于30年前，鲍鲍伊同样参与了证明）所需的步数随着 n 的平方根呈指数级增长。

这次发现的算法所需的步数随着log（n）的幂（这一比率被称为"拟多项式"[quasipolynomial]）呈指数级增长。鲍鲍伊取得的这项突破实际意义可能不大，因为现有算法对于实际可能的任意图都已经足够快了。不过，对于那些对计算的最大局限有无限追求的人来说，这可能是到目前为止最大的新闻了。

我们将关注范围再次缩小到"量子查询复杂度"（quantum query complexity），这是量子计算的一个子学科。还在读书时，我觉得这门课程非常难。在过去的这一年里，有科学家发现，存在量子计算机可以求值的布尔函数。相比于普通的计算机，使用量子计算机给这种布尔函数求值，所需的计算量仅是读取输入步数的平方根。量子计算机和普通计算机的这一区别早在1996年就已被发现，即使我们制造出了实用的量子计算机，这一成果也不会有任何实际意义，因为实现这一差异的函数是人为刻意想出来的，其目的仅仅是证明这种区别。不过，对我而言，这一差异仍旧令人激动，因为它告诉我，取得进展是存在可能的。将十几岁的我吸引到科学研究这条路上的那些看起来永远无法解决的难题，都相继得到了解决。如果我不告诉你这件事，会很遗憾！

当冰川正在消融时，我怎么会为能更快地解决某些特殊问题的新型计算机而感到兴奋呢？更不用说这种新型计算机仅有的优势只是提高人造函数的计算速度。显然易见，基础研究能解决人类文明的难题，就好比之前的很多研究一样。实际上，我们并不需要等到人工智能奇点来临的那一刻才发觉这一点。

通过模拟量子物理学和化学，量子计算机可能会引发材料科学的革新，还有助于我们设计出高效的太阳能板。对我而言，意义并不仅于此。这还关系到人类的尊严。也许，几百万年以后，当外星生命发现人类的文明遗迹时，会挖掘出人类的数据档案。我希望他们知道，在人类将自身毁灭之前，我们至少研究明白了图同构问题在拟多项式时间内是有解的，并且存在可超量子加速（superquadratic quantum speedup）的布尔函数。我很高兴他们能知道这些事，以及人类所做的一切。

54

A NEW ALGORITHM SHOWING WHAT COMPUTERS CAN AND CANNOT DO

体现计算机能力的新算法

约翰·诺顿（John Naughton）

英国《观察家报》（*Observer*）专栏作者，英国开放大学荣誉退休教授，剑桥大学荣誉委员；著有《从谷登堡到扎克伯格》（*From Gutenberg to Zuckerberg*）。

最令人感兴趣的新闻发生在2015年年底，准确地说，是在2015年11月10日，芝加哥大学的拉斯洛·鲍鲍伊宣布发现了解决图同构问题的新算法，这一算法比之前我们已经使用了超过30年的最佳算法高效得多。图同构问题是计算机科学界尚未解决的重大问题之一。如果鲍鲍伊的发现能经得住同行的检验，那么这种算法将会产生非常巨大的影响力，尤其是在重新思考计算机能做什么和不能做什么方面。

图同构问题看上去十分简单：就是如何确定两张图（即数据学家所说的网络）实质上是相同的，也就是两张图的节点和节点之间的连接都是一一对应的。虽然这听起来很简单，但要真正解决确实很难。因为即使很小的图，一旦节点移动，就会变得完全不同。检验图同构的标准方法是映射两张图所有节点的所有可能路径。对于非常小的图而言，这一方法虽然枯燥，但很有效。不过，随着节点的增多，局面很快就会失控。打个比方，比较只有10个节点的两张图，将需要比较3 600 000条（也就是10的阶乘）可能的匹配关系，而如果比较有100个节点的图，这一数字将比宇宙中所有分子的数目还要多。然而，在当前这个社交媒体盛行的年代，具有数百万个节点的网络是很常见的。

从实用计算的角度来看，阶乘真不是一个好消息。阶乘算法的执行时间很容易变成几十亿年。因此，有实际意义的算法仅限于答案可以表示为多项式的算法（比如，n 的平方或立方，n 表示节点数）。这是因为相比于阶乘或指数函数，这种算法的执行时间的增长速度要慢得多。

鲍鲍伊的算法最模糊的地方在于，它既不是纯阶乘的，也不是纯多项式的，他称这种算法为“拟多项式”。目前，我们还不理解这其中的准确含义，但数学和计算机科学界的讨论结果是，即使这种新算法可能算不上解决图同构问题的神器，但肯定比之前的算法有效得多。

如果事实证明真是这样，将会带来哪些影响呢？首先，将会带来一些不大，但相互独立的好处。鲍鲍伊的算法将有助于解决其他行业的计算难题，比如，多年以来，基因组研究人员一直在寻找比较 DNA 分子的长化学字母链的有效算法，这是一种类似于图同构的问题，基因组研究取得的所有成果将会为其他所有基因研究带来好处。

不过，鲍鲍伊的算法带来的最大影响可能是精神上的，即有助于唤醒数学家对即使使用最强大的计算资源也难以解决的那些难题的兴趣。比较有代表性的例子是所有在线交易的安全性所依赖的公钥加密系统，这一系统是基于不对称性构建的：将两个大的质数相乘得到一个更大的数，这相对容易，但将乘积分解（也就是找到得出乘积的原有的两个质数）在计算上十分困难（所需的时间太长）。然而，一旦发现了有效的分解算法，所有的安全性都将不复存在，我们将不得不从头设置。

55

DESIGNER HUMANS

定制人体

马克·帕格尔（Mark Pagel）

进化生物学家，英国瑞丁大学教授；著有《连线文化》（*Wired for Culture*）。

靶向基因编辑（targeted gene-editing）采用的 CRISPR（成簇的规律间隔的短回文重复序列）技术，可以对有机体的基因组进行成本低廉的编辑。这种技术具有非常大的潜在影响力，以至我们现在到处可以听到“crisper”这个词。这个词成为电台和电视脱口秀节目时常提及的热门词语。出现这种情况实属正常。很快，科学家和生物技术专家就可以定制生物体了。这项技术已成功应用在酵母、鱼、苍蝇，甚至猴子等生物体上，并且得到了广泛宣传。

然而，人们显然更关注的是这项技术在人体上的应用。通过修改父母的精子或卵细胞的基因，人类将可以“定制”具有某种特征或不具有某种特征的婴儿。如果在胚胎发育的早期（此时细胞数量还不多，它们最终会变为我们身体的所有细胞）进行基因编辑，等到婴儿长大成人后将具备同样的定制特征。

想象一下，通过基因编辑，我们可以告别亨廷顿舞蹈症、镰状细胞贫血、囊性纤维化以及一系列其他遗传性疾病。那么，我们可以通过基因编辑获得想要的特征吗，比如眼睛和头发的颜色、个性、气质，甚至智力？眼睛和头发的颜色已经可以通过 CRISPR 技术实现，后面几项也许只能部分归功于基因，就算如此，也很有可能取决于几十或几百个基因的共同影响。谁又能说得准我们永远不会解决这些问题呢？在过去 20 年里，基因组和生物技术的研究人员取得了令人震惊的进步，而且，目前这种发展节奏还没有慢下来的迹象。我们有理由相信，关于基因如何影响我们想要定制的特征的知识将会得到广泛运用，如果我们看不到这一现象，我们的下一代一定可以看到。

这些议题在关于 CRISPR 技术的学术交流中得到了广泛讨论，已经有人呼吁暂停在人体上使用这项技术。实际上，在体外授精技术变得可行的早期阶段，也出现过类似的呼声。这些呼声不全来自学术界。这个问题的关键在于，我们对技术发展的接受程度会随着这些技术逐渐被人们熟悉而发生改变。

当前对暂停 CRISPR 技术的呼吁可能不会持续太长时间。这项技术是非常准确和可靠的，而且还处于早期阶段，未来一定会得到更好的改进。在解决农业和环境问题等方面取得的成果已经证明了这项技术的价值。这些成果最终会说服我们接受定制人体。CRISPR 技术已经成功地应用于培养人体细胞系。第一批真正的定制人体不再只是科幻小说中的桥段：他们已经在门外，随时准备震撼现世。

56

CELLULAR ALCHEMY

细胞炼金术

罗杰·海菲尔德（Roger Highfield）

威尔斯大学物理化学教授；与马丁·诺瓦克（Martin Nowak）合著《超级合作者》。

遗传学和医学领域的一系列重要技术带来了重大革新。最近，使用广泛、成本低廉且有效的基因编辑技术长据新闻头条的位置。然而，同样重要的一点是，它们的力量被放大了，因为我们已经生活在一个成本低廉的基因组测序时代。我们已经掌握了在不永久性地改变 DNA 的情况下调整其用途的手段，可以对成熟的细胞进行基因编辑，让它们回到胚胎状态，随后将其变成任意类型的细胞。

现在是细胞炼金术时代。

为了说明现在的基因编辑技术为什么如此重要，我们先回到 20 世纪 90 年代，当时罗斯林研究所（Roslin Institute）的约翰·克拉克（John Clark）科研团队宣布成功培育出了转基因羊特蕾西（Tracy），这是第一只转基因哺乳动物。特蕾西为农业的发展开辟了先河，“她”的每升奶中含有 30 克的人类蛋白质。1997 年，特蕾西死后，因其重要意义被保存于英国科学博物馆。

研究人员修改了特蕾西的基因，使其能够产生阿尔法 1- 抗胰蛋白酶（alpha 1-antitrypsin），该物质被认为可以用于治疗囊性纤维化与肺气肿。然而，罗斯林研究所团队的实验方法并不精确，因为这一方法无法控制 DNA 结束的位置。他们本可以添加钙盐，使 DNA 沉淀于溶液中并附着在胚胎上，使一些 DNA 能迁移至胚胎内部；或者通过电击的方式使胚胎膜形成小洞，让 DNA 进入；或者让 DNA 包含于脂肪微粒（脂质体）中，后者会溶解于细胞膜中；抑或最佳的方法是，直接将数百个 DNA 副本注入受精卵的细胞核中。罗斯林研究所的团队将阿尔法 1- 抗胰蛋白酶附着在一种基因的启动子区，这种基因决定着羊奶的蛋白质。之后，他们将 1 000 个经过这种修改的胚胎注入一只羊体内，“她”就是特蕾西，这样特蕾西的乳腺就可以产生阿尔法 1- 抗胰蛋白酶。

我们很难想象在人体上进行这种粗糙的基因工程。不过，现在我们有了更精确地修改 DNA 的方法——基因编辑技术，它能精准、可靠地删除特定的 DNA 序列，并添加新的序列，还可以一次性插入或移除多个基因。这项技术为修改农作物、动物甚至人类的基因提供了巨大机遇。

这种神奇的技术如此强大的原因在于，它允许我们以低廉的成本轻松地对 DNA 进行测序和编辑。我们知道如何在不改变基因的情况下操纵基因，即通过诱发表观遗传变化来调节基因。我们同样知道如何操纵细胞，比如通过“山中因子”（Yamanaka factor，又称诱导性的多能干细胞）将成熟的细胞变为胚胎细胞。

如果将这些方法应用于人体，我们便可以利用模型测试药物，比如生成 T 细胞来治疗癌症，生成健康的细胞来治疗疾病，让猪的器官可以用于人体，等等。京都大学干细胞生物学家斋藤通纪（Mitinori Saitou）和剑桥大学生物学家阿齐姆·苏拉尼（Azim Surani）的研究成果表明，这种经过基因编辑的胚胎细胞能够被转换为长期存活的生殖系细胞。

我们可以从患有严重疾病的患者身上采集一些皮肤细胞，然后通过综合运用这些技术，修改这些细胞的潜在基因缺陷，将其转变为原始生殖细胞，再注入健康、已修改过的精子或卵子中。鉴于胚胎筛检的局限性，以及之后合理的实用性可能会打消人们的道德顾虑，总有一天会出现借助皮肤细胞繁殖的小孩。当这一天来临时，包括基因编辑、基因测序以及基因修改在内的细胞炼金术将会永远地改变人类的基因组。届时，随着越来越多的人类以这种方式诞生，人类的进化将会进入新阶段。

57

A TERRIBLE BEAUTY HAS BEEN BORN

潘多拉的盒子已经被打开

伦道夫·内瑟（Randolph Nesse）

进化生物学家，亚利桑那州立大学进化与医学中心主任；与乔治·威廉姆斯（George Williams）合著《我们为什么会生病》（*Why We Get Sick*）。

2015 年最重大的新闻是，人们终于可以对任意的基因进行编辑，从根本上改变生命本身。CRISPR/Cas9 这一项并不复杂的技术已经可以在全世界的实验室内实现。这项技术可以用新的 DNA 序列替代任意特定的原有 DNA 序列，彻底改变基因研究，并给那些患有基因疾病的患者带去希望。这项技术还允许我们修改之后出生的各种生物的基因，甚至可以通过这项技术实现“基因驱动”机制，也就是替换有性繁殖物种几代内所有个体的某一特定序列。潘多拉的盒子已经被打开。

这项技术带来的可能性将超乎我们的想象，有些已经成为现实。实验室内针对蚊子的实验表明，对疟疾具有免疫效果的新型基因可以在蚊子的个体之间得到快速传递。如果将这些蚊子放回室外，其基因将会传递下去，最终消灭这一疾病。这有可能实现吗？这种技术还能带来什么？没有人知道答案。有些基因驱动机制可能会消灭某个物种。消灭天花当然是一件好事，但生态系统中缺少了老鼠和蚊子将会变成什么样子呢？没有人说得清楚。

电影《魔法师的学徒》（*The Sorcerer's Apprentice*）中的怪物已经显现在我们眼前。能力有限的人类物种该如何控制和使用这一强大的新能力呢？这一问题的答案将决定人类的未来，以及地球上所有生物的命运。2014 年 12 月，美国国家科学院组织了一次学术会议，邀请英国和中国的国家科学机构一同就这项技术带来的机遇和威胁进行公开且富有远见的讨论。虽然我们会认真地对待威胁，但对于这项技术会将人类带向何方，以及我们如何才能控制和使用它，大家都未能达成一致。这项技术也许很快就会改变生命本身，但没有人知道是以哪种方式。

58

DNA PROGRAMMING

基因编辑

保罗·多兰（Paul Dolan）

行为经济学家，伦敦政治经济学院行为科学家；著有《设计幸福》（*Happiness by Design*）。

在一个创造性发现比比皆是的年代，我们很难预测哪一条科学新闻重要到能够在新闻头条上保持几天的时间。这样的新闻应该具有重新定义“我们是谁，以及由什么组成”这类问题的能力，而近期能够满足这一条件的研究成果是：通过运用生物信息学，研究人员可以对基因进行解码和重新编辑。

虽然人类基因组图谱的成功绘制是一项伟大的成就，但生物信息学才是让所获得的知识投入实际应用的原因。将基因组上传至计算机，研究人员便可以使用基因标记和 DNA 扩增技术揭示因基因与环境的相互作用而导致患上某种疾病的复杂原理。研究人员还希望使用生物信息学解决现实生活中的问题。比如，你可以想象一下这样的场景，经过基因编辑，微生物能产生廉价的能源、清洁的水、肥料、药品和食物，或者从空气中吸收二氧化碳以减缓全球变暖现象。

不过，与生活中大部分东西类似，生物信息学同样存在潜在的负面效应。当基因可以像软件一样可以被编写、复制，设计复杂的生物（包括人类）不再是科幻小说式的异想天开。先不谈所有潜在的优点，这项技术很有可能会引发广泛的伦理争论。这就要求我们仔细思考这项技术对人类的意义：究竟是选择自然、独一无二且并不完美的生物，还是选择定制的、力求完美的生物呢？

当被问到基因编辑和生物信息学的未来时，基因组学的领军人物克雷格·文特尔（Craig Venter）回答道："我们只会受限于自己的想象力。"我对这个问题的怀疑更多一些。不过，有一件事是确定的：数字基因会持续带来进化生物学、法医学、药品学等方面的科学新闻，还会让我们陷入如何定义人类自身的长久争论中。

59

HUMAN CHIMERAS

人类嵌合体

戴维·黑格（David Haig）

进化生物学家，哈佛大学教授；著有《基因印记与亲属关系》（*Genomic Imprinting and Kinship*）。

假如某个人的后代的基因型和他自己的不相匹配，但该后代又被证明是这个人父母的孙辈。这其中的一个可能解释是，这个人有一个没有出生的双胞胎兄弟，当这个人还是胚胎时，这个双胞胎兄弟的细胞就侵入了他的睾丸，这些外来的细胞产生了最终会生成他后代的精子。

在这个基因测序灵敏度极高的年代，我们已经发现了多例嵌合现象（chimerism），该现象是指某个人体内包含了来源于多个受精卵的细胞。每个人的身体内都有可能包含来源于基因家族的多个成员的细胞。我们应该区分出身体个体（嵌合的个人）和基因个体（可能存在于不同的身体）。

60

THE RACE BETWEEN GENETIC MELTDOWN AND GERMLINE ENGINEERING

基因崩溃与生殖系工程之间的比赛

约翰·托比（John Tooby）

进化心理学创始人，加州大学圣巴巴拉分校教授、进化心理学中心主任。

最引人关注的科学新闻是我的存在。呃，不仅仅是我。如果不是因为技术的发展，像我一样的人可能就会早逝。如果不是因为现代卫生设备、药物、技术和市场经济带来的繁荣，大约 55 亿的全球成年人中将仅有 10 亿人能存活下来。在人类的早期，绝大多数人在还没有养育足够多的后代前就已经死亡。发达国家的人拥有的富足生活是人类启蒙运动所取得的最伟大的成就之一——父母不再沉浸在失去儿女的悲痛之中，孩子（之后死于意外）也不会再失去父母。

不过，这一胜利带来了一些不那么受欢迎的新闻，那就是自然选择残酷地将生育与基因疾病的消除联系在一起。

第一个需要关注的方面就是，即便我们最表象的功能也来源于先进的有机技术——自然选择技术。比如，我们的眼睛这一宏观物体，它具有 200 万个活动部分，每一个独立部分都非常精致，甚至可以感受单个光子。所有物种的成功父代都居于适应性竞争的顶端。

第二个需要关注的方面是，物理法则一直在将人类赶下顶端的位置，并持续破坏人类生存所必需的器官。熵不仅让我们变老、死亡，还成功地破坏了父母的生殖细胞。实际上，真正的科学新闻是，我们已经通过多种方法得出以下结论：人类的每一个小孩大约带有 100 个新突变，这是其父母体内所没有的基因突变。可以确定的是，大部分突变发生于惰性区域，或者说是“隐性的”，不会产生负面影响。不过，有一些突变是有害的，虽然其单个的影响不大，但综合起来就会表现为一些难以治愈的疾病。

如果考虑到在熵的世界中，人类如何维持自身的高等级生物结构，以上这些结论令人感到震撼。自然选择是推进物种进化（对抗熵和向者更大的秩序前进）和在突变压力下保持有益基因（净化选择）的唯一物理过程。如果某个物种没有在突变累积中退化或消亡，有害基因突变的发生率必须等于有害基因突变的选择性移除率，这就是所谓的突变－选择平衡。这种移除是自我进行的。有害基因会损害所在个体的健康，而这些损害降低了携带者繁衍的可能性，从而减少了有害基因的传播。对于基因突变和自然选择之间的平衡来说，关键数量的后代必须在生殖前死亡——死于携带了超量的基因突变。

从长远来看，成功的父辈平均能将略多于两个后代养育至生殖期（如果小于这一数字，这一物种将会灭绝；大于这一数字，这一物种将遍布全球）。对于拥有几个后代的人类来说是如此，对于具有三亿条后代的海洋翻车鱼来说也是如此。为了理解自然选择在抗熵增过程中的残酷性，我们来看一看拥有三亿条后代的翻车鱼，其平均有 299 999 997 条后代将会死亡，只剩下两三条可以繁衍后代。由于后代的基因型是随机产生的，正反随机的数量（在三亿个个体数中）确保了突变的二项式分布处于较低水平，并将多数标准偏差排除在外。也就是说，这两三条翻车鱼之所以可以繁衍后代，是因为它们的基因令人难以置信地没有发生有害突变，因而继续繁衍家族的下一代，摆脱了突变压力，将突变熵（mutational entropy）退回至它们父母的水平。具有很少后代的人类祖先勉强维持着我们的功能组织，并在很小的自然选择梯度（即部分后代具有的缺陷较少，而部分后代具有的缺陷较多）中历经进化生存下来。物理法则决定了大部分没有后代的人类祖先之所以要死亡，是为了将有害的基因突变从种族中清除。

然而现在，人口数量出现了转变——出现了低死亡率和低出生率。虽然这避免了马尔萨斯灾难（Malthusian catastrophe）[1]的发生，但放松选择的代价是遗传疾病会持续地增加，而非保持原有的突变－选择平衡。不同的自然实验表明，这种现象可能会迅速恶化。比如基于选择的原因，经人工饲养几代后的鲑鱼比野生的鲑鱼要脆弱得多。实际上，人口死亡率的下降会增加遗传负荷，导致出生率低于替换率：如果人类具备可以确定在何时适合繁衍和养育小孩的生理评估系统，以及如果每一代都会累积更多小缺陷，这些小缺陷逐渐会演变为所谓的受压的枯竭，那么提高几代人公共健康的方法就是一直保持偏低的出生率。然而，一到两个小孩远不足以摆脱不断累积的基因突变。

不过，谁也不会对克服遍及全球的传染性疾病和饥饿而感到后悔。作为一个物种，我们需要加强有关基因组工程的大型研究，通过战胜传染疾病的启蒙科学来战胜遗传疾病（比如通过对受精卵、桑椹胚和胚泡进行基因修复）。通过遗传咨询，我们虽然已经掌握了那些带来灾难的基因，但更应该将关注点聚焦于那些最终有可能会引发重大问题的数量庞大的细微缺陷上。

我不是在谈论制造新的人类基因所带来的复杂的伦理问题。不妨换个角度来想想，如果婴儿

[1] 又称马尔萨斯陷阱，是指人口增长是按照几何级数增长的，而生存资源是按照算术级数增长的，多增加的人口总是要以某种方式被消灭掉，人口不能超出相应的农业发展水平。——编者注

继承的是父母所有的健康基因，这样便不会带来不可预知的结果：健康的基因之所以健康，是因为它们在进化中都具有良好的相互作用。父母会选择遗传了他们最健康的基因的后代，而非具有随机且不断增加的受损基因片段的后代。自然选择只能通过折磨有缺陷的基因形成的器官来对抗熵增。不过，基因编辑将会取代这种残酷的选择过程。

61

THE ONGOING BATTLES WITH PATHOGENS

与病原体的持续斗争

罗伯特·库尔茨班（Robert Kurzban）

心理学家，宾夕法尼亚大学教授，宾夕法尼亚大学进化心理学实验室创始人、主任；著有《人人都是伪君子》（*Why Everyone [Else] Is a Hypocrite*）。

2015 年年末出现了两条关于病原体的新闻，一条充满希望，另一条则不尽然。带来希望的这一条新闻报道了我们可以将所需（从人类的角度）的基因注入生物体，进而让该基因在人群间传递。

以疟疾为例，为了阻断这种疾病的传播，我们倾注了很多心血。然而，全世界仍有数千万人感染这种疾病，并且有几十万人因此而死亡。虽然将阻断疟疾的基因注入蚊子的基因组会有所帮助，但帮助是有限的。因为如果这种基因不能大范围传递，那效果就不会持续太久。不过，如果同时携带阻断基因和让其可以广泛传播的基因的蚊子能够回到自然界，效果将会持续下去。

不尽如人意的那条新闻报道了一种被称为“超级淋病”（super-gonorrhea）的病原体菌株，这种病菌对于当前的抗生素具有抵抗性。大家都知道，虽然使用抗生素可以消灭病原体菌株，但这种方法会导致疾病越来越难以治疗。在英格兰，已经有人感染了超级淋病，引起了关注。

治疗超级淋病的以往经验表明，消灭病原体的努力已经成了某种意义上的军备竞赛：当人类发现新的治疗方法时，病原体就会“想出”新对策。不过，现在出现了一系列进展，它们有助于人类在这场军备竞赛中获胜。第一是遗传学取得的进展，包括将基因注入基因组。第二是我们对进化有了全面的理解，以及知道了如何利用它。过去，进化经常对人类表现出不利影响，就像抗药性病原体菌株，而现在，我们在利用进化这方面不断取得进步。第三是对我们生态系统有了深入的了解。过去，我们对生态系统简单粗暴的干涉导致了灾难性的后果，澳大利亚的甘蔗蟾蜍（cane toad）就是一个反例。我们不会再像过去那样犯这种简单的错误。对于生态系统的态度，我们比以往更谦虚也更复杂了。

一两种病原体的存在在很长一段时间内十分重要：它们是具有较大危害的移动目标。近期人类取得的进展也许能够以全新的方式驯服它们。

62

ANTIBIOTICS ARE DEAD; LONG LIVE ANTIBIOTICS

抗生素已死；抗生素万岁

奥布里·德·格雷（Aubrey De Grey）

老年医学专家，掌控可忽略衰老研究基金会（SENS）首席科学官；著有《终结衰老》（*Ending Aging*）。

关于灭绝的预言，我们已经听了很多年，它就源自致命的变体细菌。变体细菌可以将自身的DNA与其他生物的DNA进行混合和匹配，这种让成吉思汗都自愧不如的能力可以让它们对越来越多的抗生素产生抵抗力。多年以来，我们一直被告知，通过某些方法，这种现状能够得到缓解，这些方法包括谨慎地使用抗生素，尤其是不要一开始就使用抗生素。然而，这些方法并没有得到彻底执行，全世界的医院都在使用耐甲氧西林金黄色葡萄球菌（MRSA）；同时，其他主要物种对抗生素的抵抗力逐年增大。关于这一问题，知名专家的观点也变得越来越悲观。

这种悲观是基于以下假设：我们没有在近期内发现新型抗生素的希望——这种抗生素是威胁我们的病菌从未遇到过的，因此这类病菌不具备对该抗生素的抗药性。然而现在看来，这一假设可能要被打破了，因为该假设基于我们数十年来没有发现新的广谱抗生素这一事实。不过最近，科学家发现了一种新方法，它可以将抗生素隔离起来，而且效果非常好。

这种方法源自一次异想天开。波士顿和德国的科学家曾聚集在一起讨论抗生素的现状：

- 抗生素基本上已经与自然界的病菌（或其他微生物）相结合，相互之间具有抵抗作用。
- 实验室中已经制造出来的抗生素仅源自我们能在实验室中培养的细菌种类。
- 绝大部分细菌种类都无法在实验室里由人工方法培养。
- 这一现状已经维持了数十年。
- 这些细菌在自然环境中生长良好，尤其是在土壤中。
- 我们能否将抗生素与土壤隔离开来?

科学家正在做的就是将抗生素隔离起来。他们建造了一种可以隔离抗生素的装置，让细菌单独在土壤中生长，但分子可以在这种装置中自由进出，这样我们便可以了解这些分子所起的作用。科学家还可以隔离这些细菌的分泌物，并用它们测试抗生素的效果。

实际上，这并不是我们经常在生物医学领域听到的那种大规模的筛选，科研人员仅尝试了一次这种方法，规模也很小。然而出乎意料的是，第一次就获得了良好的效果，这意味着这种方法始终具有良好的效果。

然而，从事这种研究工作不能太过自满。这种新的化合物和通过类似方法发现的化合物仍然需要进行完整的临床评估。不过我们有理由相信，这一过程可以快速地进行，埃博拉病毒疫苗就是一个很好的例证。不过，任何乐观的情绪都应该服从于慎重，这是合理的，毕竟未来我们面临的不仅有流行疾病。

63

THE 6 BILLION LETTERS OF OUR GENOME

人类基因组的 60 亿个字母

埃里克·托普（Eric Topol）

美国知名心脏病学家，基因组学教授，斯克里普斯转化科学研究所❶主任；著有《未来医疗：智能时代的个体医疗革命》[①]。

美国一家非营利性医学研究机构，主要关注生物医药科学方面的研究与教育。——译者注

2015 年，我们取得了一项重大突破：完成基因组测序的人口数量达到 100 万人。除此之外，基于基因组测序技术的进展，预计到 2025 年，将会有 10 亿人完成基因组测序。虽然这一目标看起来有些难以实现，但鉴于基因读取技术取得的创新已经超越了摩尔定律，实现的可能性很大。我们面临的挑战不在于收集几十亿人的基因组序列，而在于如何理解组成人类基因组的 60 亿个字母的作用。

人类基因组中约 98.5% 的部分并不是由基因组成的，因此不能直接编码蛋白质。不过，基因

① 在《未来医疗》一书中，作者埃里克·托普为我们展示了医疗领域创新的憧憬，分析了在开放的智能时代，无线医疗技术将从医疗服务、医患关系上颠覆自古以来的家长式医疗，实现“以患者为中心”的个体医疗革命。本书中文简体字版已由湛庐策划，浙江人民出版社出版。——编者注

组中大部分这种非编码的部分以某种方式影响着基因如何发挥作用。基因相对容易理解，但非编码部分则要复杂得多。

因此，基因组学的最大突破（也是《科学》杂志评选的“2015 年年度突破”）是采用 CRISPR 技术对基因进行编辑。这项技术的准确率和效率都非常高。实际上，我们已经掌握基因编辑技术好几年了，包括锌指核酸酶（zinc-finger nucleases）和类转录激活因子效应物核酸酶（transcription activator-like effector nucleases，TALENS）等技术，但这些技术操作起来比较复杂，而且对细胞的编辑成功率也不高。精确度的问题还包括避免在基因组的非目标部分产生非必要的 DNA 突变，即所谓的脱靶效应。如果采用 CRISPR 技术，所有的一切都将迎刃而解。

有很多基因编辑临床实验正在进行中，还有很多即将进行。若想证明这种技术对于治疗某种疾病的效果，则非常具有挑战性，这些疾病包括镰状细胞病、地中海贫血、血友病、艾滋病以及其他一些非常罕见的代谢性疾病。基因编辑技术（由类转录激活因子效应物核酸酶）挽救的第一个生命是一名小女孩，她得了白血病，当时尝试了所有的治疗方法，但都没有效果，直到将她的 T 细胞基因组进行编辑后，才有了效果。乔治·丘奇（George Church）和哈佛大学的同事成功地对猪的基因组的 62 个基因进行了编辑，从而让猪具有了免疫惰性。通过基因编辑技术，我们可以将动物的器官移植到人体内，使异种器官移植这项技术重焕生机。一些生物科技公司和制药公司与基因编辑初创企业展开合作，以加快临床项目的推进。

基因编辑技术，尤其是 CRISPR 技术的最大贡献是，大幅度提升了功能基因组学的发展进程。实际上，对于这个领域来说，不了解 DNA 字母的生物意义是最大的知识短板。科学家已经发现了许多有趣的不同 DNA 序列，但都被不确定性蒙上了阴影。对于确定具有未知作用的变体，其功能效果的研究进展缓慢，原因在于我们对于基因组学的理解太多来源于人口研究，而不是更改 DNA 字母（与原有基因组比较）致使的生物属性和潜在功能的变化。

最近，我们已经可以通过系统地删除基因来发现哪些基因对生命是必需的。最终发现，在接近 19 000 个人类基因中，仅有 1 600（8%）个基因是真正必需的。而且，所有导致癌症的已知基因都可以进行编辑，实际上，科学家已经对此展开了系统性的评估。通过采用 CRISPR 技术移除特定的基因组区域，科学家了解了 DNA 的三维结构在应对癌症时的脆弱性。此外，我们现在能制造出所需的人体细胞（来源于血细胞，通过诱导多能干细胞实现），以制造心脏、肝脏、大脑，或其他任何所需的器官或组织。如果将这项技术与 CRISPR 技术相结合，我们将能在功能基因组学领域获得前所未有的成就。

曾经一度被认为是基因组的“暗物质”的基因编辑技术即将发挥重要作用，它最终会揭示组成人类基因组的 60 亿个字母的作用，这将是这一技术最大的贡献。

64

SYSTEMS MEDICINE
系统医学

斯图尔特·考夫曼（Stuart Kauffman）

理论生物学家，加拿大卡尔加里大学生物复杂性及信息技术学院院长；著有《创造性宇宙中的人类》（*Humanity in a Creative Universe*）。

正处于蓬勃发展中的系统医学（systems medicine）是一种新兴的整体性学科，涉及生物体和组成生物体的分子、细胞、组织和器官。虽然分子生物学已经历经了40多年的发展，但被倚重的分子还原论并不能很好地将分子、细胞、组织和器官结合起来。

每个细胞内部都有一个庞大的基因管理系统，这一系统负责协调数千个基因的活动，也就是掌控基因何时在何处，以及组蛋白修饰等表观遗传因子（epigenetic factor）的活动。这些共同组成了一个复杂的非线性动态系统。基因管理系统所协调的基因行为与分子的物理和化学属性，以及细胞结构和环境，共同调解着个体的发育和疾病。

众所周知，一部分遗传因子会形成能够自动调整的反馈回路，该反馈回路可能决定了可替代动态“吸引子”（attractor）或基因表达的稳定模式的类型，进而决定了不同的细胞类型。将细胞类型视为可替代吸引子的观点可以追溯到1965年的诺贝尔奖得主弗朗索瓦·雅各布（Francois Jacob）和雅克·莫诺（Jacques Monod）。如果细胞类型是这样的吸引子，那么每一个吸引子会在它的状态空间中吸引一个“吸引盆”（basin of attraction）。细胞分化就是由信号或噪声引发的吸引子间的支流，或者当参数变化时，变为新吸引子的“分支”。不仅仅是细胞，组织和器官都有可能是吸引子以未知的方式层次连接的非线性动态系统。

然而在早期，这一精致的整体性动态系统忽略了这些变量的许多生物功能。我们需要改进整个生物体的生理机能。我们生活在不同的环境中。特殊化学物质能将由正常的基因培育的果蝇的触角变成足。如果这数千种新型化学物质被释放到大气中，会发生什么呢？

我们如何才能控制并应对如此复杂的系统呢？我们以弹簧床垫为例来说明这个问题。弹簧床垫的弹簧相互连接且可以上下摆动。那么，你会在某个弹簧上放个小枕头来控制所有弹簧的摆动吗？一般不会，除非床垫具备缓解疾病的特殊功能。你可以试着调节弹簧的摆动来调节想要的同步摆动。这个道理同样适用于有着极其复杂的非线性系统的病人，健康和疾病都基于这一系统。在治疗初期，我们必须谨慎、逐步地过渡到组合疗法（或者多个枕头疗法）。除了我们现有的随机临床试验这一黄金标准之外，这种过渡可能还需要新的测试过程。然而，随机临床试验仅在测试的多种指标对“表型”产生独立影响时才真正有效。这在生物学上是不多见的，生物学中常见的是多样且相互交织的因果关系，同时反馈回路具有复杂的拓扑结构和逻辑网络。

这样的希望是存在的：我们可以依靠经验攀登上“临床健康之山”（clinical fitness landscape），每一座这样的山都可通过多个变量描述，比如，山顶代表由一个或多个变量决定的有效的治疗方法。这些变量可以是一种或一组药物，也可以是环境因素。实际上，某些源于实际经验的证据可以帮助我们寻找这种崎岖的“临床健康之山”。此外，对实证搜索有引导作用的贝叶斯模型和其他以多因素机制为基础的模型也会为我们指明方向。

我们正朝着有机体与其所处环境的系统医学迈进，希望就在前方。

65

GROWING A BRAIN IN A DISH

在培养皿中培育大脑

西蒙·巴伦–科恩（Simon Baron-Cohen）

知名临床心理学家，剑桥大学教授，剑桥大学孤独症研究中心主任；著有《恶的科学》和《本质区别》（*The Essential Difference*）。

几年前的一个早上，我的一位十分具有天赋的哲学博士德瓦伊帕亚·阿迪亚（Dwaipayan Adhya）走进办公室，然后看着我的眼睛说，他打算在培养皿中培育孤独症神经元和普通神经元，从神经元生长的最早期开始研究，这样就能观察到孤独症神经元是如何一天天发育得异于普通神经元的。我放下了手头的工作，认真地听他讲述。

这是不是听起来像科幻小说中的情节？你可能以为是这样在培养皿中培育脑细胞的：科学家首先从人的胚胎中取出一个神经元放进培养皿中，让其存活，然后在显微镜下进行观察，测量它是如何一天天成长的。如果你是这么想的，那就错了。众所周知，从胚胎中直接获取神经元的任何方法都不符合伦理道德。

那么，阿迪亚打算运用何种方法呢？他告诉了我京都大学教授山中伸弥所做的一些研究。山中伸弥与剑桥大学的科学家约翰·格登（John Gurdon）一起获得了2012年的诺贝尔奖，以奖励他们在研究诱导多能干细胞（induced pluripotent stem cell，简称 iPSC）方面取得的成果。在实验室中，我们称这种细胞为“魔术”。它的工作原理如下：

> 取一根成年人的头发，然后从中取出毛囊细胞，接着使用山中

伸弥的方法将细胞回退，即从成人毛囊细胞的阶段回退到干细胞的阶段，也就是回退到成为毛囊细胞之前的未分化细胞。这不是胚胎干细胞，而是一种诱导多能干细胞。“诱导”是指科学家通过基因编辑将成人毛囊细胞（可使用身体的任何细胞）回退到干细胞阶段，“多能”表示我们可以通过基因编辑将细胞改变为身体的任意一种细胞——眼睛细胞、心脏细胞、神经元细胞等。如果最终改变为神经元细胞，就是诱导多能干细胞“神经化”。

我告诉阿迪亚：“我们试试看吧！”这项研究完全符合伦理道德，因为大部分成年人都愿意捐献头发；此外，这类科学实验不会牺牲动物，而且可以让科学家在实验室中研究人类神经元的成长。

山中伸弥的这项科学突破的重要意义在于，如果你想从生命的最初阶段开始研究其成长过程，诱导多能干细胞不需要通过胚胎就可以实现。在这之前，若想了解孤独症患者的大脑，科学家只能等待孤独症患者在死亡后将大脑捐献用于研究，并且只能进行尸体研究。

极少有人愿意捐献大脑，而且从科学的角度而言，死亡的大脑组织存在很多局限，比如，你可能得到不同年龄的大脑，而这些大脑的主人死因各不相同，不利于分析结果。此外，研究者对死者知之甚少（比如智商或性格之类），这些信息的获得经常不及时。总体而言，尸体研究仍然有一定的意义，但存在太多局限。

研究孤独症患者大脑的另一种方法是研究动物，比如，培养一种经过“基因编辑”的老鼠，即通过基因工程将特定基因移除的老鼠，随后比较这种老鼠与普通（或野生）老鼠的行为。如果经过基因编辑的老鼠表现出孤独症行为（比如，与其他老鼠交流过少），那么我们可以推断出被移除的基因可能会导致某些人患有孤独症。不过，这类动物研究存在明显的局限性：我们怎知老鼠的社交与人类的社交是同一回事呢？从这类动物实验中得到的结论与尸体研究一样存在很多局限。

如今，我们已经了解了诱导多能干细胞的作用了，如果你想观察活的人类大脑，可以研究你感兴趣的人的大脑，并收集这个人的全面信息：智商、个性以及任何你想了解的其他信息。你甚至可以观察不同药物或分子对神经元的作用，而不用再在动物身上进行极富伦理争议的药物试验。

当然，这项技术并不完美。诱导多能干细胞并不完全等同于胚胎干细胞，因此神经化的诱导多能干细胞同样不能完全等同于自然生长的神经元。科学家所采用的任何技术都具有局限性。不过我认为，相比于动物试验，这种技术的局限性更符合伦理道德，也与孤独症更直接相关。许多实验室，比如我们的实验室，正在验证：从诱导多能干细胞获得的实验结果与尸体研究得到的实验结果是否一致。因为这会增强实验结论的可靠性。

阿迪亚的实验结果将在 2016 年[1]公布。突破性的科学方法加上这位年轻的哲学博士的天赋，也许会改变我们对孤独症成因的理解。

阿迪亚于 2017 年 10 月发表了一篇名为《理解类固醇在典型和非典型大脑发育中的作用："在培养皿中培育大脑"的好处》(*Understanding role of steroids in typical and atypical brain development: Advantages of using a "brain in a dish" approach*)的论文，对这一实验进行了阐述。——译者注

66

SELF-DRIVING GENES ARE COMING

自我驱动基因来临

斯图尔特·布兰德（Stewart Brand）

《环球概览》杂志创始人，全球电子链接虚拟社区（WELL）共同创始人，今日永存基金会（Long Now Foundation）共同创始人；著有《地球的法则》（*Whole Earth Discipline*）。

一项名为“基因驱动”的新生物技术将会深刻地改变人类与野生物种的关系。利用这种技术，我们可以对某个物种的所有个体的任何基因（或基因组）进行强制“驱动”。受驱动的基因的特性对生物体的健康并无影响。如果该技术能让某个物种的生殖基因产生变异，那也能使这个物种灭绝。

这种技术基于强制纯合性（forcing homozygosity）。如果影响某种特性的基因是纯合子的（homozygous，两种染色体都具有这种基因），并且这种基因的父代都是纯合子的，那么，影响这种特性的基因在所有后代中都将纯育（breed true）。通过纯合性对想要的特性进行人工选择正是繁殖者所做的。现在出现了一条捷径。

实际上，在父母杂交的情况下，基因驱动的基因不会出现常规的纯合性。如果父母中有一方是基因驱动纯合性的，它们的所有后代都将会是基因驱动纯合性的，并会表现出基因驱动的特性。不过，这仅适用于有性繁殖的物种，细菌不属于此列，以及仅在快速繁殖的物种中才能快速传播，人类不属于此列。

2003年，伦敦帝国理工学院进化遗传学家奥斯汀·伯特（Austin Burt）首先提出，这一机制可以用于某种用途。这一机制的工作原理是，“通过归巢核酸内切酶基因”（homing endonuclease gene）切割DNA相邻的染色体，为DNA修复提供样本，从而复制自身。用理查德·道金斯的话来说就是，这是一种非常自私的基因。杂合的基因变成了纯合子的基因，几代以后，这种基因将存在于所有个体中。这种现象在自然界中十分普遍。

早几年，基因编辑技术取得了重大突破：CRISPR/Cas9技术将基因驱动从令人感兴趣的概念变成了一种强大的工具。突然之间，基因编辑变得简单、成本低廉、迅速、精准。这是生物技术的一大革新。

2014年，哈佛大学遗传学家乔治·丘奇和凯文·埃斯维尔特（Kevin Esvelt）发表了三篇论文，阐述了由CRISPR技术催生的基因驱动技术的潜能，以及为确保合理地使用这种技术所需的公众监管方法。他们还呼吁研究“撤销”功能。就理想情况而言，如果真有需要，当某种基因驱动产生早期效果后，通过反向基因驱动，我们便可以在效果得到广泛传播之前将其撤销。

基因驱动技术带来的好处非常多，诸如疟疾和登革热等由载体传播的疾病可以通过消灭（或者基因调整）携带它们的蚊子来克服，在农作物种子中注入抗除草剂基因，便能保护农作物。基因驱动技术还可以解决野生动物保护面临的大威胁：海洋岛屿的原生物种不再受到外来入侵者老鼠、蚂蚁等的威胁。通过基因驱动技术，入侵物种可以被消灭（被驱动为本地灭绝），原生物种将得到永久性的保护。

这方面的发展将十分迅速。哈佛大学的一个研究团队已经证明，基因驱动可以在酵母中实现。加利福尼亚大学圣迭戈分校的一个研究团队意外地发现，基因驱动可以在果蝇体内实现。最重要的发现是，加州大学埃尔温分校的安东尼·詹姆斯（Anthony James）和同事发现，通过基因驱动技术，我们可以让携带疟疾的蚊子不再携带这种疾病。埃斯维尔特正在对白足鼠进行类似的研究，白足鼠是人类患莱姆病的野生来源，如果能够治愈白足鼠，那么这种疾病也将能治愈。

永久地改变野生物种的基因是一件十分严肃的事情，这会涉及生态问题、伦理问题以及需要充分验证的技术细节，这些都应该慎重对待。

人类之前针对几内亚蠕虫做出过类似的决定，这是一种十分危险的寄生虫，曾感染了 250 万人，大部分分布在非洲。1980 年，疾病控制专家开始设法灭绝这一蠕虫。他们首先想到的方法是改进水资源设备。这种通过人为的干预灭绝某一物种的目标即将实现。灭绝几内亚蠕虫这一项目最强有力的支持者之一是美国第 39 任总统吉米·卡特，他曾公开宣称："我希望最后一只几内亚蠕虫能在我死前就死去。"

基因驱动不是一项新技术，而是技术的新阶段，代表着责任的新高度。

THUS THE BIGGEST STORY OF THE NEXT FEW CENTURIES WILL BE HOW WE BEGIN TO REDESIGN LIFE-FORMS, SPREAD NEW ONES, DEVELOP APPROACHES AND KNOWLEDGE TO FURTHER PUSH THE BOUNDARIES OF WHAT LIVES WHERE.

未来几百年的最大新闻是，我们如何重新设计生物和传播它们，以及如何进一步扩展生命的边界。

——胡安·恩里克斯，《生命的岔路口》

67

LIFE DIVERGING
生命的岔路口

Juan Enriquez
胡安·恩里克斯

优越风险管理公司（Excel Venture Management）总经理；与史蒂夫·古兰斯（Steve Gullans）合著《重写生命未来》[1]。

我们都知道生存与死亡的两个基本法则：自然选择与随机突变。然而，在最近一两百年，尤其是过去10年间，人类已经从根本上改变了这些法则。正如我们所知，生命正在经历很大的变化，而且这一趋势还在加快，尤其是在2014年5月之后，生命走上了完全不同的发展道路。

在超过一半的地球上，人类在很大程度上可以直接决定生物的生存与死亡，这些地方包括人类建造的城市、郊区、公园、农场和牧场等。农田和公

① 本书中文简体字版已由湛庐策划，浙江教育出版社出版。——编者注

工业革命期间，伦敦的黑蛾比白蛾存活率更高，原因在于黑蛾在污染的环境中更易于伪装。

园已经成为世界上最不自然的地方。在这些地方，我们可以决定生物的种类、活动空间和寿命，除了一排排令人愉悦的农作物整齐地在我们眼前摇曳，其他一切都被消灭掉了。不过，如果停止耕种农田，荒废几年，你将会重新看到自然选择的结果。

人类不仅改变了环境，还创造和培养出了“不自然”的生物：和小型犬吉娃娃一样大的猪、不能自我繁殖的玉米、感恩节吃的公的大火鸡，以及其他无法自己交媾只能依赖人工授精的奇异动物。今天的哺乳动物比20世纪30年代的平均要大1.25倍。

如果没有人类的干预，大部分生物将会被自然淘汰。想一想，如果将一只拉萨阿普索犬（又名拉萨阿狮子狗）放在非洲大平原上会有什么后果。人类自身也是如此：在任何纯自然环境中，大部分人类都无法生存，但通过科学技术，人类消灭了诸如天花、脊髓灰质炎、黑死病以及大部分传染性细菌和病毒，使数十亿人免于死亡。

通过人类的高度干预以及自然选择过程的改变，人类创造了另一条进化路径。在这条路径上，规则和结果由人类制定。生命开始变得与没有人类干扰下的自然选择不同。曾经不正常的一种现象[1]现已成为常态。人类周围的生物彻底“类黑蛾化”了，比如可爱的狗和猫，以及花和食物。人类彻底地改变了作物、动物和细菌，以至于它们若想存活，就必须取悦人类，或者难以被人类发现。

这两种平行的进化系统（一种由自然决定，另一种由人类决定）分化成不同的进化树，两者的差异越来越大，许多我们非常熟悉且依赖的生物将会消失，或者被完全改变。实际上，真正的改变开始于过去二三十年，从那时开始，我们不仅选择饲养的生物，还开始改写生命的代码。20 世纪七八十年代，我们能够运用生物技术增加任意基因指令，随机突变逐渐被精心的设计取代。2000 年左右，我们对整个基因组进行了解码，并能运用这一知识改变所有生物。今天的高中生只要花 500 美元，便可以使用 CRISPR 等技术修改基因，这种技术可以改变所有生物的后代，包括人类自身。

2014 年 5 月，由弗洛伊德·罗姆斯伯格（Floyd Romesberg）领导的一个分子生物学家研究团队制造出了一种新的基因序列。这是一种使用化学修饰的 DNA 对生物体进行编码的自我复制系统。众所周知，40 亿年来，地球上所有的生命都通过已知的 4 种 DNA 碱基对（A、T、C 和 G）繁衍后代，而现在，我们可以用其他化学物质取代这 4 种碱基对。这种新的生命进化逻辑树由人类设计和驱动，随后迅速显现出与所有已知生命的差异。从理论上来说，科学家现在可以培育与地球上所有现有生物的基因组完全不同的动植物，而且这些新的生物可能对所有已知的病毒和细菌免疫。

此外，如果我们在其他行星上发现了生命，或者类似于生命的其他生物，这一技术将有助于生命设计者根据外星生命修改和重新设计现有生物。这样，现有生物将会适应更多不同的环境。这些外星生物的生物化学过程将会大幅度增加地球生命的多样性。

因此，未来几百年的最大新闻是，我们如何重新设计生物和传播它们，以及如何进一步扩展生命的边界。当所有这些技术得到应用后，我们将会见证让寒武纪生命大爆发都相形见绌的新物种爆发。

生命正在扩展和分化，人类不可能不受这种趋势的影响。人类曾和其他古人类共同生存，并且与它们交叉繁衍。不同种类的人类共同生活是一件正常而又自然的事，我们很快将会回到这一历史性的正常状态。不过届时，人类的种类将会更多，甚至完全不同。所有这一切仅可能会带来伦理道德和管理上的一些挑战。

68

FUNDAMENTALLY NEWSWORTHY

最具报道价值的新闻

斯图尔特·法尔斯坦（Stuart Firestein）

哥伦比亚大学生物科学系教授、系主任；著有《犯错：科学如此成功的原因》（*Failure: Why Science Is So Successful*）。

2015 年，生物学领域最引人关注的新闻是，CRISPR/Cas9 技术的出现及其在基因编辑上的成功应用。大众媒体报道了这项技术，大部分关注点都在于这项新技术将会带来的巨大风险：这项技术可以编辑基因，包括人类的基因，而且这种编辑是永久性的，也就是说可以遗传。

实际上，对 CRISPR/Cas9 技术的可能应用和滥用的关注掩盖了其真正的新闻价值。从某种意义上来说，真正的新闻仍是旧新闻。CRISPR/Cas9 技术是专注于细菌免疫这一神秘领域的研究人员多年以来基础研究的成果，这里的“细菌免疫”指细菌如何保护自身免受病毒的攻击。虽然这看起来有些奇怪，但确实存在专门攻击细菌的病毒。正如我们所知，大部分病毒只对某种生物起作用（感冒不会从狗传染到人身上）；而有些病毒只会感染细菌，更准确地来说是，只感染某些特定类型的细菌，这类病毒有个特殊的名称，叫作“噬菌体”（phage）。在分子生物学和基因学的发展历程中，噬菌体的发现由来已久。实际上，分子生物学就始于对噬菌体以及将其基因组插入细菌基因组能力的研究，甚至比詹姆斯·沃森（James Watson）和弗朗西斯·克里克（Francis Crick）著名的 DNA 与遗传研究还要早。

在过去的 40 年间，限制性内切酶（restriction enzyme，另一种细菌蛋白质家族）已经成为生物技术产业的支柱。不过，它们起初也是作为细菌保护机制的早期案例出现的，而且也是由专注于基础研究的大学研究实验室首先发现的。作为一种更复杂的方法，CRISPR/Cas9 技术能使高级动物的免疫系统出现细菌保护机制。这种技术具有适应性，也就是说，在受到噬菌体的攻击后，细菌保护机制可以通过分裂产生的细菌“学习”和破坏这种噬菌体基因组的 DNA。CRISPR/Cas9 技术的研究人员认识到了这种技术对除细菌以外的其他生物进行基因编辑的潜在价值。当时，这些研究人员不是在寻找新技术，而是想深入了解原核生物及其进化（细菌与攻击细菌的病毒之间的竞争）。这听起来是不是很难懂？

实际上，CRISPR/Cas9 技术并非出自偶然，或是一次愉快的意外发现。众所周知，在进行基础研究的过程中，经常会出现这种情况：你不知道答案在哪里，但幸福总是在意外时来敲门。然而，这次例外是研究人员长期的艰苦工作，以及将毕生奉献给寻求生命的基本规律的结果。发现 CRISPR/Cas9 技术的团队当时正在寻找细菌中类似的免疫反应。这个团队意识到，限制性内切酶的价值是理解更复杂的基于 DNA 的防御机制的关键一步。这就是研究的原则——既不是来自意外，也不是刻意去做，而是每一步都认真探究的结果。虽然研究成果的获得常常是不可预测的，但这一技术的发现并不是因为幸运，与彩票中奖更不是一回事儿。

我们将继续在基础研究和应用研究之间进行这种被误导的争论，就如同它们是可以独立操作的水龙头。然而，我们只有一条水管，我们的任务就是让水管中始终有水流出。虽然这是旧新闻，但我们永远都不应该厌倦于讲述它。

69

PALEO-DNA AND DE-EXTINCTION

古 DNA 与复活灭绝动物

特库姆塞·菲奇（W. Tecumseh Fitch）

认知生物学家，维也纳大学教授；著有《语言的进化》（*The Evolution of Language*）。

从已灭绝生物的骨头或毛发中还原的部分被降解的 DNA。

当史前人类到达美洲时，发现这片大陆上居住着猛犸象、长毛犀、大地懒、剑齿虎、马和骆驼，而等到哥伦布到达这里时，所有这些动物都已灭绝，这主要是由人类的狩猎导致的。不过今天，古生物学家正在对这些已灭绝动物的基因组进行测序。通过基因工程，他们快要实现这个目标了：让经过基因编辑的这些已灭绝动物重新出现在地球上。之前的大新闻——克隆死去的宠物狗，只是一个小小的开端。

在不远的将来，新闻将会关注古 DNA 专家贝丝·夏皮罗（Beth Shapiro）提出的“复活灭绝动物”的观点：培育具有已灭绝动物基因的动物。古 DNA [1]可以从猛犸象，以及被人类灭绝的包括候鸽、渡渡鸟和袋狼（又称塔斯马尼亚狼）等动物的化石中提取。我们可以还原、放大并测序微量古 DNA。对于某些关键的基因，我们可以通过基因工程注入最相近的近亲个体的基因，比如，猛犸象的近亲是亚洲象，通过这一技术便可培育出毛发粗糙、耐寒的象。我们即将在技术上实现这一点。不过，《侏罗纪公园》的粉丝可能要失望了：恐龙的古 DNA 被降解得太严重，以至目前还无法对其进行测序。虽然利用当前的技术我们还无法克隆鸟类，但复活候鸽和恐鸟[1]已经具备可行性，针对这些动物的复活项目正在进行中。

[1] 3.5 米高、不会飞的鸟，因毛利人到达新西兰后的狩猎而灭绝。

我们真的要复活这些动物吗？夏皮罗的新书《如何克隆猛犸象》(*How to Clone a Mammoth*) 为这个问题提供了一个很好的答案。美国黄石公园曾考虑重新引入狼，这个提议引发了很多争议。鉴于此，我们很容易就能想象得到复活剑齿虎或巨大的洞熊将会引发的争议。关于复活已灭绝的动物这个问题，最有力的专业观点来自生态学上的考量：通过复活已灭绝的动物，我们可以重建被人类在扩张过程中破坏或毁灭的自然栖息地。如果西伯利亚古生代公园的苔原上有猛犸象生存，永久冻土的消融速度将会减缓，由此可以减少二氧化碳的排放，这些对环境都是有益的。从纯科学和猎奇的角度来看，复活已灭绝的动物将会为生物学和生态学带来独一无二的视角。游客将愿意花大价钱观看在新西兰的山毛榉森林中出没的恐鸟，或者在西伯利亚游走的猛犸象。反对的观点主要来自实际考虑（为什么花钱复活已灭绝的动物，而不是拯救濒危动物）和对技术的恐慌（人类不应该扮演上帝的角色）。反对者同样大肆宣扬这些观点。

到目前为止，最大的问题是，我们是否应该复活已灭绝的尼安德特人（Neanderthal）等古人类。公众应该为这种研究引发的伦理问题做好准备。1997 年，进化遗传学家斯万特·帕博（Svante Pääbo）的 DNA 实验室对尼安德特人的线粒体 DNA 进行了测序，成为当时的头条新闻。今天，归功于技术上的惊人进步，我们已经可以从网络上获取完整的尼安德特人的基因组。更令人激动的是，2010 年，帕博的研究团队发现了丹尼索瓦人（Denisovan）这一之前从未发现的亚洲古人类。该发现源自从指骨提取的 DNA。同时，这一发现清楚地表明，当现代人出现在非洲时，世界上还存在几种人类，而现在他们都已灭绝。

还原某种已灭绝的原始人类的基因组序列是一件令人无比激动的事情，因为这可以为无法通过化石与骨头（古人类学以前的支柱）解答的许多生物学问题提供答案。比如，基于色素基因的判断，尼安德特人可能具有浅色的皮肤，部分人可能还具有红色的头发。古 DNA 证明，当第一批现代人走出非洲时，他们可能与尼安德特人发生了交叉繁衍。结果便是，所有除非洲之外的人类的基因组中都携带有尼安德特人的 DNA（许多亚洲人还具有丹尼索瓦人的 DNA）。类似地，尼安德特人是否拥有语言这个问题已在学术界争论了数十年，而在这一争论还远未有结论之时，我们发现，尼安德特人具有 FOXP2 基因——这一基因增强了我们的语言运动控制。这表明，尼安德特人至少可以发出复杂的语音，即使他们没有具有语法的现代语言。这些发现改变了我们对尼安德特人的看法——从“畸形的暴徒”变成了机智聪明的类人类。

古 DNA 测序不仅改变了我们对尼安德特人的看法，还改变了我们对自身的看法。尼安德特人不属于现代人类，因为他们缺少塑造人类文化的快速进步，因此也可能缺乏某些我们具有的认知能力。那么，我们与尼安德特人之间的真正区别是什么？是这些区别让我们这些幸存者成为“人类”，还是因为能力上的差异？当然，如果让我们选择自己的橄榄球队队员，我们首先一定会选择身体和大脑都强于常人的奥运会摔跤选手。也许，尼安德特人具备独特的认知能力，非常善于解决某些问题。对人类大脑基因的新发现都会带来对尼安德特人大脑的新理解，对两者认知区别的理解也是如此。

然而，复活尼安德特人或其他已灭绝的古人类还存在深层次的伦理问题。虽然从科学的角度来看，这会使我们对古人类的进化和人类的自然特征产生全新的理解，这在10年前是根本无法想象的，但从法律的角度来看，这需要培育具备尼安德特人基因的人类，也就是需要克隆人类，而这在许多国家是被禁止的。不过，毋庸置疑的一点是，在21世纪内，针对人类的基因工程将会在技术上变得可行，并被一些亚文化接受。显然，具有尼安德特人基因的人类（我们许多人实际已具有）将会享有所有基本的人权，不过在工作场所或大学足球队，尼安德特人在精神和伦理上带来的影响将比种族或奴隶制带来的影响要大得多。

显然，在可预见的将来，古DNA将因其所带来的科学知识和空前的伦理危机持续引发关注。所有具有思想的人（尤其是起草法律的政治家）在得出自己的看法前都应该了解这项技术及其生物学特性。

70

THE WISDOM RACE IS HEATING UP

智慧竞赛正在升温

迈克斯·泰格马克（Max Tegmark）

麻省理工学院物理系终身教授，平行宇宙理论研究专家，未来生命研究所创始人；著有《生命 3.0》《穿越平行宇宙》[1]。

一场决定人类命运的竞赛正在进行中。就像我们很容易因为树木而错过整片森林一样，我们也很容易因为有关突破和关注的科学新闻而错过这场竞赛。请考虑一下，2015 年的这些头条新闻有什么共同点？

- 人工智能在没有指导的情况下精通了 49 款雅达利游戏；
- 自动驾驶汽车在西雅图挽救了生命；
- 美国五角大楼将投资 120 亿～ 150 亿美元用于人工智能武器研究；
- 中国科研团队宣布：对人类胚胎成功地进行了基因编辑；

[1]《生命 3.0》《穿越平行宇宙》是迈克斯·泰格马克广受好评的两部作品，前者对人类的终极未来进行了全方位的畅想，从我们能活到的近未来穿行至 1 万年乃至 10 亿年及其以后，从可见的智能潜入不可见的意识，重新定义了“生命”“智能”“目标”“意识”；后者从“实在是什么”开始，从极大的尺度和极小的尺度开始，带领读者踏上探索宇宙终极本质的神秘旅程，并得出堪称“惊世骇俗”的结论：宇宙不只是被数学所描述，宇宙本身就是数学！这两部著作的中文简体字版已由湛庐策划，分别由浙江教育出版社、浙江人民出版社出版。——编者注

- 俄罗斯正在建造奇爱博士[1]的钴炸弹。

这些新闻都是这场竞赛“升温”的表现。这是一场越来越强大的技术与运用技术的智慧之间的竞赛。技术之所以变得越来越强大，是因为人类对世界具有无与伦比的理解能力，并能将对世界的理解转变为革新性的技术。技术突破使新的技术突破成为可能，从而促使技术进步不断加速：当技术变得比原来强大两倍时，便会促使我们设计和创造出比现有技术强大两倍的技术。这种不断翻倍的规律遵循摩尔定律。

那么，确保技术有益于人类的智慧又如何呢？今天的生活远胜于石器时代，虽然科学技术的发展是一个很重要的因素，但不是唯一的，运用技术的智慧同样很重要。我们提升智慧的传统方法是，从失败中吸取教训。比如，我们发明了火，然后才有了火灾警报和灭火器；我们发明了汽车，然后才有了驾驶学校、安全带和安全气囊。

有一段时间，人们担忧“智慧在竞赛中落后了”。不过，这一点并没有大家想象的那么严重，因为在需要时，智慧会“赶”上来。然而，对于更强大的技术，比如核武器、合成生物学和未来将会出现的十分强大的人工智能，从失败中吸取教训不再是最佳选择。我们应该提前提高智慧，这样就能在一开始正确地运用技术，因为机会也许只有一次。换句话说，对于技术风险的态度，我们应该由被动反应变为主动应对。智慧应该进步得更快。

最新的“Edge 年度问题”明显存在歧义。我

[1] 彼得·乔治于1958年发表的小说《红色警戒》中的人物，后被改编成电影，由斯坦利·库布里克（Stanley Kubrick）导演。——译者注

们既可以理解为号召大家评选出最重要的新闻，也可以理解为令人感兴趣且重要的新闻由哪些因素来定义。如果我们通过点击量和尼尔森评级（Nielsen rating）来定义“感兴趣”，那么最佳答案肯定包含某种突然的变化，无论是新发现还是灾难。如果我们根据对人类未来产生的重要影响来定义“感兴趣”，那么最佳答案应该包括完全不符合记者对“新闻”的定义的那些新闻，比如“全球正在持续变暖”。在这种情况下，我会将“智慧竞赛‘升温’”排在第一位。为什么呢？

从我作为一名宇宙学家的角度来看，一些值得注意的事情刚刚发生：138亿年之后，宇宙终于觉醒，小部分生物开始具有自我意识，开始对周围的美景感到惊奇，并试图理解宇宙的法则。人类这种自我觉醒的生物正在运用掌握的新知识创造强大的技术，并改变当前的宇宙。

这种说法类似于人类如何选择自身结局的那种故事。对于人类而言，结局主要有两种：要么赢得智慧竞赛，让生命繁荣昌盛；要么输掉竞赛，走向灭绝。我认为，最重要的科学新闻是，138亿年之后，我们终于开始决定了——可能需要在几百年，甚至几十年内做出决定。

既然是否应该赢得竞赛这个问题的答案显而易见，我们为什么还要在这一问题上纠结呢？为什么我们运用技术的智慧如此有限，以至不能早一点着手解决气候变化问题呢？为什么我们会这么多次地接近爆发核战争？正如Skype创始人扬·塔林（Jaan Tallinn）指出的那样，这是因为我们的动机让自己陷入了恶性纳什均衡（Nash equilibrium）。人类难以解决的许多问题，从破坏性的内斗到砍伐森林、过度捕捞和全球变暖，其根本原因都是如此：每个人都遵从原始动机。最终结果便是，局面变得越来越糟糕，这本来是可以通过合作解决的。

明白这一点是解决这一问题的第一步。避免恶性纳什均衡所需的智慧至少应该包含社会科学，以构建个人动机，使其服从人类的共同福祉，并鼓励人们为了高层次的利益进行合作。进化赋予人类激情和合作的特性，当日渐复杂的技术让这些进化特性不足以发挥应有的作用时，人类的祖先发明了同辈压力（peer pressure）、法律和经济体系，以引导社会向良性纳什均衡发展。

随着技术变得越来越强大，研究、控制、使用技术的人类应该将合理利用这些技术作为首要目标。

虽然社会科学能够提供帮助，但我们若想赢得智慧竞赛，还有许多的技术工作要做。生物学家正在研究如何更好地利用 CRISPR 等基因编辑技术；2015 年，人工智能的良性发展成为主流并因此载入史册；所有大型的人工智能会议都促成了许多富有成效的讨论；利用大众捐赠的数百万美元资金，全世界的人工智能研究人员开始研究如何不让未来的人工智能对人类产生伤害。因此，在至关重要的智慧竞赛中，“智慧”这个落后者在 2015 年呈现出迎头赶上的势头。我们皆尽所能地使智慧在这场竞赛中获胜吧！这将会是全人类的胜利。

71

TABBY'S STAR
塔比星

尤里·米尔纳（Yuri Milner）

企业家，投资人，物理学家，数码天空技术公司（Digital Sky Technologies）创始人。

正式指定代号为 KIC 8462852，非正式的名称是“塔比星”，以文章的第一作者塔比萨·博雅吉安（Tabetha Boyajian）的名字命名。

在 1 500 光年之外的天鹅座方向，很可能存在一颗不具有高级文明的恒星。你可能觉得这没有什么意义，但实际上，这是一则重大新闻。

2015 年 9 月，开普勒项目的天文学家发表了一篇文章来介绍这颗名为“塔比星”[1]的恒星。它的大小与太阳差不多，但具有奇异的光变曲线，即从这颗恒星接收的光线密度不一致。当一颗木星大小的行星经过这样的恒星时，约有 1% 的光线会变得模糊，但这颗特殊的恒星有高达 22% 的光线变模糊。这种非对称和非周期性的模糊现象与开普勒望远镜观测到的其他任何情况都不一样。

可能的解释是，诸如彗星的碎裂残骸或者有碟状物质围绕着这颗恒星（但这颗恒星太老了，不应该具有这样的碟状物质）。这个解释并不令人满意。塔比萨·博雅吉安就这一问题曾咨询过天文学家贾森·赖特（Jason Wright）。赖特给出了一个不太可能但又颇具说服力的解释：这种模糊现象来源于多个戴森球（Dyson Sphere）。这是人类假想的高级文明建造的巨型结构，用于从恒星中收集能量。

塔比星的发现为何如此重要，主要有三个原因。

第一，塔比星周围正在发生某种令人感兴趣的现象。即便它周围没有巨型结构，对其进行观测和研究一定会加深我们对恒星的了解，或者对行星的形成的了解，或者两者皆有。

第二，塔比星的这一异常现象不是由天文学家发现的，而是由参与“行星猎人”（Planet Hunters）项目的民间科学家在通过分析开普勒的数据以寻找未知的外太阳系行星时发现的。这是21世纪科学史上的一项重大进步，即科学研究逐渐从学术界、研究机构和企业扩展至公众。这方面的公开数据可以让公众对开普勒太空望远镜等设备收集的海量数据进行分析，分布式计算允许公众使用自己的个人计算机对数据进行分析，“行星猎人”等项目邀请公众运用自己独特的鉴别力来发现有趣的现象。科学领域正在发生革命性的变化，而我们正处于这种变化的早期阶段：全球专家、非专业人士和计算机组成的网络不断增长，共同探索科学知识。

第三，天文学家可以分析某颗行星上是否存在生命这件事情表明，开普勒项目大幅推动了天体生物学的发展：从无畏但边缘化的努力变成了广泛而又迅速成熟的科学。几年前，许多人相信，适合居住的行星几乎没有，而今天，据推测仅在银河系至少就有几十亿颗可能存在生命的行星，而且相关证据越来越多。太阳系外的许多行星上被发现存在有机分子，这表明生命可以在这些行星上繁衍生息。

然而，其他星球上是否存在智慧生命，这仍然是一个巨大的谜团。虽然地球经历了38亿年的演化才有了人类，但根据地球的情况推测宇宙的整体概况，只能靠猜测。

在开普勒项目之后，关于地外文明的理论不再像以前那样在黑暗中蹒跚而行。现在，如同塔比星的发现告诉我们的，严谨科学的范畴已经极为扩大了。天文学家和坚定的非专业人士可以分析海量的数据以寻找令人感兴趣的现象，如果他们有所发现，便可以将现代天文学的所有资源（从无线电搜寻到光谱学，再到计算机建模）都集中于研究某颗可能的行星。

21 世纪，我们终于有机会来回答费米悖论了：外星人到底在哪儿?

没有比这更重要的问题了。

72

EXTRATERRESTRIALS DON'T LAND ON EARTH!

外星人不会降临地球

大卫·克里斯蒂安（David Christian）

历史学家，澳大利亚麦考瑞大学历史研究所主任、特聘教授；著有《时间地图：大历史简介》（*Maps of Time: An Introduction to Big History*）。

昨天并没有外星人降临地球，前天也没有！与许多声明相反，人类历史的任何时期都没有出现过外星人，地球的各个历史时期也没有。

从未有外星人来过地球，这听起来有些难以置信。银河系有几千亿颗恒星，宇宙中至少有 1 000 亿个星系，并且最近 20 年，天文学家在邻近的恒星周围发现了许多行星。因此行星是普遍存在的。实际上，仅在银河系，就有可能存在几百亿，甚至上千亿颗类地行星。

我们很难不认为，这些类地行星中有一部分（也许是几百万颗）具有与地球相似的过去，也许它们也曾孕育过许多生命。我们已经发现，在地球的许多极端条件下，仍然有生命存在，从深海的裂缝（当前有生命记录的最高温度达到 120℃），到岩石内部（生命为了生存，只能非常缓慢地移动）。内生孢子可以暂时停止生长（停止新陈代谢），直到条件有所改善。某些细菌有可能来自火星。由此可见，生命可以生存于各种环境之中。今天，许多天体生物学家认为，火星、金星，甚至木星和土星的某些卫星上可能具有生命，比如冰雪覆盖的木卫一和木卫二。总而言之，我们也许会发现，某类生命广泛存在于宇宙之中，也许宇宙对生命十分友好。

如果西蒙·莫里斯（Simon Morris）和其他人是对的，再加上生命进化的路径是有限的，那么，其他行星上的所有生命的进化路径与地球上的生物不会相差太远，可能与地球类似。也有可能，细胞生物已经进化了很多次，其中很多可以感知光线（有眼睛），或者可以计算或思考（有大脑）。银河系的年龄大概有 130 亿年，大部分恒星的寿命比太阳长，因此这些恒星的行星系统的年龄应该比地球的要长。这也就意味着，它们有更长的时间来孕育复杂的生命形态。

在地球上，生命的出现与液态水的出现是同步的。生命出现的过程很快，这也表明生命的初期阶段在各个行星上也许是相似的。在出现液态水的 40 亿年后，地球上出现了大型的智慧生命，并且数量越来越多，其中一种智慧生命（人类）跨越了一个关键性的阶段，获得强大的语言能力。在此之后，这种智慧生命开始共享各自的想法，并逐代累积了越来越多的信息。共同学习的能力使这种智慧生命累积了海量的知识，这些知识使他们不断加强对环境的控制，直到成为地球的主宰。就这样，人类成为一种能改变行星的生命。许多学者将现在我们所处的时期称为“人类世时代”。我们已经将少数人送入了太空，同时还向太阳系发射了探测卫星。

对于进化比地球早几百万年的行星而言，你可能认为那里的生命正在跨越共同学习的关键阶段，最终成为改变行星的物种，甚至它们成功地向星系内邻近区域进行了移民。是否真的存在几千颗具有共同学习能力的生命的行星呢？我们无法知道答案，但这种猜想不是不可能。许多这样的行星也许就围绕着距离地球 60 光年内的 4 500 颗恒星运动，它们就是我们的星系邻居。

那么，外星人到底在哪儿？这就是著名的费米悖论。“搜寻地外文明计划”（SETI）从 1960 年就开始在太空中寻找外星生命的迹象，但目前还一无所获。我们没有听到外星生命的声音，也没有发现外星生命存在的任何证据。德雷克方程的提出者弗兰克·德雷克（Frank Drake）列出了发现与人类相近的物种的判断依据，其中一个关键依据是，这些与人类相近、可以改变行星的物种能够存在多久。

这个问题可能不太好回答。人类这种聪明的智慧生命发明了可以在几小时内毁灭地球上所有生物的武器，其高能耗文明让所依赖的生物圈和气候变得越来越糟。像人类这样改变行星的物种永远不会被淘汰吗？当人类迈入人类世时，是否也会遇到不可逾越的障碍？如果是这样，人类也许会延续几个世纪，或一两百万年，然后就走向灭亡，或者撤退到贫瘠的小环境中，在勉强维持生存后走向灭亡。这也许意味着，即使改变行星的物种，也就是会讲故事和笑话，会画画和跳舞，会建造金字塔和宇宙飞船的物种，也很普通，也会走向自我毁灭。这是对费米悖论的一种回答。

也许，其他可以改变行星的物种会积极地吸取教训，这些教训可能来自自己造成的大灾难；也有可能，他们决定不将目标定得太高，不去统治所居住的行星、恒星系，或者邻近的星系，而是认识到与周围的一切和谐相处，才是唯一的生存之道。我们可能没有发现他们，他们就像伏尔泰的小说《憨第德》（*Candide*）中的老实人一样，衷心于耕种自己的花园。这是对费米悖论的另一种回答。

73

WE ARE NOT UNIQUE, BUT WE ARE VERY MUCH ALONE

人类并不是唯一，但很孤单

安德里安·克雷耶（Andrian Kreye）

德国慕尼黑《南德意志日报》艺术和散文专栏编辑。

最近，搜寻太阳系外行星的浪潮越来越振奋人心，20 世纪 80 年代后期开始的这项大海捞针式的努力终于成为太空探索领域一个蓬勃发展的支流，而美国国家航空航天局成功部署的开普勒太空望远镜是这一领域取得如此进展的重要原因。当我写这篇文章时，宾夕法尼亚州立大学的天文学家贾森·赖特负责维护的太阳系外行星数据浏览器（Exoplanets Data Explorer）列出了 1 642 颗已确认的行星和 3 787 颗由开普勒太空望远镜发现的未确认的行星。

所发现的大部分行星都存在几个缺点。比如，在距离地球仅 6.3 光年之外的太空，有一颗代号为 HD 189733 b 的蓝色行星围绕其恒星运转，这颗行星白天的表面温度平均为 927℃，风速可达 11 265 千米 / 小时，大气层的蓝色来源于溶化的玻璃雨。在目前所有发现的行星中，仅有 4 颗与其恒星的距离适合生命生存。这表明，虽然宇宙中绝不只有地球一颗这样的行星，但人类仍然十分孤单。

从系外行星的发现中得出的大多数结论都不太具有哲学意义。关于宇宙历史和生命的起源，我们已经获得了许多重大发现。太空探索的迷人魅力萦绕在亿万富翁企业家和有权势的人的脑海里，定居于太空的时髦观点又开始获得关注。如果气候变化注定让地球不再适合居住，向其他行星移民听起来颇具吸引力。

《星际穿越》和《火星救援》等影片引人入胜地表达了追寻地外生命的场景。通过几年前天文学家迪米塔尔·萨塞罗（Dimitar Sasselov）关于“发现遥远行星所遇到的种种难题”的巡回演讲，你仍然可以感觉到观众对科幻小说中的场景的渴望。如果真的存在地外生命将会如何？它们是否存在于其他适合的行星上？

科幻小说中的场景侧重于展现太阳系外行星的大量发现。作为一种象征，它们其实是1972年12月“阿波罗17号”宇航员拍摄的蓝色地球的延伸。这张照片向我们展示了巴克敏斯特·富勒（Buckminster Fuller）称为“地球宇宙飞船”的全貌——地球是一艘非常小的飞船，携带的资源十分有限。蓝色地球这张照片曾成为斯图尔特·布兰德创办的《环球概览》杂志的封面，这本杂志是新兴生态运动的指南。

即使最近这股不合时宜的太空探索浪潮掩盖了搜寻太阳系外行星这一真正重大的新闻，但这种现象仍然表明，全球的焦点发生了转移。随着所有原本以为可宜居的行星都逐渐被证明并不适合人类居住（行星HD 189733 b就是太空环境极其险恶的最好证明），我们逐渐认识到，应该好好珍爱地球这个唯一的选择，而不仅是以良性循环的方式利用它。曾在巴黎举行的气候协商表明，各国政要终于愿意摒弃国界、意识形态和国家利益的纷争，开始采取应对措施。

搜寻太阳系外行星的意义不仅在于富勒关于“地球太空飞船”的比喻，它还表明，科学探索永无止境。当天文学家确认第一批银河系外的行星时，这种对未知的探索打开了理解宇宙的新视野。这种视野加上对地球的价值和脆弱性的新认知，有助于我们解决地球上的问题，以及认识到宇宙中可能存在其他适合人类居住的行星，甚至我们可以与外星生命进行交流，这听起来像存在来世和神明一样荒谬。

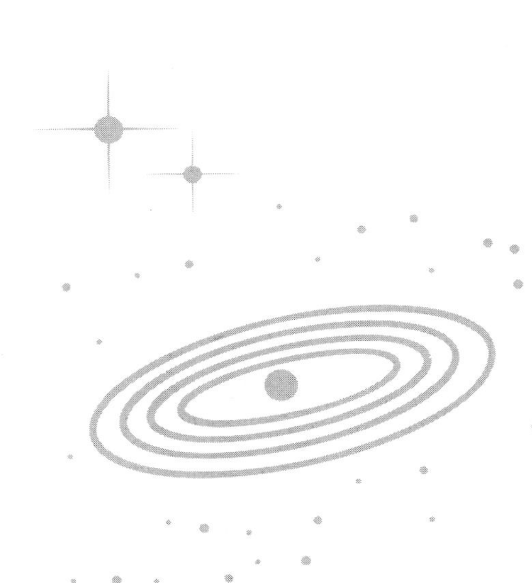

人类科技文明的历史只有几百年，也许，从今往后的一两百年后，人类就会被非生物智能超越。在此之前，非生物智能已经持续进化了数十亿年。

——马丁·里斯，《突破聆听计划》

THE HISTORY OF HUMAN TECHNOLOGICAL CIVILIZATION IS MEASURED IN CENTURIES—AND IT MAY BE ONLY ONE OR TWO MORE CENTURIES BEFORE HUMANS ARE OVERTAKEN OR TRANSCENDED BY INORGANIC INTELLIGENCE, WHICH WILL THEN PERSIST AND CONTINUE TO EVOLVE FOR BILLIONS OF YEARS.

74

BREAKTHROUGH LISTEN

突破聆听计划

Martin Rees

马丁·里斯

著名天体物理学家，英国皇家学会前主席，剑桥大学荣誉退休教授；
著有《六个数》[1]。

“搜寻地外文明计划”已经默默地进行了几十年，并逐渐成为主流新闻。2015年，它获得了一次突破，那就是“突破聆听计划”（Breakthrough Listen）的实施，俄罗斯著名投资人尤里·米尔纳承诺投资该项目10年，用于对太空进行前所未有的持续聆听。

① 在《六个数》一书中，作者马丁·里斯以深刻的洞察力用六个数将宇宙学中看似无关的众多发现联系在一起，回答了一个人类追问了千百年的问题：我们从何处来？到何处去？本书中文简体字版已由湛庐策划，天津科学技术出版社出版。——编者注

这是一个赌注，即便是乐观者也仅认为该计划的成功率只有百分之几。当然，无线电传输仅是外星人可能暴露自己的一种方式，但风险很大。只要能收到明显的人造信号（即使我们无法理解），便能告诉我们在宇宙的某个地方存在着智慧生命这一重要信息。

人们搜索地外生命的动机比几十年前要强烈得多。开普勒太空望远镜（美国国家航空航天局历史上最划算、最鼓舞人心的项目之一）发现银河系的大部分恒星都有行星围绕。可以毫不夸张地说，银河系中有数十亿颗体积和温度与地球差不多的行星。

那么，这些行星是否进化出了生命？或者地球是唯一拥有生命的星球，其他行星都是毫无生气的贫瘠之地？虽然我们掌握了非常多关于生命进化的知识，但生命进化的真正起源（从复杂分子到可以被视为“有生命”的复制和代谢系统的转变）仍然是一个谜，目前还无法得到解答。不过，令人感到欣慰的是，一些顶尖的科学家正在致力于解决这一难题，我们也许很快就可以知道，生命的出现仅仅是一次意外，还是所有与年轻时的地球类似的行星上的某种“化学汤”的必然过程。我们也许很快就可以知道，地球生物的DNA/RNA是独一无二的，还是只是其中的一种。

在搜索其他具有生命的行星的过程中，高分辨率的光谱一定会有所帮助。詹姆斯·韦伯太空望远镜和将在21世纪20年代投入使用的下一代超三十米地表望远镜就拥有这种高分辨率的光谱。

相比于简单的生命，关于高等外星生命的推测明显不太可靠。众所周知，地球历经近40亿年的演化才形成了当前包括人类在内的生物圈，而在这之前还有几十亿年。我认为，我们的遥远后代可能不是有机的或生物的，而且可能不会居住在祖先曾生存过的行星上。以上观点应该有助于“搜寻地外文明计划”。

为什么这么说呢？因为后人类（posthuman）的进化可能由拥有超级智能（超能力）的机器驱动。“湿的”生物大脑在体积和处理能力上存在化学与代谢方面的限制，而电子计算机不会有这样的限制（更不用说量子计算机了）。对于计算机而言，未来的可能发展也许同从单细胞生物演变为人类的进化力度差不多。因此，对于任何形式的“思考”而言，人工智能将会完全超过类似于人类大脑的思维能力。此外，对于非生物的人工智能来说，地球的生物圈不是必需的（实际上，这与它所需的最佳环境相去甚远）。星际空间将成为机器人生产工厂的最佳选择，非生物“大脑”能看到的景象对于我们的想象力而言，就如同弦理论对于老鼠而言。

由此可知，即使生命起源于地球，但它们不会一直是宇宙中微不足道的力量，因为人类意味着高等生命在银河系内扩张这个过程的开端，而非结尾。如果真是这样，现在当然不会有外星人存在了。

然而，我们假设存在其他生物圈，其生命起源和进化过程与地球上的生命类似。即便这样，它们的关键进化阶段也有可能与地球上的生命不同步。显然，一颗明显落后于地球进程的行星不可能有外星人存在。然而，一颗围绕着比太阳更古老的恒星运转的行星，其生命也许领先我们10亿年，可能已经变成了未来新人类的模样。

人类的科技文明史只有几百年，也许在一两百年之后，人类就会被非生物智能超越，它们的智能可以存在很久，并且会不断进化，延续几十亿年。这表明，如果我们真的发现了外星人，它们很有可能是非生物的。因为我们很难在它们处于生物阶段时发现它们。

在搜寻地外生命这件事情上，我们首先应该将搜索范围限定在围绕比较古老的恒星运转的类地行星上，这就是所谓的“先在路灯下寻找”的策略。不过，科幻小说作者提醒我们，还存在很多违反我们常识的候选对象。“外星文明”的说法显得太以人类为中心了，因为外星人更有可能是一种独立的“思维”。

“突破聆听计划”将对地外科技生命展开最深入、最广泛的搜寻，这一计划会使用西弗吉尼亚格林班克（Green Bank）以及新南威尔士帕克斯（Parkes）的射电望远镜（波多黎各的阿雷西沃天文台也可能会参与搜寻计划），还会采用加州大学伯克利分校一个研究团队研发的高级信号处理设备，用于搜索非自然无线电波。此外，社交媒体和公众科学将会允许全球爱好者下载相关数据，一起参与搜寻计划。

让我们期待米尔纳的私人资助有一天能由公众来接替。我认为，看过《星球大战》系列电影的观众会很乐意将该系列电影的部分税收用于“搜寻地外文明计划”。

不过，在搜寻的过程中，我们应当牢记卡尔·萨根经常引用的两条格言：一条是“不寻常的论断有赖于不寻常的依据”，另一条是“缺乏证据不代表不存在”。

75

LIFE IN THE MILKY WAY
银河系中的生命

马里奥·利维奥（Mario Livio）

天体物理学家；著有《最后的数学问题》《杰出的失误》（*Brilliant Blunders*）。

是否存在地外生命，尤其是复杂的生命，大概是当今科学领域最令人感兴趣的话题之一。

虽然我们没有任何把握来回答“太阳系外的行星孕育生命是否需要类似于地球的条件”这一问题，但硬质表面的液态水被认为是孕育生命必不可少的化学环境。这一假设促生出了宜居带（habitable zone，HZ）这一概念，它是指恒星外围既不会太冷也不会太热的且非常稀少的区域。这一区域内的温度和大气压将会决定行星表面是否存在液态水。宜居带的概念反过来又催生了一个问题：在银河系中，有多少颗处于宜居带且与地球大小相当的行星？

令人震惊的是，在过去几年里，通过天文观测（主要由开普勒太空望远镜展开），我们获得了足够多的统计数据来回答这一问题。根据 2014 年出版的相关书籍，即使保守估计，银河系中围绕类似于太阳的恒星运转且与地球大小相当的行星的数量大约有 100 亿颗！

这种基于经验的估计标志着对地外生命的搜寻从推测变成了一门真正的科学。太阳系外的行星上可能存在生命这一观点促使许多天文学家痴迷于搜寻地外生命。这一领域的计划采取了双管齐下的办法：

- 一系列即将投入应用的天文望远镜（有用于太空的，也有用于地表的）将用于搜寻处于宜居带行星的大气层中的生物印记（生命过程产生的特征）。
- 2015 年 7 月，俄罗斯亿万富翁尤里·米尔纳宣布资助“突破聆听计划”，这个计划将采用目前最先进的技术来搜索地外生命发送的信号（这个计划是“搜寻地外文明计划”的延伸）。他宣布为这一项目提供 1 亿美元的资金。

毫无疑问，在未来几十年，确定适合生命居住的行星的数量都将成为新闻，这一领域唯一比这还重要的发现就是，真正发现地外生命。人类历史上第一次有希望消除哥白尼式谦逊的最后一个障碍。众所周知，人类在银河系中不是唯一的，银河系也不是唯一的。达尔文证明了人类是自然选择的产物，而地外生命的发现将会使我们不得不放弃“人类是特殊的”这一观念。

76

THERE IS (ALREADY) LIFE ON MARS

火星上存在生命

迈克尔·诺顿（Michael Norton）

科学家，哈佛商学院教授；与伊丽莎白·邓恩（Elizabeth Dunn）合著《花钱带来的幸福感》（*Happy Money*）。

最近，马什可－皮罗（Mashco-Piro）部落的族人[1]与外界的接触逐渐增多。不过，这并不是一个暖心的故事。因为频繁的接触会导致族人容易感染某些对他们而言不常见的疾病，比如流行性感冒。这类主动"接触"给巴西等国家带来了难题。巴西富有远见地制定了"不接触"政策，允许这些部落选择隐居地。巴西一位负责保护原住民的官员若泽·卡洛斯·梅雷莱斯（José Carlos Meirelles）曾说："如果他们寻求接触，我们必须以最礼貌的方式欢迎他们，但同时必须照料他们的健康，隔离其领土，给他们足够的时间来适应我们这个疯狂的世界。"

[1] 曾经被视为少数不与外界接触的种族之一。

美国国家航空航天局"行星保护官员"凯瑟琳·康利（Catharine Conley）的工作任务不是寻找火星生命，而是保护火星远离地球生命。科学家认为，如果火星上存在生命，那只有一种可能：地球上的微生物通过星际旅行偶然到达了火星。即使美国国家航空航天局竭尽所能地阻止这种情况的发生，包括对宇宙飞船进行消毒，有时甚至进行烘烤，某些生物还是被携带到了火星。美国国家航空航天局制定了相关方案，使火星探测器远离来自地球的细菌可能能够繁衍的“特殊区域”，这类似于隐居人群的“不接触”原则。

然而，如果火星上的生命选择不再等待该怎么办？所有有记录的历史表明，生命想要寻找生命，就如同青苔想要寻找青苔。我们应该从上几个世纪以来原住民种族灭绝（无意和有意的）事件中吸取教训，来保护火星的新生物：“如果他们寻求接触，我们必须以最礼貌的方式欢迎他们，但同时必须照料他们的健康，隔离其领土，给他们足够的时间来适应我们这个疯狂的世界。”

77

THE BREATHTAKING FUTURE OF A CONNECTED WORLD

互联世界的惊人未来

克里斯·安德森（Chris Anderson）

TED[1]大会创始人，TED 演讲总监；著有《TED 演讲：TED 官方公开演讲指南》（*TED Talks: The Official TED Guide to Public Speaking*）。

我们的星球正在生成大脑，而且这个过程正在不断加速，这将会决定人类和许多其他物种的未来。

具有影响力的互联网企业和太空技术企业已经宣布，将会投资数十亿美元，用于在 10 年内向地球所有的角落提供低成本的高速互联网服务。它们还在以惊人的速度建造全球范围内的铁路和高速公路，并且速度惊人。

通过售价低于 50 美元（大部分）的智能手机，五十亿人类的想法将会汇聚于互联网。而且，与最先使用智能手机的 20 亿人不同的是，后来者在第一次接触互联网时遇到的不是无聊的文本，而是高清视频和所有能够快速呈现的充满吸引力的内容。

“TED”的全称是“Technology, Entertainment, Design”，即技术、娱乐、设计，是美国的一家私有非营利性机构，该机构以其组织的 TED 大会著称，这个会议的宗旨是“值得传播的创意”。——译者注

这一过程将是一项史无前例的社会实验。大部分人在体验互联网之前都有过多年的阅读报纸和书籍、听广播以及看电视的体验。在这些即将接触互联网的人之中，有很多人的受教育程度并不高。什么样的内容会成功吸引他们的注意力，又会带来什么后果呢？是不同语言的社交媒体、维基百科、色情内容、视频游戏、营销诱饵、政府宣传、让人上瘾的内容、免费教育，还是通过同声机器翻译与他国的老师进行对话？

人类历史上第一次我们可以想象这些完全有可能实现的激动人心的前景：每一个人都可以免费获得来自最好的母语老师的教育；人们发现了解决贫困和偏执的办法和观念；不断增加的透明度迫使政府和企业改善行为；世界开始从数十亿新思维中受益，这些新思维能够为我们共同的未来做出贡献；全球互联开始超越种族观念。

然而，在所有这一切发生之前，我们需要准备好迎接“注意力”游戏的序幕。所有跨国企业、政府和意识形态都能在这场游戏中发挥不同的作用，参与这场游戏的方式有很多，有些也许并不光彩。

在实现全球互联这一目标上，真正独特且重要的是，我们要具备计划。当前，我们不再需要在全球布满线路，卫星、无人机和热气球可以帮助我们快速实现这一目标。巨大的改变即将来临，我们最好做好准备。

78

EVERYTHING IS COMPUTATION

万物皆计算

约什查·巴赫（Joscha Bach）

麻省理工学院媒体实验室 / 哈佛大学演化动力学项目（Program for Evolutionary Dynamics）认知科学家。

近期，出现了很多重要的科学新闻，令人很难断定哪一条最重要。气候模型显示，我们刚刚经历了气候变化的关键节点，进入了对人类文明而言更困难的新时期。马克·范·拉姆斯东克扩展了布赖恩·斯温格尔和胡安·马尔达塞纳（Juan Maldacena）的研究成果，提出我们应该放弃时空的理念，接受离散张量网络的理念，进而打开统一物理学理论的大门。遗传学家布鲁斯·康克林、乔治·丘奇和其他科学家一起发明了 CRISPR/Cas9 技术，这种技术可以实现简单而普遍的基因编辑。“深度学习”让我们开始了解相互连接的特征探测器（feature detector）的层次结构如何自动形成世界模型、学习解决问题，以及识别语音、图像和视频。

不过，认识到我们在哪些方面缺少进步同样重要。社会学无法准确地告诉我们社会是如何运作的；哲学的进展很缓慢；经济学难以改良我们的经济和财政政策；心理学无法解释人类心智的逻辑；神经科学虽然告诉了我们事情在大脑中发生的区域，但无法告诉我们发生了什么。

我认为在 20 世纪，理解世界最有效的方法不是实证主义科学、计算机技术、宇宙探索、物理学基础理论，而是计算的概念。简单来说，计算的核心十分简单：任何观察都将带来可区分的差别集合，我们称为信息。

如果观测结果对应于可改变状态的系统，那我们就可以描述这些状态的变化。如果这些状态变化的规律能被识别出来，那我们讨论的就是一个计算系统。如果规律可以被完整地描述，我们就称为算法。如果某个系统可以进行有条件的状态转换，以及重新回到之前的状态，那我们几乎不可能阻止它执行任意计算。如果我们允许该系统进行无限次的状态转换，并使用无限的存储设备存储这些状态，那么这种系统就变成了图灵机、lambda 演算、波斯特机（Post machine），或者其他捕捉通用计算的相互等价的形式。

“计算”这个术语重新阐述了“因果关系”，哲学家在这个概念上纠结了几百年。在计算系统中，因果关系是指从一个状态转变为另一个状态。“计算”这个术语还取代了机械哲学和自然主义哲学中“原理”（mechanism）的概念。计算主义（computationalism）就是一种新的原理。与之前类似的原理不同的是，计算主义并不受运动部件充满误导性移动部分直觉的影响。

计算不同于数学。实际上，数学是关于正式语言的，通常是不可判定的，也就是“不可计算”（做出决策和证明也是计算的同义词）。不过，我们对数学的所有探索都是计算性的。计算意味着完成所有的步骤，从一个状态转变为另一个状态。

计算改变了我们对知识的理解。知识描述的不是合理的真实信仰，而是捕捉观测物体之间的可见规律的局部最小值。知识从来都不是静态的，而是随着不同世界观的状态空间不断变化。我们将不再教自己的孩子什么是真相，因为他们和我们一样，也不会停止改变自己的想法。我们将会教他们如何有效地改变想法，如何充满好奇心地探索永无止境的世界。

越来越多的物理学家开始意识到，“宇宙不是数学的，而是计算的”，以及“物理学主要是为了寻找可以重现观测结果的算法”。不可计算的数学概念（比如连续的空间）的转变为我们带来了新的进展。气候科学、分子遗传学和人工智能都是计算科学，而社会学、心理学和神经科学不属于此类，后者似乎仍然困惑于原理和研究对象之间的矛盾，并且正在致力于寻找社会、行为、化学和神经上的规律，但这些学科真正应该寻找的是计算规律。

万物皆计算。

79

IDENTIFYING THE PRINCIPLES, PERHAPS THE LAWS, OF INTELLIGENCE

为智慧确定原则，甚至规律

帕梅拉·麦克达克（Pamela Mccorduck）

著有《思维机器》（*Machines Who Think*）、《混乱的边缘》（*The Edge of Chaos*）、《有限的理性：小说》（*Bounded Rationality: A Novel*）、《也许重要的事》（*This Could Be Important*）；与爱德华·费根鲍姆（*Edward Feigenbaum*）合著《第五代》（*The Fifth Generation*）。

我认为，最重要的科学新闻是，塞缪尔·格什曼（Samuel J. Gershman）、埃里克·霍维茨（Eric J. Horvitz）和乔舒亚·特南鲍姆（Joshua B. Tenenbaum）三位科学家于2015年在《科学》杂志上发表了一篇文章，名为《计算的合理性：关于大脑、思维和机器的智慧的收敛范式》（*Computational rationality: A converging paradigm for intelligence in brains, minds, and machines*），他们向世人宣告了正在进行的一项新实验：为智慧确定原则，就像牛顿发现运动定律一样。

以前，公园里的运动、河流中的旋涡、车轮的旋转、炮弹的轨迹，或者行星的运转轨道，它们之间看起来没有任何共同点，直到牛顿发现了其中的潜在规律，从根本上解释了这些（以及其他更多）现象。

现在，有人正在进行类似的努力，试图归纳出所有智慧的共同点或者本质，为其确定原则，甚至规律。牛顿曾说："真理永远存在于简单之中，而非事物的多样性和混乱当中。"就对智慧本质的理解而言，我们还处于牛顿以前的时期。细胞、海豚、植物、鸟类、机器人和人类这些生物的智慧具有共性，这种观点就算看起来不荒谬，但比较牵强。

然而，从一开始，人工智能、认知心理学和神经科学三者相互融合的结果指向了牛顿所说的存在于简单之中的真相，即将以上不同实体的智慧联系起来的基本原则（或者规律），其专业名称是“计算的合理性”。那么，这究竟是什么意思？如何来证明它呢？

为智慧确定原则的动机源自思维科学领域一个被普遍接受的结论：智慧不是来源于它的具体表现形式（无论是生物的还是电流的），而是系统的不同要素之间的交互方式。智慧始于具有目标的系统，然后开始学习（通过课程、训练或某种经验），进而自动进化，以适应复杂且不断变化的环境。换言之，智慧实体是智慧系统的网络结构（大部分是层次结构），而人类是最复杂的智慧体，人群则更为复杂。

格什曼、霍维茨和特南鲍姆这三位科学家提出了关于智慧的三个核心理论。第一，智慧个体具有目标，会形成信念，并能够规划出实现目标的最佳步骤。第二，对于真实世界的问题，虽然计算出理论上的最佳选择可能比较困难，但如果运用合理的算法，就能得出足够好的选择，计算成本也会被考虑在内，这也就是赫伯特·西蒙（Herbert Simon）所说的“满意策略”。第三，可以根据个体的特殊需求对这些算法进行合理的修改——既可以通过工程或进化设计进行离线修改，也可以通过元推理机制（meta-reasoning mechanism，根据特定环境，选择最佳策略）进行在线修改。

对于计算的合理性的探究虽然还处于起步阶段，但已颇具规模，并且参与者甚多。比如，生物学家正在研究关于认知的问题，具体到细胞和符号层面；神经系统科学家可以识别出人类和动物共同具有的计算策略；树木学家发现树木之间可以进行缓慢的交流，以相互提醒附近存在的天敌。比如，如果附近有木甲虫，树木之间便会相互提醒：“邻居，请激活毒素。”

人文科学也正在蓬勃发展，尽管大部分人花了很多年才明白这一点。当然，人工智能这个关键的指引者、灵感和动机的提供者也是如此。

无论是现在，还是将来，为智慧确定原则都将成为重大新闻，因为这是智慧的一个基础层面。这一领域不断涌现的成果有助于我们以全新的方式理解当前的世界和宇宙。对于那些对超智慧个体感到恐惧的人而言，从基础层面开始了解智慧是最好的防御措施之一。

80

NEURO-NEWS
关于神经科学领域的重大新闻

诺加·阿里卡（Noga Arikha）

思想历史学家；著有《拿破仑和反叛者》（*Napoleon and the Rebel*）。

科学永远不会止步不前，而是一直在发展。从这个角度来看，科学上的发现皆为新闻。然而，从新闻的角度来看，科学新闻往往偏向于当前大众关注的焦点和经济利益，以及他们的担忧和希望。

关于大脑的研究更受媒体的关注。不过，这并不奇怪。大脑及其复杂性在生命进化史上发挥着核心作用，而且，对大脑的研究有助于我们理解人类行为的生物学基础。大脑的这些重要性导致出现了对大脑机制的新发现过度渲染和阐释的现象。现在“neuro”（神经）这个前缀带有伪科学的意味，它能够解释从美学到经济学的所有人类行为，就如同我们所做的一切与大脑有关的事物都在说明我们是什么。在神经科学领域，还有一些有价值的发现，但主流媒体很难客观地报道它们的科学性、方法论以及概念上的复杂性。

不过，真正有价值的新发现还是得到了报道。2015年6月发表于《自然》杂志上的一篇文章提到，中枢神经系统内部的某个淋巴系统具有非常重要的作用。主流媒体意识到了这一发现的重大意义。《科学日报》（*Science Daily*）关于这一发现的报道标题是《大脑与免疫系统的联系最终被发现，重大疾病的含义》。这篇报道还大肆宣扬了这一发现的重要性：“这一至关重要的发现颠覆了我们在课堂上所学的知识。研究人员证明，大脑通过血管直接与免疫系统连接。我们过去认为，这种直接连接是不存在的。这一发现可能对孤独症、阿尔茨海默病以及多种硬化症等疾病的治疗具有重要意义。”

对于上面这段评价的最后一句，我们需要抛弃其中的主观因素，即理所当然的想法，这不是对真实情况的反映。这种带有感情色彩的新闻就是其能迅速传播的主要原因。实际上，很少有发现能颠覆我们在课堂上所学的知识，不过这个发现真有可能做到，而且教学内容能被颠覆本身就具有重大意义。我们很容易忘记大部分研究都是基于假设，并且在特定的框架内进行，而不是着眼于提出这些假设的需要。

2015 年的这一特殊发现表明，我们需要更深入地理解神经系统和免疫系统之间的联系，以促进神经免疫学这一新兴领域的发展。由于研究方式和临床护理的特殊性质，对大脑的研究往往与对身体的研究是分离的，并且以一种笛卡尔的方式进行，就好像两者真的是分离的一样。这一特殊发现提醒我们，我们只能将两者结合起来研究。同时，从科学的角度而言，我们需要认真对待安慰剂（placebo）和非安慰剂（nocebo）的效果等，以及心智在精神和物理疾病演化过程中的普遍作用。反过来，这又表明我们所认为的科学新闻，即关于我们对世界和人类自身理解的新闻，恰好是我们所期待的。

81

MICROBIAL ATTRACTIONS
细菌的影响力

帕梅拉·罗森克兰茨（Pamela Rosenkranz）

艺术家。

不育症不再被认为是健康的了。医学治疗方法正在从以抗生素为主向以益生菌为主转变。卫生健康也变得更关注污染的环境，而不再以灭菌为主。不久以前，我们才发现胎盘并不是完全无菌的。之前，我们还认为发育中的胎儿是在一个绝对干净的气泡中成长的。然而，实际情况是，胎儿通过妈妈的生物系统的过滤作用来对抗细菌，而且在细胞分裂的最开始阶段就已经逐步形成以后的免疫系统。

实际上，每个人体内每时每刻都存在无数的病毒、细菌、真菌和寄生菌。我们身体中大约有 0.9 公斤是由这些“小虫子”组成的，而且其中许多微生物自古代以来就已存在。除了最令人害怕的埃博拉或艾滋等病毒，链球菌（Streptoccocus）等细菌，以及狂犬病等寄生菌这些少数的急性、破坏力极强的病菌外，我们的免疫系统能较好地应对大部分常见的微生物，即使它们具有致病性。近期的研究表明，许多微生物实际上有益于我们的健康，它们似乎在“训练”着我们的免疫系统。

虽然“微生物组”（microbiome）的概念早在 20 世纪 90 年代就已被提出，但相关研究仍处于筛选有益和有害微生物的起步阶段。微生物复杂多样，可以毫不夸张地说，我们体内还有一片海洋、一片森林，甚至一个新的自然世界等着我们去探索。目前的主流观点是，微生物的种类越多越好，这里所说的种类不仅包括周围环境中微生物的种类，还包括人类体内微生物的种类。

有一种简单的临床疗法现已变成一种新兴的产业，那就是粪便移植疗法。这种疗法已被证实能有效地治愈结肠内的艰难梭菌（Clostridium difficile）增生的症状。这种细菌无法用抗生素来消灭，它具有减轻体重的作用，而且它还表明，肠道与大脑存在某种联系，会影响我们的心理健康。

近期的研究表明，有些细菌的繁殖会导致人们出现焦虑、沮丧等症状，甚至阿尔茨海默病，而有些细菌却有减轻这些症状的作用。以弓形体病（toxoplasmosis）为例，该细菌对我们的精神状态有着非常直接的影响：这种能刺激神经的寄生菌会影响我们最真实的一种情感——性吸引力。

与老鼠和其他哺乳动物一样，人类只是弓形体细菌的中间宿主，而猫才是这种细菌的主要目标。在这种无意识中形成的三角关系中，弓形体细菌需要老鼠被猫吸引，所以鼠弓形体细菌会游至老鼠可以产生性冲动的脑部区域，并提示老鼠对猫的信息素产生积极反应而非消极反应，这促使老鼠去接近猫而不是逃离，这样，猫就能轻易地抓到并吃掉老鼠。当弓形体细菌到达猫体内后，它的目的就达到了，并且可以进行繁殖了。

人类通过更抽象的方式实现这种传播。携带弓形体细菌的人会被来源于猫的信息素的气味吸引，这种气味在许多香水中都可以闻到，据说香奈儿 5 号香水中就有这种气味。大约 30% 的全球人口感染了这种寄生菌，这是一个非常庞大的群体。事实上，这部分人群更容易发生交通事故；女性携带者更喜欢由设计师设计的服装。

我们往往将性欲视为个性的主要组成部分，实际上，不仅我们自己无法控制自身生物系统对性吸引力的反应，寄生菌也会对我们的神经施加影响，甚至直接改变我们的行为。这是一个充满争议的难题，它挑战了人类对吸引力的基本理解。

我们总是在相互传播自己的细菌。我们握手、亲吻、性交、旅行、上厕所、聚会、去教堂。一项关于宗教的研究表明，作为社会因素的宗教，与之相伴的可能是微生物有机体的复杂传播。当我们聚集在一起时，真正交流的是什么？我们的社交需求是否也受到了微生物的神秘力量的影响？

ONLY SCIENCE AND INVENTION DELIVER TRULY NEW STUFF, LIKE DOUBLE HELIXES AND SEARCH ENGINES.

只有科学和发明才给我们带来了真正的新东西，比如DNA双螺旋结构和搜索引擎。

——马特·里德利，《缺乏所导致的传染病》

82

THE EPIDEMIC OF ABSENCE

缺乏所导致的传染病

Matt Ridley
马特·里德利

科学作家，英国皇家文学学会和医学科学院会员；著有《万物进化论》(*The Evolution of Everything*)。

斯图尔特·布兰德曾鲜明地指出，大部分占据新闻版面的内容并不算真正的新闻，比如屡见不鲜的爱情、丑闻、犯罪和战争等。从新闻的角度来说，只有科学和发明才给我们带来了真正的新东西，比如 DNA 双螺旋结构和搜索引擎。因此，我最感兴趣的科学新闻是：科学家找到了人们变得越胖，某些疾病就会变得越严重的原因。虽然我们消灭了一些传染病，并减缓和控制了许多老龄化疾病，比如心脏病和癌症，但患上过敏症、自身免疫性疾病和类似于孤独症等疾病的人群越来越多了。这其中的部分原因是确诊人数增多了，另一部分原因是有些人感觉自己得了这些疾病。实际上，患有这些疾病的人数的确在不断上升。

我们以花粉热（又称为过敏性鼻炎）为例。这是一种现代病，在过去的农民群体中较为常见，当前的非洲农民患这种疾病的也比较多。然而，相比于前两个群体，当今城市中产阶级患这种疾病的人数要更多。关于这一疾病，有十分详细的时间轴数据，该时间轴按照城镇和农村两条主线分别记录了随着社会的发展，这一过敏性疾病的患病人数。据证明，花粉热源自对寄生虫的控制。当前，这种疾病在东欧和非洲发病较多：在寄生虫消灭的几年后，小孩开始染上这一疾病。在《缺乏导致的一种传染病》（*An Epidemic of Absence*）一书中，莫伊塞斯·贝拉斯克斯-曼诺夫（Moises Velasquez-Manoff）将这种现象按照年份进行了非常翔实的记录。

这完全合乎道理。在与寄生虫的角逐过程中，免疫系统进化出了抵抗寄生虫的能力。然而，当消灭了寄生虫之后，免疫系统就失衡了。实际上，当寄生虫试图破坏免疫系统时，后者就会达到良好的平衡。如果没有寄生虫，免疫系统的表现就多余了。因此，治愈花粉热的有效方法是：摄入寄生虫。然而，这种做法很可能存在风险，毕竟，寄生虫可不是闹着玩的。

然而，有多少现代疾病不仅是因为缺少寄生虫，而是由微生物的生态造成的呢？当前生活优渥的孩子是不是因为过分干净的成长环境而导致肠道菌群失衡呢？这种可能性较大。那么，现实生活中究竟有多少疾病是由免疫系统失衡导致的呢？我认为，这种情况比我们想象的还要多，多发性硬化症、肥胖症、厌食症，甚至孤独症都有可能是这种原因导致的。

华盛顿大学医学院的杰弗里·戈登（Jeffrey Gordon）所在的研究团队做的一项引人注目的研究表明，如果一个人获得了另一个患有肥胖症的人的肠道菌群，并将其传给一只没有这种肠道菌群的老鼠，那么，相比于从没有肥胖症的双胞胎兄弟（姐妹）那里获得肠道菌群的老鼠，这只老鼠变胖的速度更快。这是一个经过精心设计的实验。

因此，我认为，科学界的一个重大新闻是，我们开始理解因缺乏而导致的传染病。

83

BUGS R US

细菌反斗城

尼娜·雅布隆斯基（Nina Jablonski）

古人类学家，宾夕法尼亚州立大学教授；著有《生活的色彩》（*Living Color*）。

匈牙利产科医生伊格纳茨·塞麦尔维斯（Ignaz Semmelweis）曾做出了一项改变世界的举措。1847年，他做出了一个意义重大的决定：在进行完尸检后，先洗手，再接生。当时，他在维也纳的一家产科医院工作，关于疾病的微生物理论和“感染”概念还不为人知。当时，一种现在被命名为“产褥热”的产后感染疾病导致大量在医院生产的产妇死亡。塞麦尔维斯意识到，尸体内部或表面的某些东西可能导致产妇患上这种疾病，因此他决定遵循助产士的规范，在接生前必须洗手。结果，产妇的死亡率下降了。塞麦尔维斯知道自己获得了新发现。然而在生前，他的新方法并没有被其他男性内科医生接受。在接下来的几十年，欧洲其他地区的医生和科学家证明，他是正确的。类似于细菌的微生物会导致感染疾病，而采取洗手等简单的预防措施，便能够降低患病的风险。

由于塞麦尔维斯和后续聪明的继任者的努力，我们开始遵循一系列规范。从饮用开水、拒绝饮品里加冰块到近乎狂热的为手消毒，目的都是降低由环境中的细菌造成的患病概率。

虽然我们很早就知道，人体内有大量“正常”的细菌，但相关研究是在10年前才开始的。现在，我们专注于研究由塞麦尔维斯发现的致病细菌，并在培养皿中培养它们，以鉴别和消灭它们。我们曾认为，人体内其他微生物的危害微不足道，因此没有太过重视。

2008 年，数百位科学家合作启动了“人类微生物组计划”（Human Microbiome Project），共同研究人体内数十亿细菌的属性和作用。人类的微生物组有很多个。人类的头发中有微生物组，鼻孔中有微生物组，阴道内也有，这些微生物组与人类皮肤中的微生物组大不相同。肠道内的微生物组对于人类的健康具有十分重要的作用，食道和胃内的微生物组也是如此。

这些微生物组会随着年龄的增长而变化。因此，一些在我们年轻时常见且无害的细菌到我们年老时会对健康产生不利影响，反之亦然。对人体内的细菌进行分类与研究不仅是出于科学上的好奇，更重要的是，这些细菌对人类的健康具有重要作用。比如，皮肤中的正常细菌对维持皮肤保护功能的完整性具有必不可少的作用；许多疾病都与人体内微生物的改变存在关联，比如牛皮癣、肥胖症、炎症性肠病、某类癌症，甚至心血管疾病。

虽然我们还不确定细菌发生变化是患上这些疾病的原因还是结果，但细菌与疾病之间存在联系的发现为我们研究新的疗法和有针对性地预防疾病提供了新视角。人体内的微生物群还会影响并受身体表观基因组的影响，后者是影响基因表达的化学因素。因此，人类体表和体内的细菌对细胞内基因的正常行为起着决定性作用，如果细菌的组成和总数发生变化，将会影响细胞的状态和对外的反应。

请不要再将身体视为神经和大脑的圣殿！实际上，我们的身体是充满细菌且不断变化着的生态系统。这些细菌对健康的影响方式比我们原先预计的要多得多。随着对自身单细胞邻居的了解不断增多，我们将会通过益生菌来治疗急性或者慢性疾病，将在年老时采取有效的措施来维护肠道菌群的多样性。到那时，我们所用抗生素的抗菌能力也会变得越来越窄谱，当我们患了严重的急性感染疾病时，这些抗生素仅仅会消灭对我们的健康影响最大的少数几种细菌。虽然洗手液和结肠清洗还会伴随我们很长一段时间，但最好习惯这个新的称呼——细菌反斗城。

84

FECAL MICROBIOTA TRANSPLANTS

粪便微生物移植

伊藤穰一（Joichi Ito）

麻省理工学院媒体实验室主任。

虽然我们对微生物组的讨论已经持续了很多年，但 2015 年，关于人类的微生物的新闻格外多。虽然我们很早就知道了人体肠道内的微生物组对健康具有重大影响，但近期的研究表明，肠道菌群的作用远比我们之前所认为的要重要得多。

粪便微生物群移植（Fecal Microbiota Transplantation，FMT）治愈了 90% 的艰难梭菌感染者。这种感染很难通过其他方法治愈。目前，我们还不太了解这种移植的准确原理，只知道将健康人群的微生物群（粪便）输入患者的体内，便能使患者的肠道重新获得原有且正常的微生物群的多样性。

人体内的肠道微生物会产生各种影响大脑的神经递质，反之亦然，这大幅超出我们之前对它们的理解。有证据表明，除了对情绪的影响以外，部分大脑功能的紊乱可能来源于微生物的失衡。这类证据非常多，以至于开放生物群（OpenBiome）等粪便微生物移植银行开始筛选患有精神疾病和具有其他健康问题的提供者。而要成为排泄物银行的合格提供者，比上麻省理工学院和哈佛大学都要难。也许，智能机器在这一方面会有所帮助，就如同它们在其他领域表现出的强大能力。健康肠道（Robogut）[1]设备在合成粪便方面已经取得了不错的进展。

研究表明，没有肠道菌群的老鼠表现出的社会性比具有这种菌群的老鼠要弱。根据这一现象，科学家推测出，虽然社交活动不会对老鼠的健康产生促进作用，但它们的社交行为和相互食用排泄物的习性可能来源于这一因素：微生物想要在老鼠之间传播。

实际上，许多我们喜欢的食物是肠道菌群喜欢的食物。肠道菌群会将这些食物变成我们身体所需和喜欢的物质。同样，母乳中含量丰富的低聚糖（oligosaccharide）是部分有益的肠道菌群喜欢的食物。人体内的微生物数量比人体细胞多得多，而且它们有可能是很多人类行为的根源。在身体的运转过程中，即便微生物不会比我们自身的细胞更重要，但至少具有同等的重要性。

然而，不是所有微生物都是对人体有益的。实际上，大部分微生物是中性的，而有一些是有害的。以鼠弓形体为例，这种微生物会让老鼠丧失对猫天生的恐惧感，因为这种寄生虫需要进入猫的体内进行繁殖。此外，狂犬病也会致使动物攻击其他动物以提高传播率。

微生物无处不在。清洁剂会杀死我们皮肤上的氨氧化细菌（ammonia-oxidizing bacteria，AOB）。亚马孙雨林原住民亚诺玛米族（Yanomami）人的皮肤中还有这种细菌，这意味着亚诺玛米族这种从未经历过现代医疗卫生的种族，不会得痤疮和

[1] 这是一种由微生物学家埃玛·费尔科（Emma AllenVercoe）发明的模拟结肠状况的机械设备。——译者注

大部分种族会得的炎症性皮肤病，并且，一项针对 1 000 多名巴布亚新几内亚基塔瓦岛居民的研究没有发现一例类似病例。越来越多的证据表明，过敏性疾病和其他许多现代疾病都是在现代医疗卫生出现之后才出现的。

空气中的微生物也是整个系统的组成部分。研究表明，如果打开病房的窗户，让室外多种微生物进入，那么相比于过滤并对空气进行消毒的医院，前者的感染率更低。土壤中的微生物是植物营养系统的必要组成部分。微生物使植物将自己的养分转化成我们需要的各种营养物质。因此，我们不应该使用人工肥料破坏土壤的微生物群。我们也应该通过当天“供应”的维生素来补充所需的卡路里。

人体的肠道，尤其是结肠，是所有已知微生物环境中最具多样性的场所。因此，对于具有生物多样性和复杂性的肠道微生物组而言，肠道几乎是最完美的环境。人体的体温几乎是恒定的，并且人类宿主能在各种极端条件下生存。此外，人类还会与不同的环境相互传播微生物。从微生物的角度来看，人类几乎是完美的高级生命支持系统。认为“微生物是无用的”观点可能稍显自大，也许，将人类视为微生物的结构创新则更为准确。

85

HI, GUYS

嗨，伙计们

艾伦·阿尔达（Alan Alda）

演员，作家，导演，石溪大学教授；著有《与自己对话时无意听到的内容》（*Things I Overheard While Talking to Myself*）。

2015年，令我感到无比震惊又很奇妙的一个发现是，我不仅与微生物有关联，而且非常依赖它们，以至从某种意义上来说，我就是微生物。达尔文让我知道了自己与地球上其他动物之间存在联系，而2015年公布的关于微生物组的研究，让我了解了微生物占人类身体总体的比例，以及我对它们的依赖程度。这一发现令我印象深刻。

如果将人体内微生物的细胞总数和人体自身的细胞总数进行比较，我们会得到一个令人震惊的结果：前者是后者的10倍。

据研究，相比于手掌上的微生物，我臂弯的微生物与你臂弯的微生物的相似度更高。

不久以后，我将有可能通过粪便微生物移植或者直接服用粪便微生物药丸，来解决体内的所有失衡问题，包括肥胖症，如果它能胜过我的自我控制。

其他比较新奇的新闻还包括，无论我去往哪里，都会留下一簇微生物，如果它们附着在某种表面，在我离开后，其他人可以读取这些微生物，从而获取我个人微生物组的独特信息。

微生物无处不在。我相信，它们是地球上数量最多的生物，而且我们看不见它们。

此外，微生物具有强大的生命力。例如，有一种微生物会在潮湿的环境中扩张，只需要 0.5 千克～ 1 千克这种微生物，就能将一辆汽车举高至离地 0.6 米的位置，这种微生物都可以用于给汽车换轮胎了。

我们已经在一个全新的世界插上了旗帜。我们的前沿研究不断取得新突破，从外太空到大脑，再到微生物，而如果没有微生物，就不会有我们现在所知的这个世界。

嗨，伙计们。

86

THE AGE OF AWARENESS

意识时代

昆廷·哈迪（Quentin Hardy）

《纽约时报》科技撰稿人。

以无处不在的智能机器为标志，我们正步入“意识”的时代。在当今这个时代，传感器无处不在，它们持续地记录着数十亿人和物体的移动位置和状态，而遍布全球的云计算系统实时对这些位置和状态数据进行传输、分析和共享。我们开始意识到无数交互的存在。此外，我们通过统计方法预测结果的能力也变得越来越强。

科学突破不仅依赖于这些手段，还依赖于集成这些手段的系统。这个布满传感器的世界发生的那些最大的变化和突破将原来各不相干的计算因素联系起来，为我们提供了设计、学习和工作的新方法。

这些原来各不相干的计算因素包括：移动性、传感器、云计算，由机器学习或人工智能实现的数据分析。传感器不仅给我们带来了关于自然界和社会的新信息，还向云系统的设备传递信息。分析算法的行为同样受到算法对云系统、传感器和外部环境的改变的影响。

就这样，我们进入了一个类似于飞轮的世界。在这个世界中，存储的数据被读取并在数据流中被操作，不断地发出通知、改变和被改变。结果便是，发生改变和获得发现的速度不断加快。从实用性的角度来看，这意味着通过我们的设计，这个世界将充满各种可能性，而非成为某种固定的状态。

经济价值的焦点便在于这些交互不断产生的变化。这个不断做出响应和改变的世界带来的另一项成果是，终于结束了进行了 2 500 年的“亚里士多德项目”（遭到的怀疑越来越多）。这一项目一直致力于创造最终的知识状态。实际上，我们生活在变化中，并在追求知识的最优化。

在这个类似于飞轮的世界，个体意识的永恒不灭正在被过去高度互联的全球化数据存储、现在的计算和对将来的统计预测不断改变。人类的习惯已经随着新技术的出现发生改变，就如同印刷术改变了政治和宗教信仰，社会适应了工业模式。作为人类，我们开始仿效软件密集型的云计算系统。数十亿人获得了与其他所有人进行跨语言交流的能力。这些系统内部的人工智能中介将会追踪、教导和帮助人们，并会向企业管理者（可能还包括政府部门）报告个人情况。

知识学习这一过程将逐渐演变为微型课程的一部分，这些课程将会告诉我们需要学习的内容（归功于系统的分析功能）和下一步的计划。我们将生命的基因序列当成信息系统，正在研究如何操作它们——要么将微型机器放入人体内，要么将基因变成小而强大的计算机，极大地增强我们的意识与控制能力。

技术已经改变了我们的世界观，这个意识时代是独一无二的，并在不断重塑着人类的意识和期望。无论是 1450 年的约翰内斯・谷腾堡（Johnnes Gutenberg），还是 1810 年的企业家，他们都没有意识到新技术对人类工作的影响。正在建造当前这个布满设备、拥有自我意识的星球的人们，可以看到并分析自己努力的成效。然而，到目前为止，这些并没有显著提高我们计划与控制其成效的能力。

87

A LARGE-SCALE PERSONALITY RESEARCH METHOD

大规模个性研究方法

娜塔莉·纳海（Nathalie Nahai）

网络心理学家；著有《点击的奥秘：运用说服心理术提升在线影响力》。

我认为，2015 年最重要的新闻是《人格与社会心理学杂志》（*Journal of Personality and Social Psychology*）于 6 月发表的一篇名为《基于社交媒体语言的自动个性评估》（*Automatic Personality Assessment Through Social Media Language*）的文章。对于致力于心理学和技术交叉研究的人员而言，这一研究成果证实了许多人长期以来期盼的结果：它提出了一种简单且真实可靠的模型，可以用于评估和解释数百万人每天的在线语言交流。

研究人员以 66 000 多名活跃的社交媒体参与者为样本，采用丰富的开放性词汇构建了一个人格预测模型。这一模型采用了“大五人格模型”，它们分别为：开放性、责任心、外倾性、宜人性和神经质性。通过这种模型得出的基于语言的人格预测比其他类似研究的准确度都高。这种模型不仅完胜现有的方法，而且适用规模广大且准确度高。

针对特定人群人格的研究看起来也许没有那么重要。比如，我们可以认为，在“外倾性”这一项得分较高的人喜欢使用更积极的情感用词，比如“令人惊奇的”“太棒了”“开心”，而在“神经质性”这一项得分较高的人更倾向于使用第一人称代词，比如“我”“我的”。然而，只有当我们获取足够多的数据时，才能得出更准确的结论。

只需比 cookie[1]和 IP 地址稍微多一点儿的信息，我们就能为用户创建一个唯一的档案。这种便利性可以使我们获得数百万用户总体的性格特征，并将其存储于心理学数据库中。实际上，有几家公司已经基于商业目的开始这种尝试了。

网站为识别用户身份而在用户初次访问时生成并保存于客户端的文本数据。——编者注

由于特定的性格特征与一系列可预测的生活状况相关，比如，在“外倾性”这一项得分较高的人群倾向于采取冒险行为，因此性格特征方面的数据有助于预测生活质量，无论是正面的还是负面的。这就是此项研究的重要性所在。

这种针对人群性格的数据研究是一把双刃剑。从积极的方面来说，如果我们可以设计相关应用程序，通过可访问的公开数据（社交媒体上的互动文字）来预测用户的性格，这有助于更好地了解他们的动机、行为以及自身，而且能带来更精准的广告投放和更智能的应用程序，以更好地满足我们的需求。

从消极的方面来说，在学术研究之外的领域，这种数据收集并不需要授权。因此，任何人都可以用这些数据对人群进行分析和分类，而不被他们知道，也不受他们控制，这些人群包括市民、消费者或潜在的员工。随后这些数据可以用于决定是否让特定人群获得某种服务（比如信用额度和医疗保险）、职业，甚至公民身份。

鉴于数据收集的这种潜力，公众很有必要了解这一新闻，以便更好地了解在网络上分享信息将会如何暴露自己的隐私。这样，我们便能决定如何或者是否上网。

88

BIG DATA AND BETTER GOVERNMENT

大数据与更好的政府

玛格利特·利瓦伊（Margaret Levi）

华盛顿大学教授，斯坦福大学行为科学高级研究中心主任；与约翰·阿尔奎斯特（John S. Ahlquist）合著有《为了他人的利益》（*In the Interest of Others*）。

从数据收集的角度来说，大数据为商业、政府和社会科学家带来了前所未有的机遇。借助适合的分析工具（这些正以指数级的速度得到改进），大数据将会改变我们理解世界和解决问题的方法。美国和其他国家的政府将大数据作为判定最佳决策的依据，大学研究项目正在研发合适的分析工具。而全世界的许多非营利性组织正在通过技术将数据和市民连接起来，以改进政府项目和服务。

科学手段可以被有效地应用于制定公共政策。然而，政策的主要制定者之间存在重大分歧，他们中的一部分人想要基于数据制定公共政策，而另一部分人则致力于让市民抱怨不健全的公共服务，以获得他们想要的服务。一些政策制定者注重科学基础，而另一些更注重话语权。

基于数据制定政策已成为某些圈子的口头禅，而且人们的关注点越来越多地聚集在对政策的评估以及事先制定好的政策上。随机化实验促使政策制定者以科学的严谨态度评估用以提高幸福指数的措施，并在世界范围内获得普及。不过，这并不是唯一可行的方法。从科学分析的角度来说，大数据具有同等重要的作用，尤其当人群和团体的随机化不受欢迎、不可行、不道德、不充分，或以上皆是时。当确定医院应该配备何种设施或者选择军事基地和学校的位置时，政治上的考量往往胜过随机化。即便在政治化的情况下，基于观测数据的因果推理技术能使我们了解不同政策在何种条件下才可行。实际上，近些年基于观测数据的科学推论取得了激动人心的进展。

同时，有一部分政策制定者正在加速适应并改进服务于公众的技术、数据平台和分析工具。现在，居民可以通过手机拍照、短信与电子邮件的方式向政府反馈问题和要求提供服务。这也是一种对选举、服务和官僚进行监督的重要手段。居民通过手边的电子设备上报泄漏的燃气管道和水管，上传路面上的坑洞和废弃的房屋的照片，以及指控腐败的官员，这些举措都能显著地提高政府的响应力。在部分地区，有些非营利性机构在这方面已经取得了很大的进展，比如美国的美国代码公司（Code for America）、印度的电子政府基金会（eGovernments Foundation），以及收集数据来展示政府实际运行方式的大学科研团队。后者最近还取得了一项重大成果，那就是发现并纠正了加利福尼亚食品券分配和使用不当的问题。

收集所有人的数据确实会对个人隐私造成威胁，而且这些数据有可能会被滥用。人们正在运用科学和工程技术改变这一现象，以保护个人数据。此外，政府必须让公众相信，在使用数据这件事情上，它们是值得信任的。这一问题的关键在于政府要做出可靠的承诺。这样的政府会对政策进行科学分析，并充分运用科学技术来制定可靠的政策。

89

THIS IS THE SCIENCE-NEWS ESSAY YOU WANT TO READ

这是一条合你胃口的科学新闻

马蒂·赫斯特（Marti Hearst）

计算机科学家，加州大学伯克利分校教授；著有《搜索用户界面》（*Search User Interfaces*）。

在破解越来越困扰现代社会的难题这一点上，科学家和工程师不断取得进展。20 世纪 90 年代至 21 世纪头 10 年进行的一项著名研究表明，当面临的选择太多时，人们经常不做出任何选择。而为了应对这一问题，科学研究和商业上的努力则焦聚于挖掘行为“大数据”。

现在的智能系统在人们需要某种东西之前就能预测到这一点。因此，不同于以往在网站上提供导航选项，并强迫消费者从中进行选择，如今“聪明”的应用程序只简单地显示对用户真正有用的两三个选择。此外，不同于以往浏览权威媒体提供的新闻，现在新闻程序只向读者提供他们真正感兴趣的个性化内容，所以他们不再需要思考应该如何跟上时代的节奏。比如，当你坐下来时，眼前的屏幕上出现只有你此刻想看的电影或者视频，你甚至不需要做任何思考，而且你的投票选择已经按照自己最喜欢的色彩样式排列好。

以上所说的智能系统并不限于阅读，像度假这类计划现在也能通过智能系统安排。在过去，你绝对想不到自己所梦想的目的地是堪萨斯州的一个小镇，而现在，这个小镇的确有可能成为首选，你和自己爱的人会在那里度过最美好的时光。只有这样，智能系统才不会使在夏威夷考艾岛（Kauai）度假的人感到拥挤。

因此，我认为科学新闻什么都好，除了反对科学的赫胥黎[1]抗议者们持有的相反看法。不过，这种信息不会出现在你想读的新闻里。你想读的科学新闻基于这些因素：你最近读过的文章、最近的一些想法、摄入的食物，以及工作情况。

这就是我想写的科学新闻。温馨提示：在阅读本文过程中形成的相反想法将会被报道出来。

此处是指托马斯·亨利·赫胥黎（1825—1895），英国博物学家、教育家。他不仅是捍卫科学真理的斗士，也是一位充满才情、具有极高文学禀赋的科学家。他因捍卫达尔文的进化论而获得“达尔文的坚定追随者”之称。——译者注

90

THOSE ANNOYING ADS? THE HARBINGER OF GOOD THINGS TO COME

那些烦人的广告？预示着美好未来的到来

罗杰·尚克（Roger Schank）

认知心理学家，苏格拉底艺术公司（Socratic Arts）和在线体验式教学（XTOL）创始人，非营利性机构教育引擎（Engines for Education）执行董事；著有《教育的愤怒》（*Education Outrage*）。

与我们未来的生活密切相关的重要新闻源自技术的发展，实际上，它们并不仅仅是新闻，而且非常烦人。我这里所说的新闻就是，当你上网处理一些任务时总会有广告弹出。

这些烦人的广告总是出现在新闻中。那么，这就带来了一个有趣的问题：它们为什么会成为好事呢？

首先，我们讨论一下为什么会出现这种烦人的广告。你之所以能看到广告，是因为你在互联网上浏览了某些信息。曾有一段时间，我经常会看到在线护理学校的广告，因为我曾浏览过一家在线护理学校的信息，以搞清楚它是做什么的。实际上，我的兴趣是在线教育，而非护理。如果计算机能了解你的兴趣，那么你的屏幕上就会出现目标广告。如果你浏览了手提箱，很快就会收到手提箱的广告。这种推荐虽然看起来很机械，并且很烦人，但某些时候还是有效的，所以会一直持续下去。

我们正处于广告的关键词阶段。我们曾被告知，IBM 的沃森（Watson）

正在进行深度学习，这一过程就是基于科学。不要被骗了，这背后全都是关键词搜索，没有科学。定向广告都基于关键字，你在网络上输入的所有内容都会被记录。因此，这其中没有科学。

那么什么是好的新闻呢？

我们的行为被记录也许并不算一件坏事。比如，地图应用程序可以定位我们的位置，或者帮助我们找到目的地，这就是有利于我们的好事。许多人都喜欢交友网站，因为它们能告诉你附近都有谁，或者哪些人你会感兴趣。不过，这其中并不涉及科学，真正涉及科学的是：交友网站能推断出你可能喜欢谁，并告诉你们之间的共同点。这一点很容易实现，只需一台像你的朋友一样了解你和你的上网习惯的计算机。

我们继续推进这种想法，设想这样一个场景，你正尝试维修的某种设备知道你在做什么，并且能够提供帮助。这种场景也许并不稀奇。再设想一下，比如你正在做饭，食谱知道你在做什么，也知道你有什么作料和厨具，并且能够帮你做，还能根据需要修改食谱，而且，如果食谱发现你的做法有错误，还能提供帮助。若想实现这一场景，只需一个关于你的目标模型、一些令你感兴趣的东西，也许还需要用到一些物理学知识。

我们进一步完善这种关于智能机器的想法。请想象这样一个场景，当你驾驶着车辆经过某家餐厅时，坐在旁边的朋友可能会说："唉，这不是你很喜欢的那家餐厅吗？为什么不进去吃点儿？"这属于烦人的广告还是有用的建议呢？我认为，关键在于当时的情景以及提出这个建议的是谁。

接下来，我们讨论一些更严肃的话题。我曾患有胃病，并将此事告诉了妻子。她建议我服用曾经服用过的一种药，说这种药可能有效。假设提供建议的不是我妻子而是一台计算机，那么这算不算广告呢？然而，这是不是广告很重要吗？关键在于我们能否实现这种精准的推荐。答案是肯定的，因为人工智能技术可以根据人们的需求轻易地实现建模。然而，我们目前还忙于与关键词打交道。

假设我真的生病了，我可能更疑心自己是否得了心脏病。接下来，我会去看急诊，或者上网搜索心脏病的症状。也有可能，我会给认识的医生打电话。将来，也许只需点击一下鼠标，最好、最聪明的心脏病专家就能帮助我们解决一切问题，并时刻准备着回答患者的问题，以及提供建议，也许还能根据患者的情况讲述一些小故事。这有可能实现吗？若想实现这一点，需要将故事按照人类的方式进行分类，并且可以设计出能够进行这种操作的程序。然而不幸的是，目前这类人工智能的商业运用还没有实际的计划。

人工智能在广告定位方面具有巨大的发展潜力，这并不是因为它可以分析关键词或者进行深度学习，而是因为它们可以根据情景建模，并将人们所描述的场景与之匹配。你可以设想一下，假设存在一个拥有数十万个专家的视频数据库，情况会如何呢？你可能会困惑：“我该如何在所有数据中进行搜索呢？”你之所以会提出这一问题，是因为搜索已经是一项很普通的日常活动，而且我们越来越相信搜索。同时，所有支持人工智能的人都肯定关键词的作用。

不过，关键词并不是产生这种突破的原因。在很多时候，我们需要在大量信息中进行搜索，而且搜索到的信息经常并不是所需要的。实际上，这不是搜索的问题，而是一个类似于“在合适的时间向合适的人推荐合适的广告”的问题，是一个让计算机对你所做的和你的计划进行建模的问题，并对两者进行匹配以提供可能的帮助。

因此，不要总觉得广告很烦人，它们也许预示着一个激动人心的时代的到来。将它们看作一位聪明并时刻准备提供帮助的朋友吧，只是目前这位朋友非常机械且烦人。用不了多久，你的这位“广告”朋友会变得更聪明，而且这样的朋友还会越来越多。虽然智能机器可以选出最好的建议，但它们有别于真实生活中的朋友。它们可以是最好的、最聪明的、预先录制好的、不需要花太多力气去寻找且及时的。关于广告，我们已经掌握了足够多的科学知识。也许，我们很快就会厌倦人工智能在广告方面的应用，而进行一些更有意义的人工智能研究。

91

BIOLOGY VERSUS CHOICE

生物学与选择

塔莉亚·惠特利（Thalia Wheatley）

心理学家，达特茅斯学院教授。

很少有神经科学方面的单一发现能保持很长一段时间的新闻热度。然而，总体来看，这些有可能促使出现最伟大、还在发展中的新闻故事：人类的思想和行为是生物过程的产物。机器内没有幽灵，这一观点已被广泛接受。

人们内心的天平正在从古老的直觉向生物学上的认可转变，生物学虽然有其固有的局限性，但也具有不可限量的前景。

每一年，神经科学研究都会发现与呈现某种心理特性或倾向相关的大脑行为，这些心理特性包括心理变态、无私、外向以及责任心。研究人员发现：对大脑区域进行电击会让患者产生强烈的动机，疾病会扰乱患者的道德准则或者产生幻觉；而环境因素（包括摄入的食物和所看到的东西）是产生神经交互活动的根源，而且影响着神经活动的形成。实际上，是神经活动将我们所有的想法、感受和活动具象化。最终，我们发现“机器中的幽灵”原来就是原生生物系统。

然而，让人们相信性取向不是一种选择是一回事，而让人们相信将生物学与选择相互对立起来毫无意义完全是另一回事。除了已经了解的生物系统，还有谁在做“选择”呢？选择是否服药属于生物学的范畴，就如同疾病需要药物来治疗。选择只不过是我们尚未理解的生物过程的一种简单的指代。当我们就这一话题进行交流时［当提到选择时会像四体液学说（four humors）一样占据同样的修辞空间］，将会认识到公共政策应当与对思维的科学理解保持一致。

92

HOW TO BE BAD TOGETHER

如何一起变坏

格洛丽亚·奥里吉（Gloria Origgi）

哲学家，法国国家科学研究中心（CNRS）终身高级研究员；著有《什么是信任？》（*Qu'est-ce que la confiance?*）。

当我看到西蒙·盖赫（Simon Gächter）和贝内迪克特·赫尔曼（Benedikt Herrmann）在英国皇家学会《哲学学报》上发表的引人关注的文章《互惠、文化和人类合作》（*Reciprocity, culture and human cooperation*）时，我的感受可以用两个词来形容：出乎意料、兴趣盎然。

两位作者解决了社会科学中的一个经典问题，那就是公共资源的悲剧问题，或者说个人利益和集体利益在公共资源上存在的矛盾。这是当代行为经济学和进化社会生物学领域面临的一大难题，这一难题一般通过关于合作、信任和利他性惩罚的经典实验来解决。大量文献表明，直接互惠和间接互惠是促进人类之间进行合作的重要方法。人类经常通过"利他性惩罚"的方式来保持合作，换句话说，人类愿意在不接受任何回报的情况下支付报酬，以惩罚那些不合作的人，从而促进社会行为。然而，盖赫和赫尔曼在这篇文章中表明，在某些文化中，当人们参与合作时，比如"公共物品博弈"，受到惩罚的是合作的人，而非搭便车的人。

在一些社会，人们更愿意表现出反社会倾向，而且这些人会采取行动引导他人也参与其中。这意味着社会中的合作不都是为了利益，反社会群体就是例证。这类人根本不关心公共利益，而更愿意维护符合他们口味的现状，即使这种现状的结果是走向平庸。

对于生活在意大利这个只要行为表现良好便能获得社会和法律的认可的国家的人而言，这个发现令人振奋。也许，合作并不是人类天生的美德。在很多时候，我们更愿意与那些可以分享各自的隐私和弱点的人在一起，并回避那些亲社会、无私的人。也许，生活在没有同理心的圈子里是很正常的；也许，集体向恶的合作和集体向善的合作一样广泛。

93

PSYCHOLOGY'S CRISIS

心理学领域面临的危机

埃伦·温纳（Ellen Winner）

心理学家，波士顿学院教授。

心理学领域正面临着一项挑战：许多研究无法再重现。《科学》杂志最近公布了100项重复研究的实验结果，最终结果难以令人重拾信心。平均效应值大幅下降，虽然97%的原始论文报道了其p值（p value）具有较高的显著性，但只有36%被重复进行的实验可以得出原先的结果。

其他科学领域同样存在之前的研究结果难以重现的问题。我们知道，许多无法重现的研究之所以会在第一时间发表，是因为发表文章能使研究者获得终身职位和奖励，减少巨大的教学压力。还有部分原因在于，期刊上发表的文章更偏向于违反直觉的发现，而非那些普通的现象。然而，值得注意的是，相比于纵向描述性研究（比如，对孩子2岁时的语言变化的研究）和定性研究（比如要求人们反思并解释他们和其他人的互动的研究），一次性的启动研究更容易成功。

为了减少这类反常发现的发表，期刊正在改变策略，不再接受样本数量少、p值在0.05以下的单一研究。不过，这仅仅是第一步。这一策略将会降低研究人员论文的发表量。此外，大学必须改变聘请、终身职位评审和奖励的规则，资助机构和评奖机构也需要做出改变。我们不能简单地根据论文的发表量和引用数来评价一位研究者及其发现，而应该以质量为准则。不过，这样的改变需要时间。

如果真能做出上述改变，那将会带来非常有益的结果。心理学领域的发现将更具真实性，而非沦为传闻。这将会让这一领域重拾声誉，更重要的是，能够促进我们对人类本性的理解。

94

THE TRUTHINESS OF SCIENTIFIC RESEARCH

科学研究的真相

朱迪丝·哈里斯（Judith Rich Harris）

独立调查员，理论家；著有《教育的迷思》（*The Nurture Assumption*）。

科学研究这个话题本身并无新意。关于历史上著名的科学家，比如牛顿、开普勒和孟德尔等人，几十年来一直存在着这样的传闻：他们的研究结果太完美了，不可能是真的，肯定伪造了数据，或者至少做了美化。尽管如此，牛顿、开普勒和孟德尔仍然位列科学名人堂。当人们听到这些传闻时，一般的反应只是耸耸肩。那又如何呢？他们是对的，不是吗？

我认为，真正算得上新闻的是，现在人人似乎都在做研究，但并不是每个人都是对的。根据统计学家约翰·约安尼迪斯（John Ioannidis）所说，事实上，在大多数情况下，他们都是错的。2005 年，约安尼迪斯在一本医学期刊上发表了一篇名为《为什么大部分已发表的研究结果都是假的》（*Why Most Published Research Findings Are False*）的文章。这篇文章一开始并未得到医学界以外读者的关注，而且医学研究人员也并未因此而变得寝食难安。

随后，在我所从事的心理学领域，人们开始提出同样的疑问。2011 年，《心理科学》（*Psychological Science*）杂志刊登了一篇名为《假阳性心理学》（*False-positive Psychology*）的文章。2012 年，该杂志又刊登了一篇关于“可疑研究实践的盛行”的文章。一项针对 2 000 多名心理学家的匿名调查显示：

53% 的人没有报告其研究所采用的所有方法及其具体细节；38% 的人在发现有些数据可能会影响研究结果后，将其排除在外；16% 的人在得到想要的结果后，提前停止采集数据。

心理学领域遭受的最后一击发生在 2015 年 8 月。这一新闻最早出自《科学》杂志，然后通过《纽约时报》传播到了全世界，它还有一个带有戏谑性的标题《心理学家欢迎大家对其工作的存疑之处进行分析》（Psychologists Welcome Analysis Casting Doubt on Their Work）。这篇报道更加真实地描述了心理学面临的现状。文章以“心理学领域遭受了毁灭性的打击”作为开头，接着写道：“新的分析发现，在三家顶级心理学期刊发表的研究结果中，仅有 36% 能严格地按照原来的实验过程重现其结果。”平均而言，可以重现的实验结果仅占所有已发表的研究结果的一半。

为什么心理学和医学研究领域会存在如此严重的问题？我们如何做才能让研究重回正道？

我认为，有两个原因可以解释为何真实的研究减少了，而自以为是的研究增多了。第一，研究不再是一些人出于好奇而做的有意思的事情，而是变成了人们为了谋求在学术界的发展而不得不做的事情。无论这些人是否擅长研究，每隔几个月他们都必须发表文章，否则会影响其职业生涯。发表文章的回报变得比其他任何事情（比如教学）都重要。出于这种原因进行研究是不对的，因为研究者不是为了满足好奇心，而是为了满足野心。在已发表的大量论文中，大部分论文的内容是无用且无聊的，甚至是错误的。解决这一问题的办法是，不要再将论文的发表量作为确定回报的依据。顶尖大学的相关委员会肯定能找到其他的评估依据。

第二个原因来自研究论文的审核。大部分杂志会将收到的论文交给评估人员进行评估。评估人员是来自同一领域的专家，他们不能从中获取酬劳，并且要认真地审阅手稿，对结果的重要性、过程的合理性做出判断，而且在整个过程中，他们完全不能考虑这篇论文的发表会对自己的研究产生何种影响。随着研究变得越来越专业，数据分析变得越来越复杂，这件原本就很艰难的评估工作变得更加艰难了。我认为这项工作应该由权威的专家来完成，并且要给他们提供报酬。也许，这可以为学术界的一些人提供一个可供选择的岗位，这些人不是特别喜欢做研究，但热衷于从他人的研究中找缺点。

伍迪·艾伦导演的电影《傻瓜大闹科学城》(*Sleeper*) 中有这样一个片段：在距今 200 年后的未来，有位科学家解释说："过去，人们认为小麦胚芽是健康的，而牛排、奶油馅饼和热巧克力不健康，这与我们现在认为的正好相反。"这是一个很有趣的玩笑。不好的科学给了科学坏名声。实际上，小麦胚芽对人类的健康而言是好还是坏并不重要，重要的是，人们是相信科学研究，还是相信对其的嘲弄，这对地球和人类的未来至关重要。

95

BLINDED BY DATA

被数据蒙蔽的双眼

加里·克莱因（Gary Klein）

心理学家，宏观认知有限责任公司（MacroCognition）高级科学家；著有《洞察力的秘密》（*Seeing What Others Don't*）。

2015 年 10 月 23 日，《科学》杂志刊发了一篇关于一些印度孩子的正面文章，其讲述了这些孩子接受白内障手术，并重见光明的故事。从表面上来看，这则新闻并没有什么特别的地方，因为对我们来说，接受白内障手术是一件稀松平常的事情。然而，事实并没有这么简单。

这些印度孩子一生下来就患有白内障，视力一直不清晰。当这一疾病被诊断出来时，当地的医生告诉父母（他们都来自偏远贫困地区和没有接受过教育的家庭），这些孩子已过了视力的关键形成时期，现在治疗已晚。不过，幸运的是，印度眼科专家成功地为一名十多岁的印度孩子做了白内障手术。现在，数百名患有白内障的孩子恢复了视力。一名 22 岁的年轻人在 4 年前接受了白内障手术之后，可以骑自行车穿过热闹的集市。

“视力的关键形成时期”这一概念来自戴维·胡贝尔（David Hubel）和托尔斯滕·维泽尔（Torsten Wiesel）在猫和猴子身上所做的研究。该研究表明，在动物的某个关键成长期，如果它们的视力缺失视觉信号，视力将会终身有缺陷。对于人类而言，这一关键时期原本被认为到小孩 8 周岁为止（出于道德层面的原因，没有研究者通过人体研究进行对比）。胡贝尔和维泽尔因为这项研究获得了 1981 年的诺贝尔医学奖。从此以后，全世界的医生都不再为超过 8 岁的孩子做白内障手术。然而，这个数据虽然很明确，却是错误的。印度孩子所的白内障手术表明，关键时期的数据是错误的。

从这个角度而言，表面上“正面”的新闻实则是“负面”新闻。因为这意味着，有许多超过 8 岁的孩子被拒绝做白内障手术，这些孩子仅仅因为医生过度迷信错误的数据而终身失明。

2015 年的另一则新闻也体现出了人们对数据的过度迷信。布赖恩·诺塞克（Brian Nosek）和一个研究团队试图重复于 2008 年进行的 100 个引发关注的心理学实验，并在 2015 年 8 月 28 日将最终的实验结果发表在《科学》杂志上。在所有被重复的实验中，有大约 1/3 的原有实验能重现原先的结果。即便如此，可以重现的实验结果比原有实验所公布的结果要少得多。

其他领域也出现了类似的问题。几年前，《自然》杂志的一篇文章揭露：大部分关于癌症的研究结果无法被重现。2015 年 10 月，《自然》杂志专门出了一期特刊来讨论如何降低不可重复的研究的数量。许多人也开始考虑如何降低不可信的数据出现的概率。

我认为这一举措是错误的。这是基础偏见（bedrock bias）的例证，它表达了对可以作为推论基础的可靠证据的渴望。

科学家愿意在第一类错误（没有发现存在的结果——假阴性）和第二类错误（发现并不是真正存在的结果——假阳性）之间进行权衡。实际上，当你致力于减少第一类错误时，第二类错误可能会增加，从而错过某些发现。因此，我们可以将所需的显著性要求从 0.05 降至 0.01，甚至 0.001，以降低出现假阳性的概率。然而，这样一来，假阴性出现的概率便会大幅上升。

基础偏见促使我们竭尽全力地消除假阳性，但这样做进度会很缓慢。我认为有一个更好的方法，那就是放弃对确定性的追求，并意识到任何数据都有可能存在错误。毕竟，怀疑主义是科学事业的支柱。

这让我想起了与一位研究者的一次谈话。他坚持认为，我们不能相信直觉，而应该相信数据。我虽然同意永远都不能相信直觉（应该体会直觉，并做出判断），但不同意应该相信数据。如上所述，有太多这样的例子证明，数据会蒙蔽人们的双眼。

我们需要具备的能力是，在不确定相关数据的有效性的情况下利用它们。我们应该能在模棱两可和不确定的情况下得出结论，做出推测。为了做到这一点，我们必须克服基础偏见，将自身从对所信任的数据的预期中解放出来。

我的意思并不是说，研究中出现错误是合理的——想想因过度相信数据而导致终身失明的印度孩子的遭遇吧。我想表达的是，我们不应该忽视数据存在错误的可能性。印度眼科专家对视力恢复案例做出了反思，并探讨了在错过关键时期后进行白内障手术可能带来的好处。

关于启发法与偏见（heuristics-and-biases）的研究使我们对启发法和直觉的局限有了深刻了解。科学家还需要努力让人们认识到数据的局限性，比如开展研究，以向人们表明如果过于信任数据，会产生严重后果。这项研究还分析出了出现基础偏见的潜在原因，以及防止偏见的方法。有一些认知科学家已经在研究处理模糊数据的难度。然而，我认为科学家还需要做更多，也就是更大规模的合作性研究。

这样的研究也许能在科学界之外产生深刻的影响。我们正生活在大数据时代，量化投资者正在接管华尔街，所有的决策制定都基于数据。在一个越来越以数据为中心的世界，学会如何处理不完美的数据，也许具有重要意义。

96

THE EPISTEMIC TRAINWRECK OF SOFT-SIDE PSYCHOLOGY

来自软心理学的认知崩溃

菲利普·泰洛克（Philip Tetlock）

心理学家，政治学家，宾夕法尼亚大学教授；与丹·加德纳（Dan Gardner）合著《超预测》（*Superforecasting*）。

35 年前，我还是加州大学伯克利分校的一名助理教授，当时从事硬心理学研究的一位脾气不太好的资深同事告诫我说，我在浪费自己的科学天赋。我从事的是软心理学研究，这一领域的目标虽然是好的，但还不够成熟。软心理学从业者想要帮助他人，却不知从何处着手。

现在，我的脾气也变得不太好了。最近关于许多软科学研究结果无法被重现的新闻表明，我那多疑的同事比我原以为的要知道得多。关于软科学的大新闻是，许多研究没有接受严密的审查，具体的比例很难估计，我猜测至少占 25%，也有可能高达 50% 。这实在有些令人不安。科学史学家认为，这是可以避免的。社会心理学和一些交叉学科等领域正在说服研究者不要再将 $p < .05$ 的显著性水平线作为原始发现依据，这减少了可重复性评估和确定边界条件等烦琐的工作。正如杜瓦蒂（Duarte）等人在《行为与脑科学》（*Behavioral and Brain Sciences*）杂志上发表的文章《政治多样性将改善社会心理学》（*Political Diversity Will Improve Social Psychological Science*）中提到的，这一领域不断增长的政治同质性会有选择地激励违反直觉的发现的涌现。这会让公众意识到，社会秩序是多么不公平。事实证明，这种组合带来的后果十分可怕。

实际上，在我们培养令聪明的局外人感到惊讶的能力的过程中，也帮助了那些长时间处于低迷状态的人。软科学从业者忘记了罗伯特·默顿（Robert Merton）于1942年提出的关于成功的社会科学的标准：共享性、普遍性、公正性、独创性和怀疑的态度。这一标准让我们远离诸如斯大林遗传学（Stalinist genetics）和雅利安物理学（Aryan physics）等荒谬的理论。通往科学的路上铺满了政治意图，一些是善意的，而一些是邪恶的。如果我们将科学视为纯粹的认知游戏，将具有同样的腐蚀性。当我们用教条式的保护取代对真相的追求时，得到的便是受政治或者宗教污染的知识。默顿式的科学强调修道院式的纪律，甚至禁止与理论家产生任何联系。

那些正在进入这一领域的人应该将对软科学的认知崩溃视为一座金矿，我们这一代人的错误是他们这代人的机会。由硅谷驱动的软科学为我们提供了在数据采集、共享和解释方面运用默顿规范的方法。现在，我们可以通过参与开放科学合作（Open Science Collaborations）[1]项目来进行预测比赛。在这个项目中，相互对立的思想流派会对设计良好、样本数量大的研究结果进行预测，获得或失去可信度取决于严格的记录，而不是偷偷摸摸地从那些富有同情心的编辑那里获取。一旦将激励措施和规范合理地结合起来，软科学就会迅速站稳脚跟。不能让自己相信转世再生真是太可惜了。

[1] 一项关于科学家的开放合作项目，目的是提高科学价值和科学实践之间的一致性。——译者注

A SERIOUS PUBLIC DISCUSSION OF WHAT SCIENTISTS ARE DOING WRONG AND HOW THEY CAN DO BETTER WILL NOT ONLY LEAD TO BETTER SCIENCE BUT WILL HELP ADVANCE SCIENTIFIC UNDERSTANDING MORE GENERALLY.

严肃的公众讨论不仅能让科学变得更好，还能更广泛地加深大家对科学的理解，这类讨论包括科学家做错了什么，以及如何做才能做得更好。

——保罗·布卢姆，《科学本身》

97

SCIENCE ITSELF

科学本身

Paul Bloom

保罗·布卢姆

认知心理学家，发展心理学家，耶鲁大学教授；著有《善恶之源》[1]。

近期，最令人激动的科学新闻来自科学本身：用于科学研究的资金从何而来、科学家之间是如何交流的、科学发现是如何向大众传播的，以及科学是如何走向歧途的。我所从事的心理学领域成为“零号病人”，有众所周知的欺诈、无法重现的重要研究，以及人们对我们做实验和分析结果的方式的担忧。

①《善恶之源》是一本从科学的角度研究人类道德和人性本质的伟大著作。作者保罗·布卢姆将心理学、行为经济学、进化生物学和哲学的深刻思想熔为一炉，来探究我们应该如何超越先天道德的局限。本书中文简体字版已由湛庐策划，浙江人民出版社出版。——编者注

大众媒体和社交媒体对相关新闻的报道有很多需要改进的地方。心理学尤其是社会心理学遭受到了不公平的对待，很多领域也出现了类似的情况，比如关于癌症的研究。更严重的问题是，一些合理的担忧被夸大了，并且被左翼和右翼的支持者用来反驳任何不符合他们利益和意识形态的研究。

这是一项很重要的新闻，我们可以从中学到很多有用的东西。对于普通人来说，具备一定的科学素养十分重要，这不仅限于熟知某些理论和发现。此外，我们应该理解科学的运转方式，以及科学与其他人类活动的区别，尤其是宗教。

严肃的公众讨论不仅能让科学变得更好，还能更广泛地加深大家对科学的理解，这类讨论包括科学家做错了什么，以及如何才能做得更好。

98

A COMPELLING EXPLANATION FOR SCIENTIFIC MISCONDUCT

科学不端行为日益严重的原因

利奥·夏卢帕（Leo Chalupa）

神经生物学家，乔治华盛顿大学副校长。

2015 年涌现出了许多值得注意的科学发现，其中我最喜欢的一项发现是，跑步能促进老年人大脑产生新神经元。这一发现让我重新回到了跑步机上。我认为，科学新闻不是某一个具体的事件。在过去的几年里，科学界出现了两个令我感到震惊的趋势，但它们的重要性都没有引起新闻媒体的关注，即便从事相关科学研究的人员都知道。

第一个趋势是关于研究结果的，无法重现原有实验结果的现象频繁出现，而且还在不断增多。出现这一现象的原因有很多。某些个例显示，重复特定实验所必需的关键信息不小心被忽略了（有时是故意的）。大部分这种现象是由于工作不够严谨导致的，比如不完善的实验设计、不合适的统计分析以及不得力的控制。

第二个趋势是，有证据表明，科学欺诈现象越来越多。2015 年，新闻媒体揭露了一些轰动性的欺诈事件。比如，在过去的 10 年里，撤销、撤回和修改学术论文的现象日益严重。实际上，一些制药公司已经不再依赖已发表的研究结果，因为它们担心部分研究结果不可靠。一些人认为，所发现的科学不端行为之所以越来越多，是因为用于监测不端行为的新技术增多了，比如用于检查是否剽窃的程序。虽然技术的进步确实起到了一定的作用，但我认为，这并不足以解释为什么会出现如此多无法被重现的研究。

一种比较引人关注的解释是，这一现象是由科学界当前的激烈竞争导致的，并且这种竞争在近些年愈演愈烈。这一现象使研究资金比以前更难以获得了，即使被同行评审为“非常好”的项目也无法保证能得到资金。因此，研究者必须花费大量时间来写申请资金的提案，而通过的概率总是低于10%。与此同时，顶尖学术期刊的拒绝率大幅度提高了，而接受率常在5%左右徘徊。此外，顶尖学术期刊的编辑经常会要求附加实验，这又会使研究者花费大量的时间、经费和精力。即便这样，最终也不一定会被接受。对于科学从业者来说，从未有过这么大的压力。为了获得竞争优势，一些人通过“捏造”研究结果来走捷径，这有什么奇怪的呢？

我不认为简单地增加研究资金就可以缓解这一问题。解决这一问题需要多方面的配合。其中一个值得考虑的方案是，加大对科学欺诈行为的惩罚，比如，浪费宝贵科研资金的人应该被判刑入狱。当前的情况是，那些被捕的人往往能毫发无损地逃避惩罚。由于大学任职体制的特点，部分人会得到一笔可观的离职补偿金。我们必须扭转这一趋势，以改善科研机构的生存现状。

99

SUB-PRIME SCIENCE

次级科学

尼古拉斯·汉弗莱（Nicholas Humphrey）

心智哲学家，心理学家，伦敦经济学院荣誉退休教授，伦敦新人文学院（New College of the Humanities）哲学客座教授，剑桥大学达尔文学院高级成员；著有《灵魂之尘》（*Soul Dust*）。

2015 年 8 月，布赖恩·诺塞克（Brian Nosek）联合开放科学合作项目的团队在《科学》杂志上发表了一份报告。这份报告论述了科学研究的可重复性问题，这些研究结果曾被发表在一些顶尖心理学杂志上。一个研究团队运用高性能的设计和原始资料，对 100 项实验性研究进行了重复，但仅有 36% 的研究结果能够被重现。以下这些研究结果无法被重现：

- 当人们读到“告知他们的行为是确定的”相关文章时，会变得缺乏自由意志和更容易撒谎。
- 人们在刚洗完手时不会做出过于严格的道德判断。
- 在排卵期，有伴侣的女性更容易被单身男性吸引。

这一特殊的发现虽然不会改变整个游戏规则，但至少被许多人知晓和讨论，包括我在内。

为什么最初的研究结果这么不可靠呢？虽然部分研究可能是无意的，但多数研究之所以会出现这种情况，只是因为太过于草率和急于发表，或是明目张胆的欺骗行为。令人担忧的是，原来的研究越具有新闻价值，则越有可能无法被重现。业内人士将这种现象比作火车出轨。

约翰·布罗克曼喜欢引用斯图尔特·布兰德（Stewart Brand）所说的一句话："科学是唯一的新闻。然而，当我们阅读报纸或者杂志时就会发现，大家仍旧只关注八卦，这些只不过是关于新奇的可悲幻觉。虽然人类本身没有太多改变，但科学的发展却日新月异。"不过，值得注意的是，科学和新闻的区别从来不像布兰德想象的那样明确。

事实上，科学本身总是受到人类利益的影响，比如个人恩怨、政治和宗教偏见、对宠物的顽固看法，这些因素在过去甚至导致一些伟大的科学家篡改实验数据，曲解理论。令人感到庆幸的是，科学知识的主体仍然得到了延续和发展，没有受到人类的这些不理智行为的影响。总体来看，科学家都遵守了规则。

然而，我们绝不能自满。职业文化是不断变化的。在许多领域，不仅限于心理学，科学都只能说是一种职业，而非一项崇高的事业，是一种谋生手段，而非真理的殿堂。次级科学杂志正在蓬勃发展，科学研究的奖金也在不断提高。银行家已令我们蒙羞，但愿科学不要成为下一个。

100

THE INFANCY OF META-SCIENCE

元科学的萌芽

乔纳森·斯库勒（Jonathan Schooler）

心理学家，加州大学圣巴巴拉分校心理学与脑科学系教授。

科学的一个关键特征是，它能在新发现的基础上不断发展。从历史上来看，技术能力、定量过程和科学认知方式等方面发生的变化，大大改善了科学的调查研究方法，不过，进一步改进的压力正逐步增加。研究人员经常会发现这样一种现象，医学、心理学、基因学和生物学等领域的许多科学研究结果无法被重现，这不仅让他们产生怀疑，更使我们对已公布的研究结果产生怀疑，不得不进行重新评估。

为了解决科学自身的局限性，出现了一门新兴的学科，它就是元科学（meta-science），即科学的科学。这一学科试图采用可量化的科学方法，向我们展示当前的科学实践是如何影响真实的科学结论的。这种方法已被许多科学领域采纳，包括医学、生物学和心理学。相关研究人员正在试图搞清楚为什么很多原始的实验性研究都无法被完全重复。元科学的本质是科学的哲学，以及对科学方法的研究。其与前者的区别在于，元科学依靠的是定量分析，而与后者的区别是，元科学广泛关注造成科学调查的局限性和取得成功的普遍因素。

最近，布赖恩·诺塞克联合开放科学合作项目的团队在《科学》杂志上发表了一份关于元科学的研究报告。该报告揭示了这样一种现象：某个研究团队从三家顶尖心理学期刊上随机选择了100项实验性研究，对其进行了重复，结果仅有不到一半的研究能达到原有研究所公布的显著性水平。这一研究值得引起关注，因为它不仅将关注点引向所有出现这种现象的科学，还引向了科学研究过程本身。基于这一点，这项研究首次体现了元科学的重要性。

尽管我对这一研究所体现的元科学的目标很感兴趣，但也同样担心这一研究的设计和完成过程所存在的局限性可能会导致人们对心理学的健康发展产生误解，做出悲观的评价。科学研究的可靠性变低的原因可能有很多，包括技能上的差别、参与重复研究的科学家的动机、统计能力上的局限性，以及原始实验的保真度（fidelity），这个可能是最重要的。虽然诺塞克和开放科学合作项目的团队试图让原来的实验研究团队监督整个重复过程，但许多被重复的科学研究并没有得到原来研究团队的认可。而这又反过来导致了对这一研究的低评估。

即使采用原来研究团队认可的实验过程，可能同样存在保真度偏低的问题。比如，一项广为人知的科学研究就重复失败了。这项研究曾得出这样的结论：接触到反自由意志信息的人会变得更容易撒谎。我对这项研究非常熟悉（也许是想为其辩护），因为我是原始研究报告的共同作者之一。虽然我们在重复协议上签了字，但后来发现，该研究的重复过程遗漏了一个十分重要的小细节。在最初的研究中，反自由意志的信息被界定为另一项完全不同的研究的一部分，但在重复研究中并非这样。最近我们发现，当反自由意志的信息作为同一研究的一部分被引入时，人们改变关于自由意志的信仰的可能性便会降低。如果人们发现自己是被强迫改变主意的，便不再愿意改变他们对这一重要问题的看法。在这种背景下，在所重复的研究中，反自由意志的信息一开始未能显著地改变实验参与者关于自由意志的信仰，这一点非常重要。因此，很难推断出他们会变得更容易撒谎的结论。我怀疑大部分科学研究之所以重复失败，可能就是因为遗漏了类似的重要小细节。

随着元科学的不断发展，相关技术的改进至关重要，因为它们有助于我们理解原始实验和重复实验的差异是如何导致重复实验结果不准确的。提高原始实验的透明度，比如采用详细的预登记（pre-registration）方法，能够让参与重复研究的团队更好地理解原始研究实现的方式。同样，找到能够评估重复实验保真度的方法也很重要。

元科学接下来的发展方向是，进行后续的重复实验，系统地研究新假设在不同实验室中被反复测试的效果。这种方法有利于克服在选择重复哪些已发表的实验时的固有偏见，还有助于阐明各种可能会影响科学研究的可重复性的因素，包括样本、实验投入和保真度的变化。

随着元科学的理念被广泛接受，科研人员将会意识到，单一的实验无法有效证明某种现象的存在，同样，单一的重复实验的失败也无法证明某种现象是假的。随着时间的推移，科学家可能会更愿意详细记录和（理想地）预登记所有的研究细节。他们不会将重复自己实验的行为视为对自己的怀疑，而是对研究结果的重要性的一种测试。他们将会意识到，重复其他人的实验是他们的科学责任。他们将会改进重复实验的过程，以确定实验发现的鲁棒性（robustness），以及理解边界条件和重复结果出现不符的原因。即便历史表明，我们对元科学的最初尝试非常浅显，但这一科学最终会提供对科学方法的本质的深刻见解。

101

THE AGE OF VISIBLE THOUGHT

可视化思维时代

彼得·加布里埃尔（Peter Gabriel）

创作型歌手、音乐家、人道主义活动家。

随着大脑扫描系统成本的不断下降及其分辨率的提高，再加上计算能力的不断提升，我们很快就能以新的方式实现人类思维的可视化、下载和共享。

2015 年，大脑扫描仪的价格下降至普通消费者可以承受的水平，这一点着实吸引了我。

玛丽·洛·杰普森（Mary Lou Jepsen）的研究成果让我了解了大脑读取设备的发展潜力，以及人们在持续地观看不同的视频时，大脑的活动模式能为将思维生成图像提供基本依据。2011 年，加州大学伯克利分校科学家杰克·加兰特（Jack Gallant）的实验室进行了一项开创性的研究。这项研究证明，当人们观看不同的视频时，我们可以根据功能磁共振成像扫描仪获取他们的大脑活动模式，再将其思维转换为数字图像。

随着获取的图像以及对应的大脑活动模式越来越多，个人可视化思维库中的内容将越来越丰富，而且随着数据质量的不断提高和解码算法的不断改进，思维可视化的准确度将会得到大幅度的提升。杰普森告诉我，这一目标将会在 10 年内实现，并且其价格与电子产品的价格相差无几，这将能引起普通人群的关注。复杂的技术与基于磁场的高能耗、价值数百万美元的大型

此处指原子弹之父罗伯特·奥本海默。——译者注

系统将通过光学技术取得成功，然后消费类的电子产品优势就会充分体现出来，而强大的人工智能算法将完成剩下的工作。由于具有巨大的潜在利益，这种科幻小说中描述的未来必定会实现。

因此，未来将会出现的情景是：我们的思维将跃出大脑呈现到计算机上，再到互联网上，进而到全世界。我们将进入可视化（以及可听见的）思维时代。这一技术对人类生活带来的影响将不亚于任何其他技术或进化上的进步。

人之所以为人的本质在于思维和记忆，而这一本质即将像罐头一样被打开，从沉睡中被唤醒。未来廉价的大脑扫描仪可以使我们显示自己的思维，并访问他人的思维。从事这一研究的先行者面前摆放着的是一杯令人兴奋的奥本海默[1]式的鸡尾酒，其中混杂着期待、预感、兴奋和恐惧。我们的职责是确保它们不会感到孤独和被忽视。

据报道，一家大型技术公司已经放弃了对可视化思维大脑读取技术的研究，这显然是担心潜在的负面影响和关于隐私的争议。这一系列技术的出现将会对我们的日常生活和人际交流产生重大影响，并且必然会从正反两方面改变我们的人际关系、目标、工作方式、创造力以及获取信息的方式。难以适应这种透明的生活方式的人将会感到很不自在，也许我们应该开设相关课程来引导人们变得开放、诚实和适应透明，从而能在可视化思维的海洋中畅游。

可视化思维还会带来哪些变化呢？其中的一个主要变化是，随着更短的反馈回路加速改变、时间尺度的崩溃，以及我们已经适应了的舒适的安全毯的逐渐消失，思维将越来越接近行为。在我祖父这一辈人的时代，从伦敦至纽约需要三周时间，旅途中还可能会遇到各种危险，而到了我们这一代，乘坐飞机仅需三个小时，并且旅途还很舒适。同样，将思维直接带入物质世界将会消除时间延迟带来的舒适感。比如，当我观察街上的建筑物和汽车时，看到只是思维立即变为物质，或者以物质形式存在的想法，而通过 3D 打印和机器人技术，这个过程可以在瞬间实现。

在过去的一年里，我们已经目睹了机器人可以修建桥梁和房屋。不过，这些还只是基于 3D 蓝图，很快我们就可以直接看到建筑师的思维。只需稍加调整，建筑师的最终思维就能被扫描出来，并很快组装成建筑。同样的事情还将出现在电影、音乐和其他所有涉及创造的过程中。想象与现实之间的鸿沟即将消失，我们是选择无视，还是开始建造诺亚方舟呢？洪水就要来了！

BUT IRRESPECTIVE OF HOW FULL (OR EMPTY) YOU BELIEVE THE GLASS TO BE, A POWERFUL QUESTION EMERGES: TO WHAT EXTENT WILL OUR CONCEPTIONS OF WHAT IT MEANS TO BE HUMAN CHANGE?

无论你认为杯子是空的还是满的，有一个至关重要的问题值得思考：我们应该如何理解人之所以为人的含义？

——霍华德·加德纳，《人之所以为人的含义变迁》

102

OUR CHANGING CONCEPTIONS OF WHAT IT MEANS TO BE HUMAN

人之所以为人的含义变迁

Howard Gardner

霍华德·加德纳

著名教育心理学家，哈佛大学荣誉教授；著有《多元智能新视野》[1]。

我们所处的这个时代，数字技术（硬件 / 软件）和生物学研究（基因 / 大脑）与应用获得了空前绝后的发展。我们可能认为，这些变化完全或者总体来说是正面的。作为一名悲观主义者，我能轻易地指出存在的问题。无论你认为杯子是空的还是满的，有一个至关重要的问题值得思考：我们应该如何理解人之所以为人的含义？

①《多元智能新视野》被誉为当代教育学界、心理学界的最佳指南。作者霍华德·加德纳在本书中为家长、教师和其他教育工作者带来全新的观念，以帮助更多的孩子成为有自信、有个性、有无限可能的人。本书中文简体字版已由湛庐策划，浙江人民出版社出版。——编者注

过去5 000年的历史见证了人类自身的巨大变化，在这之前的历史可能见证了更多的变化。不过，学者们普遍都认为，在最近一万年，甚至更长的时间内，人类的基本属性或者人类的基因组没有发生太大的变化。正如思想家马歇尔·麦克卢汉（Marshall McLuhan）所说，技术仅扩展了人类的感官，并没有从根本上改变它们。一旦我们开始修改人类的DNA（比如，通过CRISPR技术）或者人类的神经系统（通过医学或数字设备），人之所以为人的含义就会发生变化。一旦我们将重要决策的决定权交给数字设备，或是这些人工智能实体不再遵循我们为它们设定的程序，重新编码自身的进程，人类将丧失在这颗星球上的统治地位。

乐观的设想是，这样的变化会逐步发生，甚至难以察觉，地球将会变得更和平，生活其上的生灵会变得更快乐。不过，根据我所读到的新闻报道，以及对过去25年里发生的事情的分析，人类难以接受不再居于统治地位这一事实，更不用说变得像尼安德特人那样默默无闻了。因此，我希望在之后的新闻中能看到人类对改变自身基本属性的抵制，以及新旧生物之间的公开战争。不过，与过去不同的是，我们不会从赫胥黎、乔治·奥韦尔或安东尼·伯吉斯等小说家的作品中寻找见解，而是会倾听第三种文化成员之间的谈话。

103
COMPLETE HEAD TRANSPLANTS
完整的头颅移植

卡伊·克劳泽（Kai Krause）

软件艺术家，哲学家；著有《实时文学浏览器》（*A Realtime Literature Explorer*）。

2015年早些时候，一位从事神经科学研究的老朋友给我看了医学期刊《国际外科神经学》（*Surgical Neurology International*）上的一篇文章。初看之下，这是一篇混杂了专业术语的文章，阐述了意大利“图灵高级神经调节小组”（Turin Advanced Neuromodulation Group）提出的一种采用“纳米刀”进行“头颅吻合”（Cephalosomatic Anastomosis，简称CSA）手术的方法，所用的纳米刀由一层薄薄的氮化硅组成，具有纳米级别的锐利刀锋。

后来，我才逐渐意识到，这篇文章传达了一种十分令人震惊的信息：在希腊语中，“Kephale”表示“头颅”的意思，“Somatikos”表示“身体”，而“Anastasis”在拉丁语中表示“复活”的意思，而字母组合“CSA”表示“完整的头颅移植”。我被深深地震撼到了，真是不可思议！

将大脑与另一个身体连接的想法引发了许多猜测。许多科幻小说和B级电影中都有这样的场景。如果真是如此，我们需要考虑的问题将有很多。

在我读了这篇文章的几个月后，意大利外科医生塞尔焦·卡纳韦罗（Sergio Canavero）宣布找到了合适的头颅捐献者。这件事突然之间变得真实可靠，而且还有了具体的细节性信息：手术将在中国进行，将需要150名专业医生，手术时间将会持续36个多小时，成本将超过1 500万美元。

主流媒体对这一新闻进行了大规模的报道。很多人的反应都与这一手术涉及的伦理问题相关，并使用了以字母 F 开头的词（我所说的是科学怪人“Frankenstein”［弗兰肯斯坦］）来描述它，并对脊髓融合的科学细节展开了讨论。

在伦理道德层面，我的立场是带有偏见的。20 世纪 90 年代中期，我为了一个项目去剑桥大学拜访了霍金。此后不久，他访问了加州大学圣巴巴拉分校，我又见到了他。这两次近距离的交流给我留下了深刻的印象：最聪明的头脑被几乎完全无法正常行动的身体桎梏住，这就好比“心灵被困在身体里”，并以最极端的方式表现出来。所有目睹这一幕的人都会感受到深深的悲痛，而且实际情况比以他为主题的电影表现出来的要悲惨得多。

那么问题来了。谁会反对霍金延长自己的生命，获得正常的身体呢？难道不应该有这样的选择吗？如果医学能实现这一点，谁会不愿意让他试一下呢？从理论上来看，霍金不是手术的候选对象，因为他的头颅也受到了同种疾病的困扰。从道德层面来说，他的人生充满悲剧，令人动容。

我担忧的另一个问题是人类的傲慢，批评家将其称为“扮演上帝”。这个问题便是：捐献者来自哪里？这种医学手术只有富人才能做得起吗？现在我们来想象一下，第一例头颅移植手术的接受者将在 18 天后死亡，而后续 100 例手术中有将近 90% 的患者没有活过两年。不，这不是关于完整的头颅移植的预言。回顾一下过去 50 年所发生的事情。1967 年 12 月，南非外科医生克里斯蒂安·巴纳德（Christiaan Barnard）进行了第一例人体心脏移植手术，这在当时引发了全世界的关注。随后，他登上了全球各地的杂志封面。当时才 10 岁的我，不仅记住了这个复杂的手术，还记住了他包含两个元音“a”的名字（此处指第一名字“Christiaan”）。当时，他也遭受了同样的批评和道德层面的争议。

在早期阶段，心脏移植手术的成功率非常低，人们最初的热情开始消退。一年后，越来越多的人开始谴责这项手术。只有当引入环孢素大幅度降低免疫排斥后，心脏移植手术的成功率才开始提高。实际上，任何一项事物在进步的每一个阶段都会招致极端的批评。如同现在的头颅移植手术一样，当时的心脏移植手术也存在各种谣言，比如，“所有的囚犯都被变成了捐献者”。

令人备感不幸的是，网络上有关卡纳韦罗的视频令人感到非常不舒服。当时还出现了各种关于他的言论。比如，“世界由此将被改变”；他的科学实验被称为“天堂”和“双子座”；用挤压的香蕉代表受损的脊髓，并将其与一个被整齐切割的香蕉放在一起，以描述他的这项看上去很简单的计划。卡纳韦罗一再称这种手术为“混合意大利面”，甚至提到他的俄罗斯捐献者有“90% 的概率能获得再次行走的能力”。

《卫报》曾报道，卡纳韦罗出版了一本名为《发现女人》（*Women Uncovered*）的书，书里描述了他经实践检验的约会技巧。很显然，在头颅移植手术这件事情上，我们很难规避细节，掩盖事实，因为数百万四肢瘫痪的患者正在密切关注着重新修复脊髓的可能性。

我这里所说的并不是名人轶事。我认为，就目前而言（指 2017 年），这一手术很难实施。但 2027 年、2037 年、2047 年又将如何呢？如果回顾过去，我们就能发现复杂性的增加，不得不认为这将会成为现实。那么，这就引出一个有趣的问题：如果幻肢会带来严重的心理问题，那么整个“幻肢”将会带来什么影响呢？自我形象（self-image）是一种非常精妙的“程序”，涉及复杂的信号、流体和信使化学（messenger chemistry）[1]，怎么能在远程实现稳定的状态呢，更不用说正常状态了。

人体细胞之间的信息传导可以通过相邻细胞的直接接触实现。——译者注

巴纳德曾被问道："为什么有人会选择风险如此高的手术呢？"他回答道："对于生命濒危的人来说，移植手术不是一个很难的选择。如果有一只狮子将你追到一条有许多鳄鱼的河边，你肯定会跳入水中，并在内心说服自己有可能游至对岸。但是，如果没有狮子，你肯定不会冒这种险。"

虽然我连走进牙医的候诊室都感到害怕，但30年后，我也许会选择面对"鳄鱼"。如果霍金能活得更久一些，他应当尝试所有的治疗方法。我知道，有些人最大的愿望就是获得一颗新的大脑。因此，对于完整的头颅移植手术，我持两种观点。

104
THE EN-GENDERING OF GENIUS
天才的性别

丽贝卡·戈尔茨坦（Rebecca Goldstein）

哲学家，小说家，纽约大学客座教授；著有《谷歌时代的柏拉图》（*Plato at the Googleplex*）。

在人类历史的大部分时间里，人类系统性地浪费了自身的人力资本。原因在于，我们拒绝了半数成员的创造力潜能。20 世纪之前，很少有女性能够接受高等教育，而接受了高等教育的女性被隐去了性别。直到几十年前，性别之间的差距才明显缩小。从 1982 年开始，美国获得学士学位的女性超过了男性；从 2010 年开始，美国获得博士学位的女性超过了男性。近些年取得的这些进步也反映了我们过去对女性人力资本的极大浪费。

尽管如此，一些学术领域仍然存在性别上的差距，这些学术领域包括科学、技术、工程与数学领域（以下简称四大学术领域）。这种差距在欧洲和美国普遍存在。对于男性为什么在这四大学术领域占主导地位这个问题，人们提出了一系列解释，并就如何克服这种性别差距提出了很多建议。如果女性在这四大学术领域表现出的劣势不是因为兴趣和能力上的天生性别差异，那我们应该努力克服这种差异。这个社会存在许多理论和实践上的难题急需解决，如果我们不充分利用已有的合适人才，实在有些愚蠢。

这也是我认为安德烈·席丕安（Andrei Cimpian）和萨拉-简·莱斯

莉（Sarah-Jane Leslie）发表的一篇文章[1]所述的内容算得上一则重大新闻的原因。首先，他们搜集的数据表明，不应该通过四大学术领域或者非四大学术领域的男女比例来衡量性别差异。在美国，获得四大学术领域中有些学科（比如，神经科学与分子生物学）的博士学位的男女比例相等。同样，非四大学术领域中的有些学科，比如音乐理论及作曲（15.8%）、哲学（31.4%）与四大学术领域中的物理学（18%）、计算机科学（18.6%）以及数学（28.6%）等学科的性别差异相当。他们的研究取得的第一个令人震惊的发现是：无论从何种角度来看，并不是科学本身造成了顽固存在的性别差异。在某种程度上，这一发现本身已经改变了关于性别差异的相关推测。

简·莱斯莉和席丕安所测试的假设很罕见，并且测试过程也很困难。他们将这种假设称为“领域相关能力信仰假设”（field-specific ability belief，简称 FAB）。这一假设关注的是，在某一特定领域取得成功是否需要纯粹的天赋才能，而且这种才能无法通过学习获取，无论多少后天努力都无法取代，我们可以称之为“心灵捕手”。在 1997 年的同名电影中，马特·达蒙饰演了麻省理工学院的一名清洁工。某天深夜里，他看到了教室黑板上留下的一道数学题，于是放下拖把，毫不费力地解答出来了。

为了测试领域相关能力信仰假设，研究人员向美国顶尖大学的相关人员（教授、博士后和研究生）发出了调查问卷，以了解在具体的领域里，对天赋才能的信仰在多大程度上占据了主导地位。在一些领域里，成功更多地被看作动机与努力的

[1] 这篇文章是《科学》于 2015 年 1 月 16 日发表的《对才华的期望是跨学科性别分布的基础》（*Expectations of Brilliance Underlie Gender Distributions Across Academic Disciplines*）。

产物，而在另一些领域，拥有“心灵捕手”才能的人则更容易成功。

这项研究取得的第二个令人震惊的发现是：在某一特定的领域里，相比于其他主流假设，领域相关能力信仰假设对该领域女性所占比例的预测更为准确，其他主流假设包括特定领域中工作和生活的平衡情况，以及对系统化与共情技巧的依赖。换句话说，席丕安和简·莱斯莉的这一发现的重点在于，如果一个领域越是被认为成功仅靠智力，比如天赋，该领域内女性所占的比例就越少。领域相关能力信仰假设坚决地否定了四大学术领域和非四大学术领域这种划分。

席丕安和简·莱斯莉十分谨慎地强调，他们的发现并不意味着领域相关能力信仰假设是性别差异一直存在的唯一原因，而只是说明这种假设是有效的。在后续的研究中，他们还讨论了一些非正式的证据，以证明领域相关能力信仰假设的合理性。这些证据包括流行文化中虚构的男性天才（从夏洛克·福尔摩斯到豪斯医生，再到心灵捕手）与女性天才数量的比例。天才几乎全都是男性。我想补充的是，当女性天才成为主角时，性别将会成为与天赋同样重要的焦点，甚至关注度更高。如果天才是一种反常现象，那么女性天才就更反常了，因为它被看作是女性自身的反常。就是因为存在这种刻板印象，那些强调天赋的领域才会出现女性数量偏少的现象。

这两位作者关注的只是学术领域。有一个注重创造力的领域特别关注天赋和天才，这一领域就是艺术，其中包括文学。数据表明，这一领域长期以来也存在性别失衡的现状。尽管当年女性作家的数量众多，但由女性文学组织统计的数据表明，美国与英国的顶尖文学杂志更多关注的是男性作家写的书，并且更倾向于委托男性作者撰写书评。领域相关能力信仰假设能否解释这种失衡，并证明席丕安和简·莱斯莉的第一个发现呢？

我知道，相对于冰盖消融速度比预期的要快等重大新闻，领域相关能力信仰假设只是小众新闻。这也是在回答今年的“Edge年度问题”时，我一开始便选择写冰盖问题的原因。然而，对于超过人类半数人群的创造力潜能，我们所用的衡量标准太过狭窄，这本身就有问题。从全局来看，对于人类科学和文化来说，还有什么比增加有能力做出重要贡献的人才的数量更为重要呢？

105

DIVERSITY IN SCIENCE

科学的多样性

吉诺·塞格雷（Gino Segre）

宾夕法尼亚大学荣誉退休教授；著有《平凡的天才》（*Ordinary Geniuses*）。

在美国最高法院关于高等教育平权行动的听证会上，一位法官提出了这样一个问题："少数族裔的学生能为物理课带来什么独特的看法？"如果将物理学视为机器人的工作，那答案就是"没有"。然而，与所有科学类似，物理学与我们之所以为人的偏见和视角相关。无论是出于自律还是自发，科学都是一项关于直觉和系统的事业。

引领物理学研究朝前发展的是人，他们设立了物理学研究机构，或者身兼教职，研究物理学是他们的兴趣、专业或者日常工作。如果科学家的组成缺乏多样性，我们便很容易看出物理学研究的发展方向。

科学上的协作越来越普遍，这使多样性成为科学最重要的特征。直到最近，从事物理学研究的大都是单身人士，他们主要是来自北欧的白人男性。以前，在已发表的论文中，我们很难找到有两位作者合著的情况，三位以上的作者更是罕见。而在第二次世界大战之后，这种情况发生了剧烈的转变。

具有不同性别、人种和种族的大型科学协作已成为新常态。研发 ATLAS [1]的团队（也是欧洲核子研究中心发现希格斯玻色子的主要研究团队）由来自 38 个国家的 175 家科研机构的 3 000 名物理学家组成，他们展开了密切合作。即便是单个大型设备的建造，比如粒子加速器或大型望远镜，也出现了与人类基因组计划和人类微生物组计划类似的合作模式。不过，这种合作模式还面临着一项复杂的挑战：如何让各个组成部分之间进行有效的协作。

[1] 超环面仪器，欧洲核子研究中心的一种实验设备。——译者注

因此，我认为的重大新闻是，科学协作的成功施行正在为建立国际协作的模型奠定基础。各国共同应对气候变化便是国际协作最好的例子。

成员背景的多样性使科学研究的方法变得更多样化，这便是科学协作的一大优势。据调查，如果物理学院录取学生主要基于考试成绩，那么最终招收的新生几乎全部都来自以成绩为导向的国家。大部分学院认为，这种情况对学生和学术领域都无益。因为这将会导致同质化，而不能鼓励必要的原创性和开创精神。

无论是在课堂上还是研究上，科学的未来与性别、人种、种族和阶层的多样性息息相关。如果我们无法实现这样的多样性，科学的未来将岌岌可危。

106 THE DEMOCRATIZATION OF SCIENCE 科学的民主化

迈克尔·舍默（Michael Shermer）

《怀疑论》杂志创始编辑，《科学美国人》专栏作家，美国克莱蒙特研究生大学客座教授；著有《道德之弧》（*The Moral Arc*）。

过去 25 年间最重要的新闻是科学知识的民主化，而且这将会成为各种潮流的基础，推动科学的发展。知识传播的第一次浪潮发生在几百年以前，以印刷出版和批量印制的书籍为标志。第二次浪潮发生在第二次世界大战之后，以大学、学院的扩张，以及对高等教育对于培养有用、有文化的人才的必要作用的信仰为标志。第三次浪潮开始于 25 年前，以第三种文化为标志："部分专家、学者通过各自的工作和发表的文章来呈现生命的深层次含义，以及重新理解人类自身等，他们正在逐步取代传统的知识分子。"这句话是约翰·布罗克曼于 1991 年所说的。

过去 25 年间发生了很多事情。关于第三种文化的话题仍然是当前的主流，比如人工智能、人类遗传学、网络空间等，而有些话题已经褪色，比如混沌学说、分形理论、盖亚假说等。作为一种被重新定义的力量，科学文化正在通过越来越多的传播途径延伸到社会的各个角落，使每一个人都能参与进来。25 年前，第三种文化主要通过书籍和电视来影响大众，而现在的传播途径有电子书、音频书籍、虚拟图书馆、社交网站、博客、播客、文件共享、视频共享、论坛、大规模在线开放课程（MOOC）、远程音 / 视频课程、虚拟教室以及虚拟大学等。

这些事件的新闻价值不仅限于传播知识的新技术，还在于那些政治掮客接受了这一观点：第三种文化是所有其他文化（政治、经济、社会和意识形态）的驱动因素；通过学习科学知识，人人都可以成为有影响力的人这一理念已被广为接受。

科学的民主化改变了一切，因为这使我们解放了数十亿人的大脑，用于解决问题。物理学和生物学在 20 世纪取得的伟大成就正被社会科学和认知科学迎头赶上。我们开始意识到，比起物理学或生物学的力量，人类的行为对于未来具有至关重要的意义。

107

NEWS ABOUT SCIENCE NEWS
关于科学新闻的新闻

舍扎夫·拉法利（Sheizaf Rafaeli）

以色列海法大学互联网研究中心教授、主任。

有人说，新闻只是历史的初稿，而新闻报道只是在匆忙之中赶写出来的文学。历史和文学往往比匆忙进行的科学研究更有耐心和视野。那么，科学领域有什么新鲜的发现呢？或者说有什么新闻呢？我认为，这一领域的重要新闻来自新闻本身及其与科学之间的关系，其中最为重要的是，科学能变得有多透明。

新闻既来源于社会，又有助于构建社会。新闻之所以能够反映社会，是因为它与周围环境息息相关，新闻是主观的，且持续的时间比较短暂。新闻通过告诉我们“我们是谁以及是什么”来构建社会。自从柏拉图提出洞穴理论伊始，我们就已经知道了新闻对政治和权力的构建作用。我们已经意识到，透明、开放的科学新闻加强了科学与社会构建之间的关系。通过科学新闻，我们逐渐了解到，科学多大程度上是由社会构建的，以及我们应当如何应对这一事实。

关于新闻最重要的变化在于，它们本身是社会性的。包括科学新闻在内的新闻被越来越多的利益相关者收集、整理、展示和消费。在我们这一代，甚至最近 10 年间，科学、新闻、社会三者之间的关系已经被完全改变。新闻已经不再是所谓的涓滴式的广播方式，而是成为一种自下而上的现象。关于发现、创新、争议的新闻和证据正越来越多地由草根阶层制造和排名。从总体上来说，新闻变得更容易获取了。关于学费和预算的经济学起到了一定的作用，对知识结构的不断加深的认知也起到了类似的作用。

很多因素促成了这些变化。比如，人们的阅读写作能力提高了，审查没那么严格了。此外，新闻的获取方式增多了、同质化程度降低了，以及部分人或机构对新闻的操控放松了，即便新闻的算法排名和管理变复杂了。因此，通过科学新闻及其报道，人们对科学的民主化、资金投入与成果的期望都提高了。实际上，Edge 上公开的跨学科讨论就是一个令人欣慰的例子。

虽然操控或过滤新闻的行为从未减少，包括科学新闻，但政府和相关权威人士不再像以前那样轻易地掩盖突发事件和重大发现了。在线共享信息的方式增多了，科学新闻就是一个很好的例子。科学出版与新闻企业之间的界限正在逐渐消失。在如今这样开放与透明的环境中，像阴谋论和反科学这类行为很难获得认可。这样，人们便更易于接近真相。

然而，科学的民主化带来的未必都是积极正面的。我们不应该放松警惕，问题与挑战无处不在。一方面，科学变得更透明、更具参与性可能会导致民粹主义的兴起。我们应该继续保持对新闻传播机构和渠道的批判性思考。另一方面，垄断现象仍然存在，至少在科学出版方面是如此。媒体报道的集中所有权仍然是一种威胁，而且在一些地区，这一趋势不断在加强。试图操控新闻、科学文献和课程以服务于某种意识形态、权力或特殊利益群体的行为依然存在。传统新闻场所的消失、其他国家商业模式的侵蚀，以及一些科学传播机构正面临的问题，都仍然令人担忧。不过，当前正处于过渡时期，总体形势朝着好的方向发展。

无论是历史的初稿还是匆忙之中赶写出来的文学，其重点在于能被旁观者注意到，而非无人问津。因此，关于科学最鼓舞人心的新闻是，越来越多的人开始关注科学新闻、为其排名，并开始参与和应对科学新闻。

108 THE BROADENING SCOPE OF SCIENCE
科学的范围正在不断扩大

塔尼亚·隆布罗佐（Tania Lombrozo）

加州大学伯克利分校心理学教授。

每当我们学到新东西时，大脑就会发生变化。孤独症儿童的大脑与正常儿童的大脑是不同的。不同类型的道德选择与不同的大脑活动模式有关。当涉及精神和情感体验时，神经活动会随着体验的不同而变化。

在大多数情况下，这一发现不应该被算作新闻，至少在 21 世纪或 20 世纪不应该如此。因为我们已经了解了大脑与行为和经验的关系，以上发现并没有什么新意。这是为什么呢？行为和经验上的任何差异都必然伴随着实现这种差异的深层次变化，而我们已经知道根源在于大脑。

那么，为什么这类有关神经科学的发现仍然能成为新闻呢？

也许，原因在于某些相关细节具有新闻价值，比如，在学习的过程中，大脑发生变化的具体方式能告诉我们如何改进教育。不过，关于思维的神经科学发现之所以能成为重大新闻还有另外两个原因，它们值得我们认真深思。

第一个原因在于心理学家保罗·布卢姆（Paul Bloom）所说的“直觉二元论”（intuitive dualism）。直觉二元论是一种信念，即认为思想和身体以及思维和大脑在本质上是不同的。而且，它们之间的区别非常大，以至本文开头关于思维的神经科学发现所揭示的精确的对应关系令人感到惊讶。将思维等同于大脑是错误的，也许用马文·明斯基（Marvin Minsky）[1]的话来说比较合适，“思维是大脑的行为”。我们应该拒绝那些基于直觉二元论的笛卡尔式的承诺，无论它们看上去多么直观。

第二个原因在于，关于思维的神经科学发现表明，科学的范围正在不断扩展。随着测量、分析和理论水平的提高，我们可以通过科学解决更广泛的问题。这本身并没有什么新意。而真正具有新意的是，当前的科学已经囊括了众多领域，包括关于道德判断、宗教信仰、创造力和情感的心理学，简而言之，就是思维与人类的体验。我们终于在起初认为科学难以施展拳脚的领域取得了进展。

当然，这并不意味着，科学能够回答所有的问题。目前，仍然有许多关于思维的经验问题难以得到解答，有些也许永远都无法得到答案。还有一些问题完全与经验无关。与山姆·哈里斯（Sam Harris）相反，我不认为科学本身会告诉我们该如何生活，或者该相信什么。不过，思维与体验才是科学研究的主题，我们在这些领域正努力取得值得关注的进步。我认为，这是一则好新闻。

马文·明斯基是人工智能领域的先驱之一、麻省理工学院人工智能实验室联合创始人。在其经典著作《情感机器》一书中，他通过对人类思维方式建模，剖析了人类思维的本质，为大众提供了一幅创建能理解、会思考、具备人类意识、常识性思考能力，乃至自我观念的情感机器的路线图。本书中文简体字版已由湛庐策划，浙江人民出版社出版。——编者注

109

Q-BIO
定量生物学

奈杰尔·戈登菲尔德（Nigel Goldenfeld）

物理学家，伊利诺伊大学香槟分校教授。

2015年真是科学新闻的好年份。通过几十年的努力，有两项研究已接近成熟，它们将会在未来数年成为重大新闻。第一项研究还没有被报道出来，但如果有的话，大字标题可能是“具有模式生物的数学家真的存在吗”。

我们都知道数学家是什么，但“模式生物”（model organism）是什么意思呢？它指的是生物研究人员精心挑选的用于研究的某种生物，通过操作或控制其细胞或基因以达到研究目的。比如，黑腹果蝇，它可能是多细胞真核生物研究中运用最广泛的生物，因为一代又一代的研究人员发现了操作其基因的可靠方法，这样便能精确地观察其细胞的生长。将数学家与模式生物联系起来似乎令人难以想象。这一研究到底有什么新闻价值呢？有个小故事可以回答这个问题。

有一天，我和一位数学家同事一起吃午饭。她是微分方程和动力系统方面的专家，曾发表过一篇题为《非完整约束及其对克莱因－戈尔登晶格动力学模型的影响》（*Non-holonomic Constraints and Their Impact on Discretizations of Klein-Gordon Lattice Dynamical Models*）的文章。在吃午饭期间，她说自己最喜欢的模式生物是水蚤。这是一种生活在池塘与河流中的浮游生物，身长大约几毫米，它们的身体是透明的，因此我们很容易就能看到它们的内部构造，并可以清晰地观察出当摄入食物时，它们的身体会发生何种变化，比如酒精能使它们的心跳加快。我这位同事还是一个科研团队的成员，这个团队研发出了一种运用数学研究生态学的方法。他们用这种方法研究人口、传染病、生态系统的稳定性以及对资源的竞争。他们还能做出可靠的预测，与知名的生态学家共同发表论文。

具有模式生物的数学家宣告了“定量生物学”（quantitative biology）时代的到来。有几代生物学家已经投入这一领域，他们中的一部分人是为了逃避对微积分和其他高等数学的恐惧才加入这一领域的。以前的生物学是描述性科学，而现在的生物学已经逐渐演变为定量和预测性的学科。推动这一变化的主要代表人物是遗传学家埃里克·兰德（Eric Lander），他是“人类基因组计划”的主要带头人、麻省理工学院和哈佛大学旗下的博德研究所（Broad Institute）创始主任，他还是一位训练有素的纯数学家。

应用数学家和理论物理学家正在致力于研发新的复杂工具，用于处理定量生物学的其他非基因组难题。其中一项挑战是，某个群体的人数可能很多，但还是没有肺里的空气分子多。因此，基于统计模型的物理学传统工具是时候该升级了，这样才能应对以后会遇到的大波动，比如，细胞中的蛋白质或生态系统中的个体在数量上的波动。

第二项研究是关于生命系统的能量来源的。从本质上来说，生命系统是遵循热力学定律的，因此无法通过爱因斯坦、路德维希·玻尔兹曼（Ludwig Boltzmann）[1]和乔赛亚·吉布斯（Josiah Gibbs）[2]在100年前发展起来的统计热力学工具来

奥地利物理学家、哲学家，以及热力学和统计物理学的奠基人之一。——译者注

美国科学家，在物理学、化学和数学等方面做出了重要贡献。——译者注

描述。曾参与氢弹设计的数学家斯坦尼斯拉夫·乌拉姆（Stanislaw Ulam）曾打趣说："不要问物理学能为生物学做些什么，而是要问生物学能为物理学做些什么。"现在，答案明确了：生物学正迫使物理学家开发新的实验和理论工具来研究活细胞。

对于物理学家而言，最基础的生物学问题与生命背后的基本物理原理有关。物理定律而非热力学定律是如何促使自发形成的物质进行自动组织并演化成更复杂的结构的呢？若想回答这个问题，我们需要将生命系统的组织原则从基于生物学的化学结构中抽象出来。这也许能表明，地球生物的出现不是不可思议的偶然事件，而是物理定律不可避免的结果。搞清楚生命出现的原因有利于预测其他星球是否也存在生命，以及如何才能发现它们。

此外，还有一项重大发现，土星的卫星土卫二表面以下是液态海洋。该发现由托马斯（P. C. Thomas）发表于科学期刊《伊卡洛斯》（*Icarus*）上，标题为《对土卫二的物理测量表明其表面以下是海洋》。这也是一则很有价值的新闻，讲述了人类聪明才智的又一大胜利。美国国家航空航天局向土星发射了一架探测器，在7年的时间里，它精确地观测了土卫二的运转模式，结果发现，它在旋转时会发生摇摆。如果有两颗鸡蛋，一颗是煮熟的，而另一颗是生的，我们可以通过它们旋转和停止旋转的方式来做区分（试一下吧）。

土卫二就像一颗生鸡蛋，它旋转时会发生摇摆，就好像内部都是液体一样。土卫二的固态冰表面以下全都是水，而且由于潮汐引力和地热活动，水的温度可能保持在零度以上。土卫二是太阳系中我们已知的具有大量温暖的水和地热活动的星球，那里可能适合生命生存。

这架探测器还拍摄了从土卫二南极喷射出的喷泉和蒸汽，并对这些区域的分子结构进行了检测。土卫二的后续计划将专注于探测生命。我希望定量生物学也能在这件事上发挥作用，至少是在精神上，比如，基于土卫二的地质化学属性，确定要寻找的东西。定量生物学也许还能让我们确信，我们探索的所有地点都存在生命。

110

MATHEMATICS AND REALITY

数学与现实

克利福德·皮寇弗（Clifford Pickover）

著有三部曲《数学之书》（*The Math Book*）、《物理学之书》（*The Physics Book*）、《医学之书》（*The Medical Book*）。

近期，《自然》杂志一则头条新闻的标题为《数学的核心悖论让物理问题无法得到解答》（*Paradox at the Heart of Mathematics Makes Physics Problem Unanswerable*）。3 Quarks Daily 网站也加入了这一讨论："哥德尔不完备定理与量子物理学中的不可解计算性有关。"实际上，数学对现实的描述、限制和预测的程度在几年内，甚至几百年内必然会成为热点话题。

1931 年，数学家库尔特·哥德尔（Kurt Gödel）认为部分命题是不可判定的。这表明我们无法证明它们的真假。在第一不完备定理中，哥德尔意识到，总会存在关于自然数的一些命题，这些命题虽然是真的，但在系统内无法被证明。80 多年后，我们已经知道，无法用哥德尔的定理来计算物质的一种重要属性，即物质电子的最低能量层级之间的差距。尽管这一发现似乎与物质中原子的理想化模型有关，但托比·丘比特（Toby Cubitt）等量子信息专家认为，这一发现限制了我们对某些真实物质和粒子的行为的预测。

在这一发现之前，数学家也发现质数与量子物理学之间存在联系，而起初我们以为这是不太可能的。比如，1972 年，物理学家弗里曼·戴森与数论学家休·蒙哥马利（Hugh Montgomery）发现，如果检查 ζ 函数黎曼临界线[1]中的零点串，我们就会发现，实验中记录的大质量原子的原子核的能量层级与这些零点的分布存在神秘的对应关系。反过来，这些零点的分布又与质数的分布存在关联。

数学是不是通往宇宙本质和真理的可靠途径，这一点还存在很大的争议。一些人认为，从本质上来说，数学是人类想象的产物，我们研究数学是为了描述现实。

然而，数学理论有时可以做出超前的可靠预测，而其中有些预测在几年前才被证实。比如，麦克斯韦方程预测到了电磁波的存在；爱因斯坦的场方程认为引力会使光线发生弯曲，以及宇宙正在不断膨胀。物理学家保罗·狄拉克（Paul Dirac）曾指出，当下我们研究的抽象数学有助于我们展望未来的物理学。实际上，他的方程预测到了反物质的存在。这一点在后来得到了证实。同样，数学家尼古拉·罗巴切夫斯基（Nikolai Lobachevsky）曾说："所有数学的分支，包括抽象数学，都能用于描述真实世界。"

关于数学的发现往往会成为轰动一时的新闻，尤其当物理学家和宇宙学家运用数学方法取得惊人的进步时，或是将宇宙看成波函数以及运用数字推测出多元宇宙的存在时。由于数学触及的问题十分深奥，因此我们将会持续讨论数学与现实世界的关系及其相互影响。也许，只要人类一直存在，这种讨论就会一直持续下去。

[1] 黎曼猜想：黎曼 ζ(s) 函数的所有非平凡零点都位于临界线上。——译者注

NOW THAT WE KNOW HOW TO SYNTHESIZE LEARNING, WE'LL EXPECT ALL THINGS TO AUTOMATICALLY IMPROVE AS THEY'RE USED, JUST AS DEEPMIND'S GAME LEARNER DID.

既然我们已经知道如何人造学习，自然而然就希望所有东西都能在使用的过程中自动改进，就像会进行深度思维的游戏学习者一样。

——凯文·凯利，《人造学习》

111

SYNTHETIC LEARNING

人造学习

Kevin Kelly

凯文·凯利

《连线》杂志创始主编；著有《必然将塑造未来的科技力量》（*The Inevitable*）。

深度思维公司（DeepMind）是伦敦的一家人工智能公司，最近，其研究人员宣告，他们“教会”了计算机系统如何学会玩49种简单的视频游戏。注意：不是如何“玩”视频游戏，而是如何“学会”玩游戏。这一区别至关重要。即使玩20世纪70年代的经典游戏《乒乓》（*Pong*）这类简单的视频游戏，都涉及一系列复杂的感知、预测和认知技巧。10年前，还没有出现能完成这些任务的算法，但今天，大部分计算机游戏都包含这样的游戏执行代码。实质上，今天的视频游戏是与天才程序员精心设计的高级算法的对决。不过，深度思维公司的人工智能团队设计的这种新算法不是用于玩游戏的，而是通过程序设计教会计算机学会如何玩游戏的。起初，这种算法（也被称为深度神经网络）并不具备玩游戏的经验、技巧和策略，但当它们开始玩游戏时会自动组织自己的代码，在技能有所提高时获得奖励，这种行为用专业术语来说就是“自我学习”（unsupervised learning）。只要玩上几百回合游戏，这种算法就能玩得与人类玩家一样好了，有时候甚至更好。

不过，这种算法学习与人类的智慧还不能完全画上等号。前者的学习机制与人类的大不相同。因此，这种算法不会取代人类或统治世界，不过，其综合学习能力将会不断提高。这一新闻的重要性在于，可以人造这种学习，这是一种真正的自我学习。一旦可以人造学习，学习就可以用于所有类型的设备和功能，还可以让自动驾驶汽车变得更聪明，抑或使医学诊断设备得到改进。

与我们原来认为只有人类才具备的很多其他属性类似，学习也可以通过程序设计让机器来完成。简单的二阶学习（学习如何学习）曾稀有且珍贵，而现在已成为常态。就像一个世纪前不知疲倦的强大马达和快速通信技术一样，机器学习会迅速成为世界的新常态。所有简单的智能机器都将具有学习能力。机器学习虽然不会让烤箱变得和人类一样聪明，但会让它们烤出更美味的面包。

很快，人们对智能机器的需求将会急剧上升。既然我们已经知道如何让机器学习，自然而然就希望所有的东西都能在使用的过程中自动改进，就像会进行深度思维的游戏学习一样。未来多年将会出现许多令我们无法想象的人造学习。

112

A GENUINE SCIENCE OF LEARNING

关于学习的真正科学

基思·德夫林（Keith Devlin）

数学家，斯坦福大学人类-科学与技术高等研究院联合创始人和执行主任；著有《数字人》（*The Man of Numbers*）。

今天的教育行业很像19世纪的医学行业，是由直觉、经验和偶尔的灵感引导的人类实践。20世纪早期现代生物学和生物化学的发展为当前医学科学的发展奠定了坚实的基础。

作为一名在职业后半期开始对数学教育感兴趣的数学家，我认为关于学习的真正科学终于出现了。鉴于教育在人类社会中的重要作用，这可能会成为当今最令人感兴趣的重要科学新闻之一。

然而，以上判断并没有将教育神经科学的快速发展考虑在内，后者就是将人送入功能核磁共振设备，然后要求他回答数学难题的那种技术。关于神经科学的研究意义非凡，但就目前而言，其最大的成就只是提供了一些关于人类学习的初级线索，以及帮助人们学习知识的方式。这就如同将温度计移到引擎盖上来诊断汽车发动机的故障。也许有一天，教育神经科学能为教育提供坚实的基础，就如同现代遗传学促进了医学实践。不过目前还不行。实际上，关于学习的科学来源于互联网技术给现有实验性认知科学方法带来的新可能。

一直困扰学习研究的传统问题是，对真人老师的严重依赖使研究者无法进行像医学中常采用的大规模控制组（control-group）和干预性研究，而对课堂的研究最终都变成了针对学生和老师的研究，而且对课堂效果的评估经常会变成衡量学生家庭环境的影响。

比如，新闻报道经常会提到大量成功人士小时候就读于蒙台梭利（Montessori）[1]学校。然而，此类学校的数量相对较少，与成功人士的数量无法形成比例。从目前来说，蒙台梭利教育法可能是有利的，因为实行这种教育法的学校更具有吸引力，并且能吸引来专业的老师和愿意接受这种教育的学生。实际上，这些学生本来就成长于热爱学习的家庭环境，父母也愿意让他们接受这样的教育。

互联网技术使课堂教育研究采用医学研究中常用的大规模控制组研究成为可能，这种研究能显著地减少老师和家庭的影响，为不同教育技术提供有意义的调查研究。如果我们可以收集到准确的数据，大数据技术就能发现与老师和家庭无关的模式，得出有价值的结论。

一个重要的因素是，实际学习有很重要的一部分是在数字环境下完成的，这样所有的学习过程都可以被记录下来。不过，这一点实现起来有点困难。目前的绝大多数教育软件都具备前沿的学习技术，都具备这些功能：为学习者提供信息；以一种可以通过机器执行和多项选择的方式进行提问并记录答案；用学习管理系统来处理课程流程。

[1] 蒙台梭利女士 1870 —1952)，著名教育家。她提出了蒙台梭利教育理念，即教育的任务是激发和促进儿童“内在潜力”的发展，并按其自身规律获得自然和自由的发展。培养目标是运用科学的方法，促进人类潜能的发展，使孩子能独立思考、独立判断、独立工作。——译者注

然而我们现在的真正问题是，缺乏对学生真正所想的东西的深入了解，其中有些东西可能与证据所表明的完全不同，比如几十年前进行的一项名为“本尼法则”（Benny's Rules）的关于数学学习的研究发现，有一个孩子在设定好的学习周期中取得了较大进步。而实际上，他之所以能成功通过所有测试，是因为他脑海中存在另一套基于规则的“数学”。这套“数学”不仅是完全错误的，还与实际数学完全无关。

实际上，实时交互软件的功能要比硅谷等科技中心的科技成果多得多。到目前为止，通过大规模的比较和研究，研究人员发现，视频游戏更有助于学习，即所谓的基于游戏的学习。不过，游戏对学习究竟有多大的作用，仍然还没有定论。

经多个科研团队研究发现，从小学到中学，如果每天只使用 10 分钟数字设备，坚持一个月，就能大幅提升数学的学习效果。通过标准化测试发现，使用这种方法的学生在一些关键思考技能上提升了高达 20% 。这听起来是不是就像神奇的学习胶囊？显然不是。这只能表明，我们对于学习的准确理解比自认为的要少得多。

部分原因在于，许多早期研究衡量的是知识而非思考能力。在以上这些研究中，人们发现，通过学习收获的不应该只有知识和算法过程，还有解决问题的超常能力。这些发现的激动人心之处在于，在如今信息如此丰富、计算能力异常强大的环境中，人类解决问题的能力是最为重要的。

与所有好的科学领域类似，尤其是新兴的科学领域，这一研究带来的新问题要比所解决的问题多得多。实际上，我们都不能说这一研究是否回答了所有问题。到目前为止，我们找到了一种科学合理的方法来进行规模实验，测试一些有启发性的早期成果，以及不断增加的研究上的问题，这些都是可测试的。在我看来，关于学习的真正科学即将出现。

113
BAYESIAN PROGRAM LEARNING
贝叶斯程序学习

约翰·马瑟（John Mather）

2006 年诺贝尔物理学奖获得者，美国国家航空航天局戈达德航天中心高级天体物理学家；与约翰·博斯劳（John Boslough）合著有《真正的曙光》（*The Very First Light*）。

以下这则新闻你可能不太喜欢：2015 年，贝叶斯程序学习的发展促使人工智能又向前跃进了一小步。布伦登·莱克（Brenden Lake）、鲁斯兰·萨拉赫特迪诺夫（Ruslan Salakhutdinov）和乔舒亚·特南鲍姆在《科学》杂志上发表的文章《通过概率程序归纳法实现人类水平的概念学习》（*Human-level Concept Learning Through Probabilistic Program Induction*）详细阐述了这一点。这之所以能算作一则重要新闻是因为，多年以来，我一直听到的情况是，人工智能的研制困难重重，而最成功的方法是使用蛮力。这一观点主要基于这一事实，用于理解语言和万物的原理及符号的方法并不易获得。程序学习的真正挑战在于，发明一种复杂信息的计算机表示法，使机器能够从例子和证据中理解信息。

莱克等人设计了一个数学框架、一种算法和一套计算机程序来实现这一点。他们设计的软件可以像人类一样学会辨识 50 种语言中的 1 623 个手写字符。《通过概率程序归纳法实现人类水平的概念学习》这篇文章提到："概念被表示为简单的概率程序，即将概率生成模型表示为抽象描述语言中的结构化过程。"同样，概念可以通过重用其他概念或程序的组成部分生成。概率方法用来处理定义与示例的不精确性。贝叶斯理论告诉我们，如果我们知道组成复杂事件的多个小事件的可能性，该如何计算复杂事件的可能性。莱克等人设计的软件可以进行快速学习，有时只需一瞬间或几个示例，就能以类似人类的方式达到接近于人类的准确度。这种方法与依赖于大数据集和模拟神经网络的方法截然不同，后者我们经常能在新闻中看到。

这种方法会带来许多新问题：它的适用范围有多广？人类需要赋予这种方法多大的结构，它才能运转？它最终会超越一切吗？这是不是具有生命的智能系统的工作方式，以及我们该如何分辨？这类计算机系统能否表示人类日常生活中重要的复杂概念？第一批实际应用何时会出现？

这是一个长期的项目，而且谁也不知道它最终会发展成什么样子。这种方法是否高效到不需要超级计算机，或者至少可以算作某种人工智能？毕竟，大脑构造很简单的昆虫也能完成许多事情。更重要的是，我们何时才能实现多人对话的准确转录（transcription）、实时翻译、场景识别、面部识别、自动驾驶汽车，以及能够自动导航、安全运送包裹的无人机？机器何时才能理解物理学和工程学，如何用它们表示生物概念，以及它们何时能阅读图书馆的书籍，并在哲学或历史课上参与讨论？我的数字助手何时才能真正理解我想做的事情？这就是智能火星探测器在火星上寻找生命迹象的方式吗？如何运用人工智能系统进行军事进攻和防守？这种系统如何才能遵守阿西莫夫机器人三定律，以保护人类不受它们的伤害？我们该如何判断是否应该相信机器人？人类何时会被淘汰？

我相信已经有人开始思考这些问题。我看到了作恶的机会，也许，学习黑魔法防御术[1]对我们也有所助益。对于这一现象我既兴奋又害怕。

黑魔法防御术是哈利·波特系列故事中霍格沃茨等魔法学校设置的一门主要课程，学生们从中学习如何用魔法来保护自己免受黑暗生物与黑魔法的侵害，并且学习一些进攻性的魔法。——译者注

114

FSM (FECES-STANDARD MONEY)
粪便标准货币

赵宰元（Jaeweon Cho）

韩国蔚山科技大学（UNIST）环境工程学教授。

人类历史上有两项伟大的发明：货币和冲厕所。而现在，我们正面临着这两项发明所带来的问题。

每个人都会使用货币，但也完全可以不使用。货币是人类最伟大的发明之一，但也可能是最糟糕的发明之一。

当前的货币体系完全与人类自身无关。虽然在现代社会，我们可以用钱做很多事情，但货币与人类自身并没有直接联系。因此，使用货币就是将自身与世界隔绝开来。

第二项伟大的发明冲厕所也带来了正负两方面的影响。虽然它有效地解决了卫生问题，但当我们冲刷厕所时，排泄物都被排放到了自然界中，这会造成严重的污染。

不过，有一种方法可以带领我们进入全新的金融世界，你能想象在保持现有货币体系优点的同时解决这些问题吗？有一种科学方法便能将我们的排泄物变成无气味的粉末，然后再用这种粉末替代货币。这就是排泄物标准货币（feces-standard money，简称 FSM）。

每天早上，我们都可以将自己的排泄物粉末放入社区的反应炉中，为微生物提供食物，而这些微生物可以产生各种燃料，比如甲烷和生物柴油。这样，我们便可以获得一定数量的排泄物标准货币，以作为排泄物粉末的交换，并使用这些货币换取系统内任何等价的物品。与普通货币类似，排泄物是有限且珍贵的，没有人可以无限量地产出排泄物。同样，排泄物也可以被转化成能量。

任何人都可以产生排泄物。每当产生和使用排泄物标准货币时，这一过程都会提醒我们排泄物标准货币与人类之间的基本联系。因此，从经济和精神的层面来说，排泄物标准货币具有很高的价值。

只要我们每天都将排泄物放入反应炉中，而非排放到自然界，排泄物标准货币就会成为“基本收入”。我们不需要将基本收入的概念的可行性与现行的货币体系进行比较。实际上，我们可以毫无冲突地同时使用这两种货币体系。

排泄物标准货币不同于其他种类的信用，比如里程、优惠券和网络货币，因为它们与我们的存在和自由意志（不使用冲水厕所）直接相关。

我建议为排泄物标准货币体系设计手机应用程序或其他类似的应用形式。这种货币可以与当前的货币一同使用，用于购买天然气、咖啡、食物或者许多令人愉悦的活动项目。我们可以将那些按照指定时间从粪便中产生的拥有价值的能量产品或基于所产生的能量的价值，或者指定日期的排泄物的其他等价物分发给排泄物标准货币的参与者。当然，由于排泄物标准货币无法提供我们所需的所有内容，还需要使用传统的货币。排泄物标准货币体系的实现还有赖于其他技术的发展，比如用于控制能量生产的生物过程的技术，还要借助于新型工业，比如将排泄物转化为粉末的浴室设备等。

115 THE IRONIES OF HIGHER ARITHMETIC 高等算术的讽刺

吉姆·霍尔特（Jim Holt）

哲学家，散文家；著有《世界为何存在？》（*Why Does the World Exist?*）。

1985年首次提出的“abc猜想”断言，所有数字的加法和乘法之间都存在着惊人的联系。abc猜想的名称来源于这个耳熟能详的等式：a + b = c。这一猜想可能是数学史上最深刻、影响最深远、尚未被证明的猜想之一，并与罗斯定律、莫德尔猜想和广义的施皮罗猜想存在重要联系。

2012年，京都大学的望月新一宣称自己证明了abc猜想。这也许是高等算术的一大惊人进步。然而问题是，这个证明是正确的吗？没有人知道答案。2014年年底，一些世界顶尖的数论专家共聚牛津大学，试图证明abc猜想，但结果失败了。

在证明abc猜想时，望月新一运用了“算法变形理论”（inter-universal Teichmüller theory，简称IUT）。这种理论具有高度对称的代数结构，被称为“Frobenioids”。起初的问题是，没有人能理解这种超级抽象的新形式，也许只有望月新一可以，也没有人能理解这种新形式对abc猜想的证明有何种影响。到了举办牛津大学的这次讲座时，有三位数学家有了些眉目，其中两位是望月新一在京都大学的同事，第三位来自美国的普渡大学。然而，当他们试图解释算法变形理论和Frobenioids时，同行不知道他们在说什么。“太难以理解了。”其中一位参与者如此评价道。

从原则上来说，检查数学证明不需要任何智慧和洞察力，这应该是由机器来完成的任务。然而，实际上，没有数学家会写出仅凭计算机就能验证的详细的正式证明。因为这需要花费大量时间。毕竟，生命很短暂。不过，我的一位女性朋友提供了一种比较详细的论证，证明存在这样的正式证明。她希望这一论证能说服同行。

基于算法变形理论和 abc 猜想，这种说服的过程并不顺利。到目前为止，支持望月新一的人似乎无法与其他人分享自己领悟到的想法。abc 猜想仍然只是一个猜想，还没有成为理论。这一局面可能很快就会改变。多位理论学家计划在京都大学再次试图理解并验证望月新一的证明。

那么，我认为的重大新闻是什么呢？那便是，数学是一种更奇怪、混乱、容易出错的超然存在（在愤世嫉俗的我看来，数学就是层层嵌套的复杂逻辑，而在具有高超智慧的超人类看来，数学就像我们眼中的井字棋那样无聊）。

不过，“Frobenioids”可以作为布鲁克林某支独立乐队的名字。

116

BROKE PEOPLE IGNORING $20 BILLS ON THE SIDEWALK

破产的人看不上人行道上的 20 美元钞票

迈克尔·瓦萨（Michael Vassar）

元医学（MetaMed）研究所共同创始人、首席科学官。

美国喜剧中心制作的一部摆拍动画剧集。——译者注

Edge 不是每年都会回应《南方公园》（*South Park*）[1]。我想每个人都在试图搞清楚当前社会的现状。2015 年这一季的《南方公园》围绕着人们失去辨别新闻和广告的能力展开。也许有一天，当人们醒来时发现自己破产了，还发生了战争，眼前的一切都让他们难以分辨出朋友和敌人。新闻作为概念，消失了，科学也是如此。在信息战中，人们很难进行可靠、低语境的沟通，新闻和科学都是如此，取而代之的是政治和营销。我认为真正的新闻是拨开政治和营销的迷雾、为自己亲眼所见，并经过科学论证的新闻。

2014 年 11 月，我访问了危地马拉的弗朗西斯科·马罗金大学（Universidad Francisco Marroquín），这所大学被认为是世界上最自由的大学。我的一位同事曾旁听过这所大学的经济学系课程，发现当地硬币的面值刚好相当于 20 美元。从理论上来说，这种面值的硬币很难在街上发现，而关于汽油价格的标识牌满大街都是。在过去的几年里，我发现汽油的价格不再与石油的价格直接相关，并且各个地方加油站的价格也不一样，无论是不同镇上的加油站，还是马路旁边的加油站。在小时候，我经常发现马路对面的汽油价格每升总会差一两美分，有时还会达到三美分。而现在，这种价格差距每升超过了 0.05 美元。我最近发现，隔着一条马路的两家加油站的价格差达到每升 0.1 美元，而两家相隔 1.6 公里的加油站的油价分别为每升 0.66 美元和 1.02 美元。对于一名普通的美国司机而言，如果油价差是每升 0.05 美元，那么如果按照历史上正常的回报率投资，10 年后的累积收益将达到 1 500 美元。55 ～ 64 岁的普通家庭的退休存款仅有 15 000 美元。对于有退休账户的家庭而言，平均存款只有 150 000 美元。

人们不像理性的经济人（Homo economicus）那样行事，我是可以理解的，但如果破产的人随着时间的推移在经济方面变得越来越不理性，他们就会失去预测未来的能力，也就是说，他们不打算依靠储蓄来满足基本的生活需要。谁又能责备他们在金融经济上的粗心呢？实践和理论都表明，他们的领导者为未来树立的榜样更差。

金融经济学有很多关于经济警示与风险的分析文献。1987 年，拉里·萨默斯（Larry Summers）和布拉德·德朗（Brad DeLong）表明，考虑到风险溢价（金融经济学中的一个标准假设），非理性的噪声交易者（noise trader）会随着时间的推移排挤出理性的参与者，这就是噪声交易员的经济后果。当彼得·蒂尔（Peter Thiel）[1]谈论从“具体

PayPal 的创始人之一，被誉为硅谷的天使，投资界的思想家。著有《从 0 到 1》。——译者注

的乐观主义”到“抽象的乐观主义”的转变时，实际上是在描述这种动态对应的模式。这种向噪声交易者的转变将会导致股票价格发生动荡、财富出现集中以及更多的投机性资产价格发生上涨。当前，84% 的公司估值以无形资产的形式存在，40 年前这一比例是 16%。经济环境的整体差异最终意味着，我们目前采用的策略已经失灵，这使得经济上的审慎策略也会失败。这意味着，从长远来看，如果我们不能找到更好的办法来收集当地的经济信息，就不会耐心有效地利用这些信息。

IF IT'S IN THE NEWS, DON'T WORRY ABOUT IT. THE VERY DEFINITION OF NEWS IS "SOMETHING THAT HARDLY EVER HAPPENS".

对于新闻报道的事件，我们一般都不必担心。新闻的准确定义是“基本上很难发生的事情”。

——戴维·迈尔斯，《我们怕错了东西》

117

WE FEAR THE WRONG THINGS
我们怕错了事情

David Myers
戴维·迈尔斯

霍普学院心理学教授；著有《迈尔斯直觉心理学》[1]。

如果我们知道2016年使用AK-47自动步枪的恐怖分子可能会造成1 000美国人死亡，那么我们对此的害怕程度应该只有害怕其他枪支暴力犯罪事件（死亡人数超过10 000人）的1/10，害怕摩托车事故（每年因此死亡的美国人大约为22 000）的1/20。然而，最近的几项调查显示，我们对日常威胁的恐惧程度要比对真正可怕的事件的恐惧程度小得多。对恐怖分子的恐惧使我

① 在《迈尔斯直觉心理学》一书中，戴维·迈尔斯运用通俗、幽默的语言揭示了直觉有关领域的研究及其应用，为人们揭开直觉神秘的面纱。本书中文简体字版已由湛庐策划，浙江人民出版社出版。——编者注

们丧失了理性。这凸显了一个重要且长期存在的科学新闻：我们经常怕错了事情。

“9·11”事件之后不久，美国人民还被笼罩在恐惧之中，当时我提出了一个假设：如果我们将乘坐飞机的次数减少 20%，并将这部分里程通过乘坐地面交通工具来完成，那么，与飞机的低事故率相比，由地面交通事故致死的人数可能要多 800 人。我们为什么如此害怕乘坐飞机呢？即使大部分时候，旅途中最危险的部分是在去往机场的路上？为什么对恐怖主义的恐惧那么容易引起我们对穆斯林群体的敌视，使我们开始以“我们与他们”的二元角度来思考问题？

我们为什么总是夸大恐惧？这背后的原因在于“有效启发”（availability heuristic），即我们害怕的是记忆中存在的东西。生动、有画面感的恐怖事件干扰了我们对风险的判断，比如坠机和大规模屠杀事件。我们记住并害怕的是那些造成多人死亡的焦点事件，比如台风、坠机、袭击等事件，而严重地忽视了那些造成一个个人接连死亡的威胁。比尔·盖茨发现，几乎没有人关注每年死于轮状病毒的 50 万儿童，这相当于每天有 4 架满载儿童的波音 747 飞机被击落。此外，我们总是对未来缺乏关注，比如未来的大规模杀伤性武器、气候变化等，除非这类现象造成的死亡能更快地引起关注。假设吸烟对身体是无害的，但每 25 000 包香烟里面就有一包里面装的是炸药。初看之下，脑袋被炸开花的概率很小，但全世界每天抽掉的香烟为 2.5 亿包，因此我们可以推算出每天会有超过 10 000 人（吸烟实际造成的死亡人数）因抽烟而身亡。毫无疑问，我们完全可以禁烟了。

新闻图片总是让我们过分害怕发生概率很小的事件。因此，我们开始打击恐怖主义，平均花费在每名恐怖分子身上的资金约为 5 亿美元，而花费在每例由癌症致死的患者身上的资金约为 10 000 美元。正如一位风险专家所说：“对于新闻报道的事件，我们一般都不必担心。新闻的准确定义是‘基本上很难发生的事情’。”

害怕那些鄙视我们的人的暴力实属正常，但关注人们的主要死因才是明智之举，我们不应该让恐怖分子操纵政局。当死亡画面或者事件萦绕在脑海中时，人们便会启动“恐怖管理”（terror management）。人们总是通过贬低挑战自身世界观的人来回应死亡事件。2004 年美国大选之前，一个科研团队发现，“9·11”事件让人们更加支持保守的政客和有关反对恐怖主义的政策。

媒体研究者乔治·格布纳（George Gerbner）在 1981 年对美国国会某个下属委员会的警告现在听起来仍然受用：“心怀恐惧的人更依赖他人，更容易被操控，更容易受到看似简单且强硬的措施和姿态的影响。”

因此，我们总是怕错了事情，这将会产生严重的后果。

118
THE HEALTHY DIET U-TURN
健康饮食的转变

埃德·里吉斯（Ed Regis）

科学作家；著有《怪物：兴登堡灾难与病态技术的兴起》（*Monsters: The Hindenburg Disaster and the Birth of Pathological Technology*）。

我认为，在过去几年里最有趣的新闻是，营养专家在饮食建议上的巨大转变：从拒绝食用脂肪、碳水化合物转变为赞同食用低碳水化合物、选择性地增加脂肪。这种转变意义非凡，因为人类的健康及其生命都处于危险之中。

多年以来，专家一直建议美国人要不惜一切代价地拒绝食用脂肪，似乎脂肪就是营养的敌人。低脂、高碳水化合物的饮食能给我们带来光滑、健康的身体和生理启蒙。结果，脱脂和低脂食品风靡一时。在很长一段时间里，超市货架上唯一能找到的酸奶只有胶状的脱脂类酸奶，唯一能买到的金枪鱼罐头用的不是橄榄油，而是水，罐头中可怜的金枪鱼好似在其中游动。

就像这种饮食的索然无味一样，很多美国人刻板地遵守着这一建议。然而，这并没有让美国因此成为一个充满健康、苗条的国民的国家。恰恰相反，所有年龄阶段都出现了大量患有肥胖症和心脏病的人群；Ⅱ型糖尿病的发病率也升高了。所有这些高碳水化合物的食物被消化后都会转化为葡萄糖，这会提高人体内的胰岛素水平，进而导致脂肪堆积。

营养学家吸取到的教训是，高碳水化合物对健康是有害的。然而，这种对脂肪的害怕缺乏科学依据。脂肪也分好（如橄榄油）和坏，碳水化合物也有健康的和不健康的（如精制糖）。许多营养学家现在赞成完全不同的饮食习惯，包括食用一些有益健康的脂肪，减少碳水化合物的摄入，尤其是精制糖和淀粉。

饮食建议的这种转变使人们认识到，所谓的“营养科学”从根本上来说就是错误的。许多关于饮食与营养的规范研究都存在缺陷，比如有选择性地使用证据、采用无代表性的样本、缺乏恰当的控制，以及临床试验人群一直在变动。此外，部分主要研究人员存在选择偏见，不愿采用与他们先入为主的观点不一致的证据。知名记者尼娜·泰肖尔茨（Nina Teicholz）于 2014 年出版的《关于脂肪的大意外》（*The Big Fat Surprise*）一书详尽地记录了这些内容和其他失误。

令人感到不幸的是，营养科学的发展仍然像一潭死水。美国国家航空航天局的“好奇号”火星探测器发现了火星的平原、陨石坑和沙丘；“新视野号”宇宙飞船拍摄到了冥王星的高清照片；分子生物学家创造了非凡的基因编辑工具，正在用此复活已灭绝的生物。然而，在我们如何饮食才能保持健康，避免心脏病、肥胖症和其他疾病这个问题上，饮食科学还无定论。

119

FATTY FOODS ARE GOOD FOR YOUR HEALTH

含脂食物对健康有益

彼得·图尔钦（Peter Turchin）

生物学家，康涅狄格大学教授；著有《超社会》（*Ultrasociety*）。

自20世纪60年代以来，美国人对于遵从何种饮食习惯才真正有益于健康毫无头绪，不过，有一项建议始终被奉为圭臬，那便是：脂肪，尤其是饱和脂肪对健康是有害的。这种饮食建议从20世纪60年代开始一直盛行到2015年。到了20世纪80年代，关于低脂饮食有益于健康的信念被写入了美国农业部的国民饮食指南中，同时还得到了美国卫生局局长的认可。与此同时，美国人摄入的脂肪越来越少，但得肥胖症的人越来越多了。

肥胖症的急剧增多可能源自多种原因。虽然没有人能列举出全部原因，但过去50年间误导我们的饮食建议就是其中一个重要原因。

事实上，没有任何科学证据能够证明，减少脂肪的总摄入量有益于健康，特别是在降低心脏病和糖尿病的风险方面。多年来，那些指出这一问题的人被边缘化了。不过，最近有证据表明，低脂饮食有益于健康的接受度已经出现反转，比如像《时代周刊》这样的主流杂志于2014年发表了一篇名为《科学家认为脂肪是有害的。他们错在哪里？》的文章。2013年，美国膳食指南咨询委员会（Dietary Guidelines Advisory Committee）的一篇官方科学报告也承认了这一点。

约旦河流域、两河流域加上尼罗河下游这一片灌溉便利的土地。——译者注。

低脂饮食不利于健康的原因有很多个，其中一个便是，如果降低脂肪的摄入量，就需要通过别的东西来代替脂肪。而多摄入碳水化合物（无论是精制的还是复杂的）会增加患糖尿病的概率，多摄入蛋白质会增加患痛风的概率。

不过，更为重要的原因也许是，许多美国人不再吃天然食物，转而食用加工过的食物替代品，比如人造黄油、经过加工的肉类（如罐头猪肉）、低脂曲奇饼等。我们有充足的证据证明，这些都是不利于健康的食物，因为它们含有人工反式脂肪、防腐剂或者经过高度处理的碳水化合物。

虽然受控的饮食研究对于制定明智的饮食习惯来说必不可少，但最近令人激动的科学突破来源进化理论对营养学的影响。毕竟，我们需要确定想通过实验来验证什么想法，而进化理论能为这种实验提供理论依据。

随着对早期人类独特的饮食习惯的不断理解，许多假设已经进入了临床验证阶段。首先我们来思考一下这样一个事实（尽管对于传统营养学家来说这一点非常明显）：相比于100年前才开始接触的人造黄油，我们能更好地适应祖先在几百万年前就开始吃的东西。将小麦作为食物，对于部分人群来说已经有一万年的历史了，比如新月沃地[1]的人们；而太平洋岛民开始将小麦作为食物仅有200年的历史。然而，太平洋岛民的肥胖率比美国的都高。这是不是有些出乎意料？我们真的应该告诉他们应该转向地中海式饮食，大量摄入谷物、豆子和奶制品这些他们从未见过的食物吗？

我们对祖先的饮食习惯有了更深入的了解。我们已经适应了吃各种高脂肪食物，包括食草反刍动物（牛肉和羊肉）和海鲜（富含脂肪的鱼类）等，这些食物都富含欧米伽-3脂肪酸。此外，特别重要的一点是，我们的祖先可能会食用骨髓。也许，最早的人类，比如能人（habilis），他们不是猎人而是食腐者，与土狼争夺大型骨头的骨髓。从骨髓（包括大脑）中获取的营养物质可能是人类大脑进化所需的关键资源。

最新的科学发现解释了美国人食用低脂饮食却变得越来越胖的原因。当我们摄入的脂肪比身体（尤其是大脑）实际所需的要少时，身体就会不断发出营养不良的信号。虽然我们不吃含脂肪的食物，但会过量饮食，而摄入的过量的、不必要的卡路里（可能来源于碳水化合物）就会被存储为脂肪。结果便是，我们变得不开心、不健康，并且体重超重。当然，如果我们有超强的自制力（具备这一品质的人并不多），就不会变胖和超重，或者仅是不开心和不健康。

因此，为了减肥，我们需要吃含脂肪的食物，而不是脂肪。实际上，吃足够多适宜的高脂肪食物会让我们变得更苗条、更快乐、更聪明！

120

COGNITIVE SCIENCE TRANSFORMS MORAL PHILOSOPHY

认知科学改变道德哲学

史蒂芬·斯蒂克（Stephen Stich）

哲学家，罗格斯大学教授。

2 500 年以来，研究道德哲学的重任被委托给了哲学家和神学家。不过，近些年来，身兼认知科学家的道德哲学家和对道德哲学有深入理解的认知科学家已经改变了道德哲学。源自认知科学多个分支的研究发现和理论对一些传统的问题重新进行了系统性的论述，并捍卫了一些实质性的观点，它们都是针对当代社会所面临的最重要的道德问题的观点。在这种新的融合中，认知科学并没有取代道德哲学，而是为道德推理和道德判断的心理和神经机制提供了新见解，这些见解被用来构建经验主义的道德理论，而这些理论正在重塑道德哲学。

接下来，我们来了解一下关于道德哲学的背景知识。从柏拉图开始，哲学家针对道德问题的思维运作方式提出了自己的看法，但这些看法都是推测性的，经常通过比喻或寓言的形式来表达。随着 20 世纪心理学的兴起，心理学家对道德判断和道德的发展历程越来越感兴趣。然而，完成大部分相关工作的是对丰富的哲学传统知之甚少的研究人员，这些哲学传统对不同的道德问题进行了区分。因此，做这些研究的哲学家通常认为哲学传统是幼稚和无益的。

21 世纪初，这一现状开始发生改变。在跨学科时代精神的推动下，年轻的哲学家（还有一部分不那么年轻）开始学习当代心理学和神经科学的研究方法，并运用这些方法来探索哲学家已经争论了几百年的问题。在另一些学科领域，心理学家、神经科学家和研究人员对人类心智的进化产生兴趣，开始更认真地对待哲学传统。起初，那些在科学和哲学层面都比较复杂的论文寥寥无几，而现在不胜枚举。每年发表的论文数以百计，道德心理学成为热门话题，并取得了不胜枚举的成就，我在此仅举三个例子来说明。

乔舒亚·格林（Joshua Greene）是融合认知科学和道德哲学的代表人物。在攻读哲学博士学位时，格林提出了一种全新的方法：用大脑扫描仪来观察人们在对道德困境做出判断时的大脑动态。哲学家构建了许多道德困境，其中一个是，要求某位领导者在两个决策中做出选择：选择第一个决策会导致 5 名无辜人员死亡，选择第二个决策会导致 1 名无辜人员死亡。在类似的案例中，人们有时会选择救 5 名无辜人员，有时也会选择牺牲这 5 名无辜人员。这个道德困境令哲学家犯难。格林发现，在做选择时，大脑的不同区域都参与了这一过程。当选择挽救 5 名无辜人员时，参与选择的大脑区域与理性有关；当选择牺牲这 5 名无辜人员时，参与选择的大脑区域与情感有关。

这一结论让格林成为一名认知神经科学家，之后他进行了大量探索性研究，其主要目的是探究当人们做出道德判断时，大脑内部所发生的活动。即便格林成了一名认知神经科学家，但他依然是一名哲学家。通过在道德心理学方面 10 年的潜心研究，他为自己关于如何区分群体的道德决定的观点进行了辩护。

如果说格林是实现认知科学和道德哲学融合的代表人物，那么约翰·米哈伊尔（John Mikhail）就是这种融合的博学之士。在完成哲学博士学位之后，他花了几年时间研究认知科学，之后又拿到了法学学位。目前，他是一位法学教授，主要研究人权法和国际法。米哈伊尔也关注格林在早期的主要研究——道德困境，并做了一系列实验。在他看来，这些实验支持“所有正常人都具有一套重要的先天道德原则”的观点。米哈伊尔认为，这一实证研究为基础人权学说提供了必要的学术基础。

最后这个例子说明，新融合有助于我们发现新问题。最近的心理学研究表明，每个人都有一些令人惊讶的隐性偏见，包括那些支持和努力争取种族平等在内的许多人，他们会在潜意识中将有色人种与负面词汇联系起来，而将白人与正面词汇联系起来。越来越多的证据表明，这些隐性偏见影响着我们的行为，而我们经常对此毫无意识。

长期以来，道德哲学家始终关注着这个问题：如何界定人们应当对自身行为负道德责任的条件？那么，我们是否应该对受隐性偏见影响的行为负道德责任呢？这一问题引发了激烈的讨论。如果没有新融合，就不会有人提出这样的问题。

在未来的几十年里，这会成为新闻吗？我的回答是“会”。新融合对于道德哲学的深刻影响才刚刚显现。

121

MORALITY IS MADE OF MEAT

道德来源于肉体

奥利弗·斯科特·柯里（Oliver Scott Curry）

牛津大学认知与进化人类学研究所高级研究员。

道德是什么，它来源于哪里，以及为什么会对我们产生如此巨大的影响呢？几千年以来，学者一直在努力回答这些问题。对于许多人来说，道德的本质非常令人困惑，因此很多人认为它必定存在某种超自然的根源。好消息是，我们现在终于可以从科学的角度来回答这些问题了。

道德来源于肉体，它是人类社会生活中反复出现的合作问题的生物和文化解决办法的集合。这些合作问题包括照顾家庭、团队工作、利益交易和解决冲突，而解决办法包括爱、忠诚、互惠、尊重。起初，这些解决办法是自然选择产生的本能，之后通过人类的聪明才智得到扩展，并作为文化得以传播开来。这些机制激发了社会、合作和利他行为，并提供了评估他人行为的标准。为什么道德如此重要？因为对于像我们这样的社会性物种来说，合作的益处以及缺乏合作的机会成本大到无法估量。

当亚里士多德第一次提出，道德是自然、习惯和传统等所有让我们表现出社会性行为的产物时，科学方法便成为新闻；当英国哲学家托马斯·霍布斯提出，道德是一种发明，用于将自私的个体变成互惠互利的合作者时，科学方法便成为新闻；当苏格兰哲学家兼经济学家戴维·休谟提出，道德是动物激情和人类技巧的产物，用以提升“公共利益”时，科学方法便成为新闻；当达尔文推测，“所谓的道德源自社会本能”，它能告诉我们“如何为公共利益行动”时，科学方法便成为新闻。在最近几十年里，有关科学方法的发现总是会成为重大新闻，因为在道德的经验基础、进化原理、动物前提、心理机制、行为表现和文化表达等方面，现代科学不断取得重要发现。

令人感到不幸的是，许多哲学家、神学家和政治家还没有理解这一点。他们指出，道德仍然是神秘的，没有上帝就没有道德，而且宗教不适合政府部门。这种关于道德的创世论——“好的鸿沟”是错误的，有些危言耸听。道德是自然的，而非超自然的。我们之所以为善，是因为我们想要为善，我们对于他人的观点（表扬和惩罚）非常敏感。我们可以找到提升公共利益的最佳办法，并在科学的帮助下，让世界变得更美好。

那么，这不是一则好新闻吗？是时候该认识到这一点了。

122

PEOPLE KILL BECAUSE IT'S THE RIGHT THING TO DO

人们制造暴力，因为这是正确的做法

詹姆斯·奥唐纳（James O'Donnell）

经典学者，亚利桑那州立大学图书馆馆长。

人们制造暴力，因为这是正确的做法。

在2014年出版的《道德暴力》（*Virtutous Violence*）一书中，作者美国西北大学道德心理学家塔格·拉伊（Tage Rai）和加州大学洛杉矶分校心理人类学家艾伦·菲斯克（Alan Fiske）表明，人类的暴力行为并不是对道德规范的违反，而是道德规范的化身。

从某种意义上来说，暴力是我们允许的例外情况。思想家奥古斯丁之所以提出关于正义战争的理论，是因为他所信奉的神赞同部分战争。对奥古斯丁来说，正义战争的理论意味着努力抵抗尽可能多的合法暴力。不过，令他及其支持这一理论的人颜面扫地的是，这意味着他们必须向不合理的证据屈服，并赞同暴力行为。

当然，还有很多类似的实例，比如中东恐怖分子和反堕胎暗杀者。美国或其他国家的一些当选政治家会通过中听的道德观点来证明暴力是正当的。我们不安地寻找其他的例子，期望有例外。但如果例外就是规则呢？

如果拉伊和菲斯克的研究得到认可，则会发生更糟糕的事情：好人变成坏人，教育孩子做正确的事可能会导致被杀害。还有其他证据表明，人类在理想情况下工作的传统模式（根据哲学理论对选项进行理智的思考，从而采取理性行为）不仅是有缺陷的，而且有可能是完全错误的。拉伊和菲斯克认为，作为一种有效假设，这种模式是无法持续下去的，因为它十分危险。

123
INTERDISCIPLINARY SOCIAL RESEARCH
跨学科社会研究

齐亚德·玛拉（Ziyad Marar）

世哲出版公司（SAGE）全球出版总监；著有《亲密》（*Intimacy*）。

就纯粹的未实现的承诺而言，跨学科研究一定是社会研究领域最令人沮丧的实例之一。现代社会面临的挑战——气候变化问题、抗生素耐药性问题、经济问题、社会问题、与政治和文化福祉相关的问题，都没有成为具体的学科。这些问题都比较复杂，需要大家共同面对，以及多方位的调查研究。然而，我们仍然将自己关在学术的象牙塔里，像盲人摸象那样继续着研究。就如同加里·布鲁尔（Garry Brewer）于 1999 年一针见血地指出的那样："世界有很多问题，大学有很多院系。"

这一承诺未能兑现的原因很明显。若想在学术生涯中获得成功，就需要沉浸在专业领域，并且研究成果（论文、书籍、交流）需要获得同行的认可。大学以院系为主要组成部分，学术团体以支持单一的学科为主，而捐助机构对在这种环境中具有可信度的人的具体工作进行了优先级排序。这就意味着，跨学科的研究很难做好，并且经常陷入两难境地，有时迷失于关于其本质的烦琐讨论中，讨论的主题从"跨学科"变成了"多学科""交叉学科""反学科""后学科"以及其他类似的概念。

不过，一些学科成功地克服了这些障碍，它们分别是神经科学、生物信息学、控制论、生物医学工程。最近，我们还看到经济学领域也发生了变化，道德哲学研究也开始借鉴实验心理学方面的成果。然而，大部分社会科学还是有些保守，尽管其问题适合跨学科研究。

好消息是，社会科学领域正在发生的巨大变化在一定程度上是由大数据和新技术的兴起带来的。社会研究人员对此感到无比兴奋，因为新技术可以让他们聆听数百万人的心声、观察数十亿人的交互，以及以前所未有的规模进行模式分析。不过，若想这么多人都认真地参与进来，则需要新的方法和合作形式，这样便能打破定量与定性研究之间不可逾越的障碍。举个例子，加州大学伯克利分校的尼克·亚当斯（Nick Adams）团队正在分析，暴力是如何在抗议活动中发生的，这是一个古老的社会学问题。当前，相关的数据库非常庞大，分析的唯一可行办法是，通过人群内容分析组装线（Crowd Content Analysis Assembly Line，将众包与主动机器学习相结合）对海量文本进行编码。这种关于社会研究的新形式利用计算语言学和计算机科学将海量文本转换为丰富的数据，为许多社会和文化话题带来新见解。如果专注于数据密集型社会研究的优秀研究中心不断地涌现，比如伯克利分校的D基地和哈佛大学的定量社会科学研究所，那么这些变化将会持续下去，并会展现这些机构将如何实现自我发展，以及应对挑战和机遇，正如哈佛大学定量社会科学研究所主任加里·金（Gary King）所说：

> 社会科学正在经历从研究问题到解决问题的巨大转变；从采用少量的稀疏数据集到分析越来越多、信息丰富的多样化数据；从相互很少交流的学者到更大规模、跨学科的实验室级别的科研协作团队；从纯粹的学术研究到对公共政策、工商业、其他学术领域，以及影响个人和社会的一些主要问题产生重要影响。

这些创新将会带来更多结构性的变化。长期以来，世界各地的大学都在致力于社会科学基础研究，它们十分关注相关模型的建立。比如，威康信托基金会（Wellcome Trust）提供了哈普奖（Hub Award）以支持这类研究：当医学和健康学与艺术、人类学以及社会科学相融合时会发生什么？

当然，对未来研究的最大规划来自国家层面。在英国，跨学科基金与应对全球挑战的新预算也许能表明政府提倡跨学科研究的决心。后续还会公布更多细节，虽然最终的效果不一定令人满意，但毫无疑问的一点是，人们对数据密集型社会研究的兴趣将会持续下去。

跨学科社会研究将会成为新常态。专业化仍然很重要，毕竟，我们需要好的学科才能完成好的协作。也许，我们很快就能看到，社会科学会融合成一门更加单一的学科，并在问题研究与院系改革中发挥更好的作用。

ONE MAJOR DRIVER OF INTELLECTUAL CONVERGENCE IS THE RISE OF BIG DATA, NOT JUST IN THE QUANTITY OF DATA BUT ALSO IN UNDERSTANDING HOW TO USE IT.

知识融合的一个主要原因是大数据技术的兴起，这不仅使数据量增多了，还提供了许多分析这些数据的方法。

——亚当 · 奥尔特，《知识融合》

124 INTELLECTUAL CONVERGENCE 知识融合

Adam Alter
亚当·奥尔特

心理学家，纽约大学斯特恩商学院教授；著有《粉红牢房效应》[1]。

假设研究人员发现，年收入为 50 000 美元的人要比年收入为 30 000 美元的人更快乐。那么，他们该如何解释这一结果呢？

从很大程度上来说，答案取决于研究人员看待这一问题采用的是“长焦变焦镜头”还是“广角镜头”。“长焦变焦镜头”关注狭义层面的原因，比如

①《粉红牢房效应》围绕我们的外在环境、群体间的社会环境和我们内心世界三个方面，介绍了能够影响甚至决定我们所思所为的诸多因素——颜色、场所、天气、他人、文化、姓名、标签、符号，多小的细节都能造成大影响。本书中文简体字版已由湛庐策划，浙江人民出版社出版。——编者注

稳定的经济来源能减少人们的应激激素，改善大脑功能。使用这种镜头的研究人员会关注年收入存在差距的人群，以及他们的大脑功能和行为方式的差异。采用“广角镜头”的研究人员则注重更广泛的区别，比如收入更高的人可能住在更安全的社区，拥有更好的基础设施和更高的社会地位。虽然不同研究人员采用的分析方法不同，得到的答案也不同，但这两种答案都是正确的。

几十年甚至几百年以来，社会科学研究大体上都采用这两种方法。神经科学家和心理学家通过“长焦变焦镜头”来研究个体，而经济学家和社会学家通过“广角镜头”来研究群体。

近期的重大新闻是，科学研究之间的界限正在消失。当前，不同学科的科学家共享“镜头”，或者对相同问题进行独立的研究，然后聚集在一起分享研究成果。不仅跨学科的合作增加了，由不同学科背景的作者合著的论文的引用次数也增多了。这一好处十分明显。正如上述关于年收入差距的例子表明的，跨学科的研究人员更可能对问题做出全面的回答，而不仅是关注某个方面。相比于高收入的人群之所以更快乐仅仅是因为其大脑功能不同这样单一的答案，跨学科的研究人员更可能通过比较不同原因的影响再得出结论。

与此同时，学科内的研究人员也开始采用新的“镜头”。比如，社会学家和认知心理学家曾合作研究人类的行为，现在仍然如此，到了 2015 年，已发表的许多优秀论文包含了大脑成像数据（长焦变焦镜头）和来源于社交媒体网站和经济方面的海量数据（广角镜头）。有一篇论文记录了一个孩子在三岁前所说的每一句话，以便于研究有的孩子开言得比其他孩子早的原因。一篇论文通过分析数千份资助申请资料发现，资助机构更愿意资助男性科学家。还有一篇论文通过分析 47 000 条社交媒体上的动态，对快乐和悲伤的表达进行了量化研究。这些方法都与传统的实验室研究方法完全不同，都是从非常规的宽泛或细微的角度来回答相关问题。这些论文的说服力更强，因为它们为所关注的问题提供了更广泛的解决方案，相关论文也更具影响力，部分原因在于它们借鉴了跨学科的内容。

知识融合的一个主要原因是大数据技术的兴起，这不仅使数据量增多了，还提供了很多分析这些数据的方法。心理学家和其他实验室研究人员开始通过分析那些海量、广角的社交媒体和面板数据来完成研究项目。与此同时，之前主要采用“广角镜头”的研究人员开始通过变焦生理测量法来完成数据分析，比如眼球追踪和大脑成像分析等。以上所述的新闻价值不仅在于科学家正在借鉴其他学科的成果，还在于这些借鉴使我们对一些科学问题的理解更深入和全面。

125

WEAPONS TECHNOLOGY POWERED HUMAN EVOLUTION

武器技术推动了人类的进化

蒂莫西·泰勒（Timothy Taylor）

维也纳大学教授；著有《人造猿》（*The Artificial Ape*）。

❶ 该概念描述了沉积岩逐渐形成所需的时间超出了人类的理解范围。——译者注

肯尼亚的新发现证明，托马斯·霍布斯关于人类本质的观点十分具有先见之明，即便这个观点令人不那么舒服。17世纪中期，没有人了解深度时间（deep time）[❶]概念和本质身份的不确定性，后者来自对人类进化的认识（即自然处于变化之中），而此时霍布斯便已然提出，人类的本质是兽性的：自私、贪婪、残忍；如果没有特定的历史性发展和精心构建的制度的约束，人类将会回归自然状态，也就是进入接连不断的战争状态。

也许，史前考古学的奠定者约翰·弗里尔（John Frere）会同意霍布斯的看法。维基百科词条显示：弗里尔是英国的一位古文物研究者，他于1797年在萨福克郡霍克斯尼首次发现了旧石器时代及其早期的工具，这些工具与大型已灭绝生物有关。实际上，弗里尔第一次充分地证明了深度时间维。他在现场做了详尽的记录，并宣称所发现的用过的燧石来自非常遥远的时期。不过从客观角度来看，他不认为这些燧石是一种工具，他说："这明显是一种用于战争的武器，而制造与使用这些武器的人还没有发现金属。"

这些武器可以追溯到氧同位素 11 阶段，也就是距今 42.7 万～36.4 万年。制造这种武器的不是现代人类，而是直立人。如果弗里尔知道了这一点，也许会感到惊讶。20 世纪，在爪哇岛发现的化石中，考古人员首次发现了直立人的过渡解剖结构。之后的考古学和古人类学研究将人类的历史进一步向前推进，弗里尔之后的人类学家玛丽·利基（Mary Leakey）为此做出了重要贡献；此外，考古团队揭示了 12 多种不同的物种，不过，该数字随着使用标准的不同而有所变化。

与生物的进化相伴而行的是技术的发展（指史前）。这种主要以改良的石器制品的形式存在的技术，通常被认为是人类祖先高级大脑的产物。根据达尔文的性别选择假说，古人类女性更喜欢有创意的男性猎人，这促进了智力的不断提升，最终促进了物质的创新。这就促使出现了一个意味深远的术语——工匠人（Homo faber），即人类制造者。

这个想法非常具有说服力，尽管我们早就知道人造石器出现于大约 260 万年前，但有一种推测强烈认为，古人类肯定与此有关。这一点无视了一个事实，即这一人属包含足够大的大脑的最早化石的形成时间至少要比人造石器晚 50 万年。古人类学界普遍认为，掌握早期石器技术的古人类还未被发现。我们之中那些从事理论考古工作，有着不同想法的少数人仍然依赖于广泛的一致性来反对这个假说。

不过，这里有一则好消息。2015 年 5 月，考古学家索尼娅·哈曼德（Sonia Harmand）和她的同事在《自然》杂志上发表了一篇论文，标题为《肯尼亚特卡纳湖西岸洛迈奎 3 号发现的距今 330 万年的石器工具》（*3.3-Million-Year-Old Stone Tools From Lomekwi 3, West Turkana , Kenya*）。这篇论文指出，基于石器工具所在的地层所处的时期，没有人真的怀疑大脑只有黑猩猩的大脑那么大的南方古猿是当时非洲草原上最聪明的居民。这一发现清楚地表明，在人类扩张之前的 100 多万年，技术就已经伴随人类的出现而开始发展了。

哈曼德等人遵循当前的惯例，将所发现的史前古器物称为“工具”，而非武器。我认为，这个更加中立的术语表达了我们对霍布斯的观点的反对。显然，霍布斯没有足够的信息来理解深度时间或者生物分类和关于进化的问题，如果他知道洛迈奎3号，可能会以不同的方式称呼它，就像弗里尔后来在霍克斯尼所做的那样。

在人类出现之前就已经存在的武器技术可以揭示其功能和使用者的进化程度。这里的武器技术并不是指选择合适的细枝来挑取白蚁，或者用合适的叶子装水，而是将细粒度的火成岩磨制成锋利或叶片状的工具，以切割肉和骨头。

如果“狩猎”这个词能帮助我们解释这些锋利的石器是如何使用的，那西班牙格兰多利纳（Gran Dolina）的奥罗拉（Aurora）地层中的化石便能告诉我们狩猎的方式。帕尔米拉·巴利斯特（Palmira Balleste）及其同事发现，有一种人类或者直立人的祖先可能以另一种敌对的族群作为食物来源。受害者的年龄特征“与黑猩猩种族之间惨食同类的年龄特征类似”，也就是说，被吃掉的都是婴儿和未成年个体。

人类出现之前的历史（无论远近）充斥着大量群体暴力，这一发现令人备感吃惊。原因在于考古学家认为，过去的小型群体社会在某种程度上是平等的。这一观点可以追溯到霍布斯的准学术对头让-雅克·卢梭（Jean-Jacques Rousseau）的乌托邦梦想。卢梭认为，自然界是和谐的、纯净的，人性的野蛮是高尚的，而非堕落的。

和霍布斯一样，卢梭缺乏进化的观点，并且或多或少地陷入了本质主义的断言之中。然而，一旦我们不得不将野生灵长类动物与人类的早期祖先联系起来，就会产生这个棘手的问题。如果我们研究的野生黑猩猩和大猩猩有明确的地位等级，并且这种地位等级是基于力量，包括精心策划的谋杀和同类相食，那么公平竞赛是如何神奇地成为它们的基本行为准则的呢?

我们似乎忘记了现代社会文化人类学的奠基者刘易斯·亨利·摩根（Lewis Henry Morgan）、爱德华·伯内特·泰勒（Edward Burnett Tylor）和爱德华·韦斯特马克（Edvard Westermarck），他们活跃在19世纪，记录了北美和太平洋地区的各种不公平现象。比如，我们内心可能会希望特林吉特（Tlingit）和海达（Haida）部落以及奥吉布瓦（Ojibwa）和肖尼（Shawnee）部落没有奴役过奴隶，但如果考虑到原住民和奴隶的感受而避免在现代课本中提及这些历史，反而帮了倒忙。

回到关于洛迈奎3号的新闻，我们认识到，技术不仅是一种象征，而且是一种非常重要的竞争。通过对大约200万年前开始的脑容量持续变大这件事的重新分析，我们发现刀具和斧头可以替代缺失的生物学功能——从生物力学的角度来说，巨大的犬齿和发达的颚肌阻碍了大脑的增大。正如弗里尔可能会立即领悟到的那样，这些包括武器在内的器具也许才是主要的。只有假设群体之间存在高等级的竞争，我们才能理解人类的适应性扩张，以及最终只有一种人种存活下来的事实。

矛盾在于，通过削尖刀器扩展可能的攻击范围，人类开辟了更广阔的视野，原来技术可以用于实现意想不到的目的。然而，对于霍布斯关于“人类的本性是好战的”和弗里尔关于“世界的原始技术起源于攻击”的结论，我们不应该忽视。然而，当隔代遗传被迫陷入停滞时，我们却忘了霍布斯的告诫——只有通过精心构建的制度才能保证持续的和平。

126

THE IMMUNE SYSTEM: A GRAND UNIFYING THEORY FOR BIOMEDICAL RESEARCH

免疫系统：生物医学研究的大一统理论

布迪尼·萨马拉辛哈（Buddhini Samarasinghe）

分子生物学家，科学传播者，“了解宇宙”（Know the Cosmos）网站创始人之一。

在医学界，关于疾病的微生物理论引发了一场变革。历史上第一次，我们将疾病归咎为微生物的进攻。当前，我们虽然可以很快地识别、分类以及战胜这些微生物，但远未到战胜疾病的程度。癌症、心脏病、糖尿病、中风和寄生虫病仍是造成人类死亡的主要原因。那么，是否存在一种统一的理论可以解释所有这些疾病呢？是否存在一种可以帮助我们再一次改变生物医学科学的通用机制呢？答案也许在于免疫系统。

实际上，我们才刚开始了解免疫系统对人体的重要性。它的细胞岗哨在整个身体内形成了一个复杂的早期预警网络；它的信号分子——细胞因子，触发和调节我们对感染的反应，包括炎症。与伤口中血液凝结的过程一样，这些都是很普通的过程。从根本上来说，免疫系统是我们理解和治疗各种疾病的基础结构。

癌症常被描述为“永不愈合的伤口”，是一种致使肿瘤恶化的慢性炎症。癌细胞通过破坏和劫持免疫系统的组成部分来恶化成肿瘤；免疫抑制和肿瘤导致的炎症是癌症免疫学的两个方面。Ⅰ型和Ⅱ型糖尿病都与免疫系统有关；Ⅰ型糖尿病是一种自身免疫系统疾病，免疫系统会攻击胰腺中产生胰岛素的细胞；Ⅱ型糖尿病通过炎症中产生的高水平细胞因子与胰岛素抵抗。促炎性细胞因子与心脏病有关。心脏病是发达国家中导致人们死亡的主要原因。疟疾寄生虫是操控人类免疫系统的“专家”，它们躲在分子中，使免疫系统察觉不到它们的存在，从而破坏血液细胞。

不过，令人感到欣慰的是，我们对神经免疫系统有了初步了解，这是一种由神经元、神经胶质细胞和免疫细胞组成的密集生化信号网络，对中枢神经系统的功能至关重要。当患者患有抑郁症、躁郁症、中风、阿尔茨海默病、帕金森综合征及多发性硬化症等疾病时，神经免疫系统的这种信号网络就会被破坏。当抑郁症发作时，细胞因子的水平会显著提高；在康复阶段，患有躁郁症的患者身体内的细胞因子水平会回落。实际上，即使来自社会排斥或孤立的压力也会导致炎症，这就产生了一种有意思的观点，即抑郁症可以被视为生理上的过敏反应，而非心理状态。

了解这些知识有助于我们找到相应的治疗方法。当前，关于调节免疫系统的研究成了新兴的研究领域，这对于癌症的治疗尤为重要。癌症免疫疗法标志着癌症治疗方法的一个转折点。一些正在通过癌症免疫疗法进行早期临床试验的病人康复之快，令人惊讶。有一种被称为检查点抑制剂的新型药物可以阻断癌细胞的特定通路，使我们可以重新设计免疫细胞来消灭癌细胞。作为一种普通的消炎药，阿司匹林可能还能预防部分癌症，这种令人期待的可能性正在接受大规模临床试验的检验。我们已经知道，阿司匹林的抗炎和抗凝作用可以用于预防心脏病和中风。一些很好的研究表明，用抗炎药物补充抗抑郁药物可以提高疗效。疟疾和艾滋病等传染性疾病的疫苗即将问世。这些进步来得正是时候，因为由于广泛的耐药性，抗生素的效果正变得越来越差，这一问题已被世界卫生组织列为“全球性威胁”。肿瘤专家、寄生虫学家、神经生物学家和传染病专家都在与免疫学家合作，这是我们之前从未涉足过的领域。

当下正是生物学和医学合作发展的全盛时期。关于人类免疫应变能力的强度和潜力的新发现仅仅是对将会发生之事的启示。不过，这些发现始终具有新闻价值，因为它们有助于我们治愈疾病，延长寿命。毫无疑问，我们应该警惕那些所谓的灵丹妙药和能够增强免疫力的食物等虚假疗法。如果我们能在有效沟通的基础上推动研究向前发展，就有可能引发生物医学的另一场变革。

127

HARNESSING OUR NATURAL DEFENSES AGAINST CANCER

利用我们的天然防御抵御癌症

迈克尔 · 霍克伯格（Michael Hochberg）

法国蒙彼利埃大学种群生物学家。

在一生中，50% 的人会患上某种癌症。虽然在基因高危人群中，10% 的癌症患者所占的比例还不到美国总人口的 1%，但每年的治疗费用高达 150 亿美元。

尽管研究了几十年，我们仍然没有找到能够完全治愈癌症的办法，其中一个原因在于癌症的不稳定性：它容易产生抗化疗的变异细胞，而这往往会导致复发。癌症难以治疗的另一个原因在于，基于不同的生物特性，不同癌症之间的区别很大，这意味着单一的药物只能对某种癌症的治疗有效。此外，即使同一种癌症，相关药物在不同患者身上的药效也不尽相同。因此，用一种药物来治疗所有癌症几乎是不可能的，而且对于转移性癌症而言，所有药物都难以见效。

因此，问题可以简单地表述如下：对于最难以治疗的癌症晚期的患者来说，只要能延续几周或几个月的生命，大部分新药物都是有效的。许多化疗虽然疗效有限，但它们找到了癌症的致命弱点。关于癌症治疗，若想知道最有希望的疗法，只需看看最有声望的科学期刊和相关标题以及大众媒体的相关报道即可：几乎都是关于免疫疗法的。

有一种治疗方法可能行得通：利用患者自身的自然机制来消除病变细胞，或者为患者提供部分人造的免疫系统，以专门消灭恶性肿瘤。在其他条件都相同的情况下，这比注射有毒的药物要好。传统化疗的主要缺陷是，这种方法既作用于癌细胞，在一定程度上也作用于健康的细胞，也就是说，若想药物起作用，必须小心地确定药物的剂量，以杀死或抑制癌细胞的生长，同时让患者不会有生命危险。虽然药物的剂量越大，对癌症的疗效越大，但发生副作用的可能性也就越高，甚至会导致患者死亡。许多患者都无法承受能够治愈癌症的化疗剂量，就算能够承受，快速分裂、具有基因突变倾向的癌细胞也会抵抗化疗，这就是癌症缓解后通常会复发的原因。

利用自身免疫系统的治疗方法听起来非常具有吸引力，因为这意味着我们凭借自身便可以通过免疫编辑和免疫监视来消灭病变细胞。然而，肿瘤微环境是一种复杂的适应性结构，它也有可能会破坏那些自然的和由治疗刺激引起的免疫反应。在过去几年里，我们看到了一些里程碑式的研究成果。比如，基于前景很好的临床试验，美国食品药品监督管理局（FDA）通过了两种免疫疗法的联合疗法来转移恶性黑色素瘤，这两种疗法便是纳武单抗（Nivolumab）和伊匹单抗（Ipilimumab）。当它们之中的一种疗法无法起作用时，另一种疗法则可以，这不仅能减小肿瘤的大小，还可以减少对药物的耐药性。使用联合疗法的理念同样适用于将免疫疗法和许多更传统的放疗、化疗和靶向疗法的最新进展结合起来。

目前，有 40 多项临床试验正在进行当中，它们都用于检查免疫疗法对乳腺癌的疗效。如果前景可观，在未来 10 年内，这种疗法也许能治愈当前患有乳腺癌的 1/8 的女性。这将是一则真正吸引人的重大新闻。

128

CANCER DRUGS FOR BRAIN DISEASES

对大脑疾病有效的抗癌药物

托德·萨克特（Todd Sacktor）

纽约州立大学生理学、药理学与神经学特聘教授。

针对神经退行性疾病的有效新疗法一直毫无进展，这种现状已经持续几十年了。最近针对阿尔茨海默病的药物试验也不尽如人意。由于这些失败的代价非常高昂，许多大型制药公司已经将研究重点从脑部疾病转向更有活力的领域，比如癌症。那么，对于数百万正在遭受和可能遭受这些具有毁灭性的脑部疾病的人来说，有什么好消息吗？

帕金森综合征是少数具有有效疗法的神经退行性疾病之一。

2015 年，有消息称，有一种抗癌药物对帕金森综合征有很好的疗效。实际上，这仅仅是一项非随机化、未采用盲法评估，并且也没有药效对照剂的研究，而且只在少数患者身上进行了试验，因此很难确定它是否有效。不过，这是一条值得关注的新闻，理由主要有三点。

第一，不同于其他任何疗法，这种药物似乎直接针对帕金森综合征的根本成因。如果患上帕金森综合征，为大脑提供神经递质多巴胺的神经元就会发生退化。治疗这种疾病[1]的主要方法是，用一种

甲磺酸伊马替尼片，可用于慢性粒细胞白血病急变期，也可以用于治疗恶性胃肠道间质肿瘤。——译者注

能够转化为多巴胺的化学物质替代缺失的多巴胺。这种疗法能够治疗帕金森综合征的这些症状：震颤、僵硬和动作迟缓。然而，这种疗法无法根除帕金森综合征。因此，含有多巴胺的神经元仍旧会退化，而这种药物仅能维持 7 年左右。

这种新药物名叫作尼洛替尼（nilotinib），起初是为治疗白血病而研发的，它与著名的化疗药物格列卫（Gleevec）[1]具有相同的作用。不过，与其他类似的药物不同的是，尼洛替尼跨越了血液与大脑之间的屏障。这种屏障让大部分药物在脑部无法发挥良好的疗效。虽然科学界尚不清楚帕金森综合征患者的神经元为何会退化，但有些观点认为，这与退化的神经元内的蛋白质的累积和错误堆叠有关，类似于牛奶中蛋白质的凝结。据估计，尼洛替尼可以抑制神经元内错误堆叠的蛋白质的累积。在服用尼洛替尼后，患者不仅在临床上获得了更好的疗效，而且其脑脊液中错误堆叠的蛋白质也下降了，这表明尼洛替尼针对的是神经元退化过程本身。

第二，尼洛替尼可用于抑制一种新发现的大脑疾病。与格列卫类似，尼洛替尼抑制的是细胞内的蛋白质激酶。细胞内的蛋白质激酶大约有 500 种，而尼洛替尼抑制的是其中一种。尽管细胞中已经有很多激酶了，但细胞要完成的生化工作更多。同样，大部分激酶具有多种功能，但有一些似乎只是“看客”。科学家之所以关注尼洛替尼抑制的激酶，原因在于，如果这种激酶变得过度活跃，就会导致血液中白细胞的数量迅速增加，从而导致得白血病。不过，科学家也发现，这种激酶与可能错误堆叠的神经元内蛋白质的累积有关。尼洛替尼之所以具有重要的新闻意义，原因在于，针对激酶的药物相对容易研发。而且，尼洛替尼第一次证明，如果这种药物能对一种疾病产生疗效，那有可能对另一种不相关的疾病也有效。白血病和帕金森综合征可能是最不相关的两种疾病。

第三，这种药物的作用时间让我们了解了一些关于帕金森综合征的新知识，这令人感到兴奋。这种知识就是帕金森综合征与其他神经退行性疾病存在联系，比如阿尔茨海默病。神经元内蛋白质的错误堆叠是许多神经退行性疾病的共同症状。然而，没人知道抑制蛋白质的错误堆叠能否有效治疗或治愈疾病，甚至恢复功能。尼洛替尼的效果显现得相当快，试验仅持续了几个月。如果尼洛替尼的实际意义在于抑制神经元内蛋白质的错误堆叠及其累积，而非增加多巴胺的释放，而且患者有所好转，这就可能意味着，错误堆叠是神经元内蛋白质的“好”堆叠与“坏”堆叠之间动态战争的一种状态。如果真是如此，我们便可以得出这样的结论：存在试图主动修复细胞的神经过程。这将会为我们治疗和恢复在神经系统疾病中失去的机能带来希望。

129

THE MOST POWERFUL CARCINOGEN MAY BE ENTROPY

最强大的致癌物可能是熵

乔治·约翰逊（George Johnson）

科学作家，《纽约时报》专栏作家；著有《癌症纪事》（*The Cancer Chronicles*）。

癌症通常被描述为达尔文进化论的加快版本。通过一系列对自身有利的突变，肿瘤这一怪物会在人体内越长越大。部分突变是遗传的，部分则是环境因素造成的，即外部多种影响相互作用的结果。不过，还有一类突变人们很少谈及，那就是当细胞分裂时，随机的错误复制会自发导致突变。

克里斯琴·托马塞蒂（Cristian Tomasetti）和贝尔特·沃格尔斯泰因（Bert Vogelstein）在《科学》杂志上发表的一篇文章中提出，2/3 的癌症风险可能来源于这些错误——熵的“坏运气”。这篇论文引发了环保人士和公共卫生官员的强烈反对，他们中的许多人似乎误解了这项研究，或者故意曲解事实。发表于《自然》杂志上的另一篇文章提出了相反的观点，认为高达 90% 的癌症是由环境造成的。我认为，这些充满争议的文章最不可信。随着流行病学的发展，癌症和致癌物之间的关系将会变得越来越模糊，而吸烟与肺癌之间强大而又确凿的关系看起来似乎只是一个意外。

如果你继续关注关于癌症的后续研究，便会发现一些非常有趣的事情。但同时，我希望更多的人能够明白，癌症并不意味着做错了什么，或者经历了什么不好的事。部分癌症可以预防，部分可以治愈。然而，对于人类这种生活在熵世界中的多细胞生物而言，超过某种阈值就会患上癌症的可能性很大。

130

THE DECLINE OF CANCER

癌症的衰落

安东尼·格雷林（Anthony Grayling）

哲学家，伦敦新人文学院院长，牛津大学圣安妮学院（St. Anne's College）特聘委员。

在这个科学大放异彩的年代，虽然我们很难将掌声只给予某一个领域，但癌症研究领域确实值得嘉奖。2015 年，癌症研究取得了多项进展。通过基因控制，研究人员迅速逆转了老鼠体内的结肠直肠癌；荷兰科研团队研发了高准确度的癌症血液检测方法；将抗疟蛋白附着在癌细胞上可以消灭癌细胞，这一发现可能会带来癌症的通用疗法；梅奥诊所（Mayo Clinic）[1]通过采用某种结合蛋白发现了破坏癌细胞生长的方法；在胰腺肿瘤细胞中发现的某种蛋白质可以提高胰腺癌的早期诊断效率；用于治疗乳腺癌的低毒性纳米药物可能即将面世，以及美国食品和药物管理局批准了将帕博西尼（Palbociclib）用于乳腺癌的治疗。肿瘤学领域可能还有更多其他新闻，这些进展的累积效应可能印证了一位顶尖肿瘤学家的预言："最多不超过一代人的时间，届时就不会再有人在 80 岁前死于癌症。"

[1] 于 1863 年在美国创立，是美国当前规模最大、设备最先进的综合性医疗体系。——译者注

131 THE MATING CRISIS AMONG EDUCATED WOMEN

受过良好教育的女性面临性爱危机

戴维·巴斯（David Buss）

得克萨斯大学奥斯汀分校心理学教授；与辛迪·梅斯顿（C. M. Meston）共同著有《女人的性爱动机》（*Why Women Have Sex*）。

在每年的大学毕业生中，女性的人数都超过了男性。这一趋势在北美和欧洲已经很普遍，而且正在向世界范围内发展。在我从事教学工作的得克萨斯大学奥斯汀分校，女性和男性的这一比例为54%∶46%。初看之下，这种失衡似乎不太大，但仔细一想，这意味着本地交友圈中，女性要比男性多17%。这种现象的出现可能源自多种原因，比如，性别歧视的逐步消除，相对于男性，女性变得更有责任心、更强大，这都会促使女性可以获得更高的分数和大学录取率。无论原因何在，这种失衡导致受教育程度较高的女性面临性爱危机。

我们必须深入研究人类的性爱心理，以了解性别比例失衡带来的影响。女性和男性都进化出了多种性爱策略。他们中的一些人喜欢随意的约会，而另一些人希望能有忠诚的伴侣。一些人在一生中会交替出现这两种情况，而对于另一些人来说，这两种情况会同时发生。尽管遭到一些社会科学家的否认，但大量研究表明，男性对性伴侣多样性的渴求更高。男性每天的性幻想更多，包括多个伴侣的性幻想，他们更容易在交友网站上寻找一夜情。因此，受过良好教育的女性过剩正好迎合了男性的这部分性需求，因为人数较少的性别更有可能在约会中得到自己想要的东西。在中国的大城市，由于男性过剩，女性的性需求能得到更好的满足，而许多男性缺乏性伴侣，难以得到满足。在这方面，环境的影响极其重要。在曼哈顿这样的地区，每一位多出的女性都能在许多地方找到对应的男性，比如工程学院或者硅谷的软件公司。如果周围没有足够多的男性，女性之间的性竞争将会不可避免地加剧。大学校园里的勾搭文化和在线交友网站的兴起不是出自偶然。

从性心理学的角度来看，性别失衡仅是问题的一部分。性爱心理的其他因素加剧了问题的严重性。女性对忠诚性伴侣的择偶标准是问题的关键所在。一方面，大部分女性不愿意找比自己受教育程度低、没自己有智慧、事业发展也不如自己的男性。另一方面，男性不太将这些条件作为首要的考虑因素，而是优先考虑其他因素，比如年龄和外貌。因此，受过良好教育且有所成就的女性面临的性比例失衡更为严重。她们最终将不得不竞争有限的受过良好教育的男性，不仅要与越来越多受过良好教育的女性竞争，还要与受教育程度偏低，但有其他吸引男性的条件的女性竞争。当我们将年龄和离婚这两个因素列入考虑因素时，受过良好教育的男性的相对缺乏更严重。随着年龄的增长，男性会更倾向于选择比自己年轻的女性。受过良好教育的智慧女性可能最终会找一个不那么成功的伴侣，但对于忠诚的性伴侣而言，她们一般希望对方的年纪和自己相当，或者比自己大几岁，以及受教育程度和事业成就至少与自己相当。由于教育需要时间，在学历最高的群体中，也就是在那些努力读取高学历以成为医生、律师、教授，或者读完MBA后进入公司的人群中，男女比例的失衡尤为严重。此外，由于男性比女性更容易在离婚后再婚，而且女性伴侣会越来越年轻——第一次婚姻小3岁，第二次小5岁，第三次小8岁，随着年龄的增长，配偶双方存在年龄差的比例也会越来越大。

在面对性爱危机这件事情上，不同女性的应对方式也不尽相同。一些女性通过性爱技巧来提升自身的吸引力，她们穿着更性感，会发送更多露骨的信息，也会更快地发生性关系，以期望关系向长远发展。一些女性选择退出性爱游戏，不愿意为此牺牲自己的事业。实际上，女性仍然不得不在事业和家庭之间做出选择，即便这方面有了一些进步；还有一些女性坚持对男性的要求：单身、受过良好教育、情商较高、对性不过于随意，能对她们的智慧、幽默感、复杂情感和性魅力产生长期吸引力。

对于这些成功女性来说，有一个好消息是，受过良好教育的夫妻的婚姻更稳定、矛盾更少、出轨的概率更低、离婚的可能性更低。此外，受过良好教育的夫妻的生活水平也更高，因为双份工资会使他们的生活更富裕，经济压力也更小。然而，基于教育水平的择偶标准带来了一个出人意料的负面影响，即扩大了贫富差距，后者是导致社会中经济不平等的一个主要因素。不过，对于成功克服重重困难的成功女性来说，成功的婚姻比降低社会不平等更为重要。

那么，如何解决受过良好教育的女性面临的性爱危机呢？她们是否应该调整自己的择偶标准？性爱心理可能不那么具有可塑性。相同的择偶标准会导致性别失衡，并由此陷入恶性循环，阻碍人类的幸福。虽然成功女性能够克服职场中的阻碍，但在性爱上却陷入了新困境。

HENCE IF YOU HEAR A NEWLY MARRIED COUPLE ASK YOU IN ALL SERIOUSNESS, "WHAT IS THE SINGLE MOST IMPORTANT REQUIREMENT FOR A HAPPY MARRIAGE?" YOU CAN BET THAT THAT MARRIAGE WILL END IN DIVORCE.

如果当一对刚结婚不久的夫妇问你："对于幸福的婚姻来说，最重要的因素是什么？"我们便可以打赌，他们的婚姻最终会以离婚告终。

——贾雷德·戴蒙德，《最重要的因素》

132 THE MOST IMPORTANT X . . . Y . . . Z . . .

最重要的因素

Jared Diamond

贾雷德·戴蒙德

加州大学洛杉矶分校教授；著有《昨日之前的世界》（*The World Until Yesterday*）、《性的进化》[1]。

经常有人会问："对于某一领域的某个问题来说，最重要的影响因素是什么呢？"比如，对于艺术创作来说，最重要的因素是什么？生物的成功竞争呢？幸福的婚姻呢？军事胜利呢？科学创造呢？成功的育儿呢？可持续发展的经济呢？世界和平呢？

① 关于人类性征的进化，没有人比贾雷德·戴蒙德更有资格做出解释。《性的进化》一书力图解释人类的性行为是如何演变为现在的模式的，包括女性的绝经期、人类社会中男性的角色、离群性交、为取乐而非传宗接代的性交，以及女性乳房早于发挥喂乳功用时的隆起等。通过一个个有趣的案例，戴蒙德帮助我们梳理了人类性征进化历程的多个方面，写出了一部迷人的、令人惊叹的经典之作。本书中文简体字版已由湛庐策划，天津科学技术出版社出版。——编者注

在当前这个复杂、多变的世界，这类问题的正确答案基本是相同的："最重要的是不要寻找最重要的因素。"因为这些问题经常源自很多因素，并且每个都十分重要。

例如，婚姻咨询师总结出了对幸福的婚姻至关重要的 19 个独立因素，其中 7 个因素分别是对待性、金钱、宗教、政治、亲人、育儿、争论的方式。如果一对夫妇在其中 18 个因素上能相互包容，但唯独在性（或者金钱、宗教等）这件事情上始终不和谐，也会导致不好的后果。因此，如果当一对刚结婚不久的夫妇问你："对于幸福的婚姻来说，最重要的因素是什么？"我们便可以打赌，他们的婚姻最终会以离婚告终。

133

THE MOTHER OF ALL ADDICTIONS

所有成瘾之母

海伦·费希尔（Helen Fisher）

罗格斯大学人类学家，金赛研究所（Kinsey Institute）高级研究员；著有《为什么是他？为什么是她？如何找到并保持长久的爱情》（*Why Him? Why Her? How to Find and Keep Lasting Love*）。

坠入爱河会让大脑的奖励系统（主要是中脑边缘的多巴胺通路）处于激活状态，这与服用海洛因、可卡因、酒精和尼古丁等容易使大脑处于兴奋状态的药物引起的反应类似。当我们对这些药物上瘾时，中央神经系统就会变活跃。基于这一点，我一直在想，浪漫的爱情能否抑制对这类药物的渴望，或者这两种如此不同的渴望能否同时对大脑产生影响，也就是让大脑的中枢神经系统变得更敏感，使瘾君子更容易接受浪漫的爱情，抑或使坠入爱河的人更容易陷于其他形式的上瘾。简而言之，这个中枢神经系统是如何同时容纳两种不同形式的渴望的呢?

在很大程度上，这些问题仍未得到解答。不过，2012 年，一篇文章对这一难题进行了深入研究。徐晓梦（Xiaomeng Xu）和她的同事运用功能磁共振成像技术对 18 位被禁用尼古丁，但又刚好陷入热恋期的吸烟者进行了脑部扫描。研究人员收集了当这 18 位参与者分别看到手中的香烟图片和爱人的照片时大脑活动的数据。结果表明，中度依赖尼古丁的人对爱人的渴望减少了与渴望吸烟相关的大脑区域的活动。

然而，这一研究的价值还不仅如此。这篇文章还指出，从事任何一项新奇的活动（不仅限于浪漫的活动），都可以通过劫持同样的多巴胺奖励系统来减轻对尼古丁的渴望。对那些想要戒烟的人来说，这种单一的相关性可能具有十分重要的意义。我将在后续的研究中进一步发掘这些数据背后隐藏的深层次含义。虽然这是我的假设仅有的证据，但这项研究告诉我，成瘾可能分层级。这项研究表明，在某些情况下，坠入爱河会减轻对尼古丁的上瘾。浪漫的爱情也许是所有的成瘾之母。实际上，这是一种积极的瘾，能让人克服其他渴望，赢得生命中最重要的奖励——伴侣。

134

THE TRUST METRIC

信任的尺度

约翰·戈特曼（John Gottman）

心理学家，戈特曼研究所共同创始人；著有《幸福的婚姻》[1]。

在近期的科学新闻中，最令我感到惊奇和兴奋的是，信任可以被有效且可靠地测量。这一过程涉及大量信息，而这些信息与家庭和社会正常运转的影响因素密切相关。

作为一名关系研究员和婚姻家庭咨询师，我始终相信，信任是夫妻之间最重要的事情。同样，当人们寻找伴侣时，首先要考虑的因素就是对方是否值得信赖。罗伯特·帕特南（Robert Putnam）在其具有开创意义的书《独自打保龄球》（*Bowling Alone*）中记录了有关信任的相关研究，这些研究都基于一个非常简单的问题：一般来说，你是否信任他人？社会学家曾以“是/不是”的问卷形式就这个问题做了一次调查，结果发现，美国不同地区的人以及来自不同国家的人给出的答案差别很大。

令人感兴趣的科学新闻是：在美国一些地区，人们是否信任他人与正面的社会指数相关，比如更快的经济增长率、更长的人均寿命、更健康的身体、更低的犯罪率、更高的选举参与度、更大的社区参与度、更高的慈善参

① 《幸福的婚姻》是一本非常实用的婚姻指南，任何夫妻都能从中受益。在书中，戈特曼博士用大数据还原婚姻关系的真相，并总结出使婚姻免于破裂的7个法则，引导读者创建一桩高情商、长久的婚姻。本书中文简体字版已由湛庐策划，浙江人民出版社出版。——编者注

与度，以及学生的更高成绩。不过，这些仅仅是反映社区健康指数的一小部分。从美国的北部到南部，信任他人的比例呈下降趋势。信任很大程度上取决于该地区最富有和最贫穷的人之间的收入差距。

收入差距的扩大导致信任度下降。从20世纪50年代以来，美国人的收入差距逐年上升，而社区参与度则不断下降。有数据表明，20世纪50年代，首席执行官的收入大约是普通工人的25倍，此后这一差距一直在扩大，到了2010年，变为了350倍。因此，这个国家的人民正面临着危机。在2016年的大选中，贫富差距成了一个主要因素，这并不令人感到意外。因此，美国如何对待最贫穷的那部分群体是整个国家社会经济健康指数中很重要的一个因素。同情穷人是明智的政治抉择。

其他国家的情况也与此类似。信任度与政治腐败的程度相关，政治越不腐败，信任度越高。巴西仅有2%的人会信任他人，而挪威这一比例高达65%。虽然还有许多其他因素会影响信任度，但显而易见的是，当前巴西国内的政局并不稳定，而挪威则欣欣向荣。

令人感到不幸的是，这些惊人的数据是相互关联的。关于信任度的研究成果虽然很难进行社会层面的实验，但催生了许多有关行为经济学和神经经济学的新领域，而这些新领域正在进行令人兴奋的新实验。结合基于博弈论的数学方法，这些新实验会得出一种新方法，它可以在人际互动中有效地度量信任度。对于人与人之间如何建立（或失去）信任关系，我们已经有了新认识，而一种新方法正在验证之中。

我们开始认识到，人类在家庭关系中的合作对整个社会具有同样的作用。我希望，这些进展最终能促使形成关于人类和平与和谐共存的科学。

135

OPTOGENETICS

光遗传学

克里斯琴安·凯泽斯（Christian Keysers）

神经科学家，荷兰神经科学研究所社会大脑实验室主任；著有《共情的大脑》（*The Empathic Brain*）。

在过去的10年间，基于光遗传学方面的科学发现，神经科学开启了一扇前所未有的大门。在光遗传学出现之前，我们记录脑细胞活动的方式十分复杂，并且已经知晓人类的情感、想法和感知来源于数百万细胞的活动。然而，我们缺少的能力是，如何在大脑中触发类似的活动。神经科学是思维的旁观者，而非参与者。随着光遗传学的出现，这一问题正在发生转变。

光遗传学是有关生物技术的新兴领域，这项技术可以将大脑活动和光进行相互转化。通过光遗传学，我们可以将荧光蛋白引入脑细胞，使它们在活动时发出荧光，进而将神经活动转化为光。通过光遗传学，我们还可以将光敏离子通道引入神经元，这样一来，细胞的闪光就会触发神经活动或使神经元保持静止状态，进而将光转化为神经活动。通过运用现代技术记录大脑深处神经元的光，并将光导向单个神经元，我们取得了一项10年前难以企及的成就：历史上第一次我们可以有选择性地在大脑中重新创造任意状态，操控思维。相关实验已经证明了这一技术的潜力。比如，在老鼠初次体验到恐惧后，运用光遗传学重新触发初次体验中的神经活动模式，它会再次体验到恐惧。至此，神经科学已经成为研究的焦点。科幻电影《全面回忆》（*Total Recall*）中有这样一个场景，主角阿诺德·施瓦辛格的大脑中被植入了他从未经历过的记忆，而现在，我们可以实现这种科幻场景了。在另一组实验中，研究人员记录了一只动物的脑细胞活动，然后将这种活动引入另一只动物的对应脑细胞，这样它便可以基于前一只动物的感受做出判断。

我猜测，这种在指定神经元层面重建大脑活动的技术将会以前所未有的方式改变人类自身。虽然火、车轮、抗生素、互联网的出现深刻地改变了人类的生活，让生活变得更安全、舒适和令人激动，但这些并没有改变人类自身。记录并操纵大脑活动会改变人类自身。这将会成为一种接口，通过这种接口，计算机可以成为大脑的一部分，而大脑之间将可以直接进行交流。

婴儿在成长为儿童的过程中，会发生巨大的变化，而这种变化来自大脑中的连接被允许接入新大脑区域的资源。然而，当类似于光遗传学等技术可以使人类的思维连接到计算机世界时，人类身体的局限将会被超越。届时，人类还是人类吗？不只是人类的感官，再加上物联网上的所有传感器，世界将会变成什么样子？如果我们的大脑能直接与身边的其他大脑进行交流，全球气候谈判将会如何？如果只有一部分人能够支付得起神经增强的高昂费用，社会又该如何应对？如果一部分人拥有了惊人的思维能力，而另一部分人仍然局限于原初的大脑，社会又该如何应对？

136

THE STATE OF BRAIN SCIENCE

脑科学的现状

特伦斯·谢诺沃斯基（Terrence Sejnowski）

计算神经科学家，萨尔克生物研究所[1]荣誉教授；合著有《计算型大脑》（*The Computational Brain*）。

2013 年 4 月 2 日发生了一则重大新闻，美国联邦政府宣布了“大脑计划”（BRAIN Initiative）。这一计划的目标是开发全新的神经技术以全面了解大脑的功能。像这样的重大项目每隔几十年才提出一次，包括 1961 年宣布的将宇航员送上月球的“阿波罗计划”；1971 年向癌症宣战；1990 年的“人类基因组计划”。这些计划都旨在通过集合最好、最顶尖的科学家，一起努力攻克那些只有举全国之力才能解决的难题，这一过程通常需要 10 ～ 13 年的努力。

[1] 美国加州南部拉霍亚的一家独立非营利性科学研究机构，它也是美国生命科学领域获得成果最多、质量最高的研究机构之一。——译者注

为什么这次的攻克目标是大脑？人类的大脑是自然界已知的最复杂的器官，而且到目前为止，关于大脑原理的研究都未取得有意义的进展。若想破解神经的密码，需要全球的合作。在早些时候，欧洲评估了关于人类大脑的研究项目，日本随后也宣布了一项有关大脑/思维的研究项目，以开发一种转基因的非人类灵长类动物模型，中国

也在雄心勃勃地规划大脑研究项目。

脑神经紊乱是一种很常见的病症，其后果也非常严重。比如，由这种病症导致的孤独症、精神分裂症和抑郁症不仅夺走了许多人的生命，也给社会带来了沉重的经济负担。在美国，每年用于治疗患有阿尔茨海默病患者的费用高达 2 000 亿美元，而且，随着人口年龄的增长，患者人数还会增加。不同于心脏病和癌症的短期致死，患有脑神经紊乱病症的患者可以活几十年。制药公司开发新疗法的所有努力都失败了。因此，如果我们还无法找到治疗受损大脑的更好方法，后代将会遭受严重的经济损失。

此外，解开大脑的奥秘有助于避免文明的灾难性崩溃，这一现象正在中东地区发生。互联网使恐怖组织得以发展壮大，而现代科学也带来了各种威胁，从核武器到基因重组等。不过，最具破坏力的武器当属人类自己。我们需要了解正在计划制造巨大破坏力的自杀式恐怖分子的动机。

这些动机基于大脑的不良行为。不过，科学的最终目标是搞清楚大脑功能正常运作的基本原理。理查德·费曼曾说："我不能创造的东西，我就不了解。"也就是，如果我们自己无法证明一些东西，就无法真正地理解它。理解一些原理的有效方法就是，基于理解制造出某样东西，看看它能否运转。一旦我们掌握了大脑的工作原理，就应该能制造出具有类似功能的东西。这将会对社会的方方面面产生深远影响，而基于机器学习的人工智能的兴起正是一个前兆。人类的大脑是最高级的学习机器。

以上是"大脑计划"的目标，它最终的收获可能会超出我们的想象。"阿波罗计划"的目标已经达成，但如果月球如此重要，我们为什么不重返月球呢？实际上，到达月球所需的技术带来了许多出人意料的好处：卫星产业的繁荣发展；数字通信、微电子技术和材料科学取得了巨大进步；科学和工程教学得到了改善。

虽然抗击癌症的斗争仍在继续，但用于治疗这一疾病的 DNA 重组技术让我们可以操纵基因组，并创造了生物技术产业。"人类基因组计划"的目标是治疗疾病，虽然这些疾病很难通过检查碱基对找到答案，但人类基因组测序已经改变了生物学，并创造了基因产业，进而带来了个性化的精准医疗。

“大脑计划”将会带来与大脑复杂度相匹配的神经技术。基因研究已经发现了数百种导致脑神经紊乱的基因。由于脑细胞种类繁多，信号通路复杂多样，用药物治疗大脑疾病不像治疗心脏病那样有效。新神经技术的发展将会针对脑神经紊乱的根源找到更精确的办法。来自分子遗传学和光遗传学的工具已经让我们具备了一项前所未有的能力——操控神经元，而“大脑计划”正在研发更强大的工具。

回顾之前国家宣布的重大计划，我们可以得出这样一个重要结论：再没有比这更好的方法了，那就是将最优秀、最聪明的头脑号召在一起共同解决重要的问题，并建立解决问题所需的基础技术。

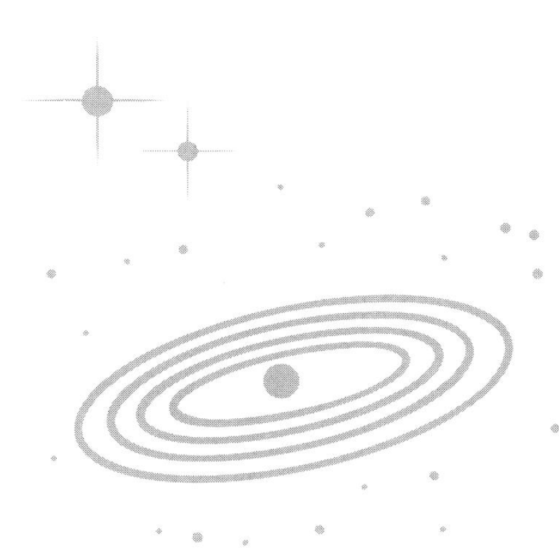

OUR ABILITY TO PRIORITIZE AND PROCESS THE NEWS IS IN AN AUTOCATALYTIC, POSITIVE FEEDBACK LOOP IN WHICH WE EXTEND OUR BRAIN BOTH BIOLOGICALLY AND ELECTRONICALLY.

我们对新闻进行优先排序和处理的能力基于一种自动催化的正反馈循环，在这种循环中，我们能从生物和电子两方面扩展大脑。

——乔治·丘奇，《提高智商的神经学新闻》

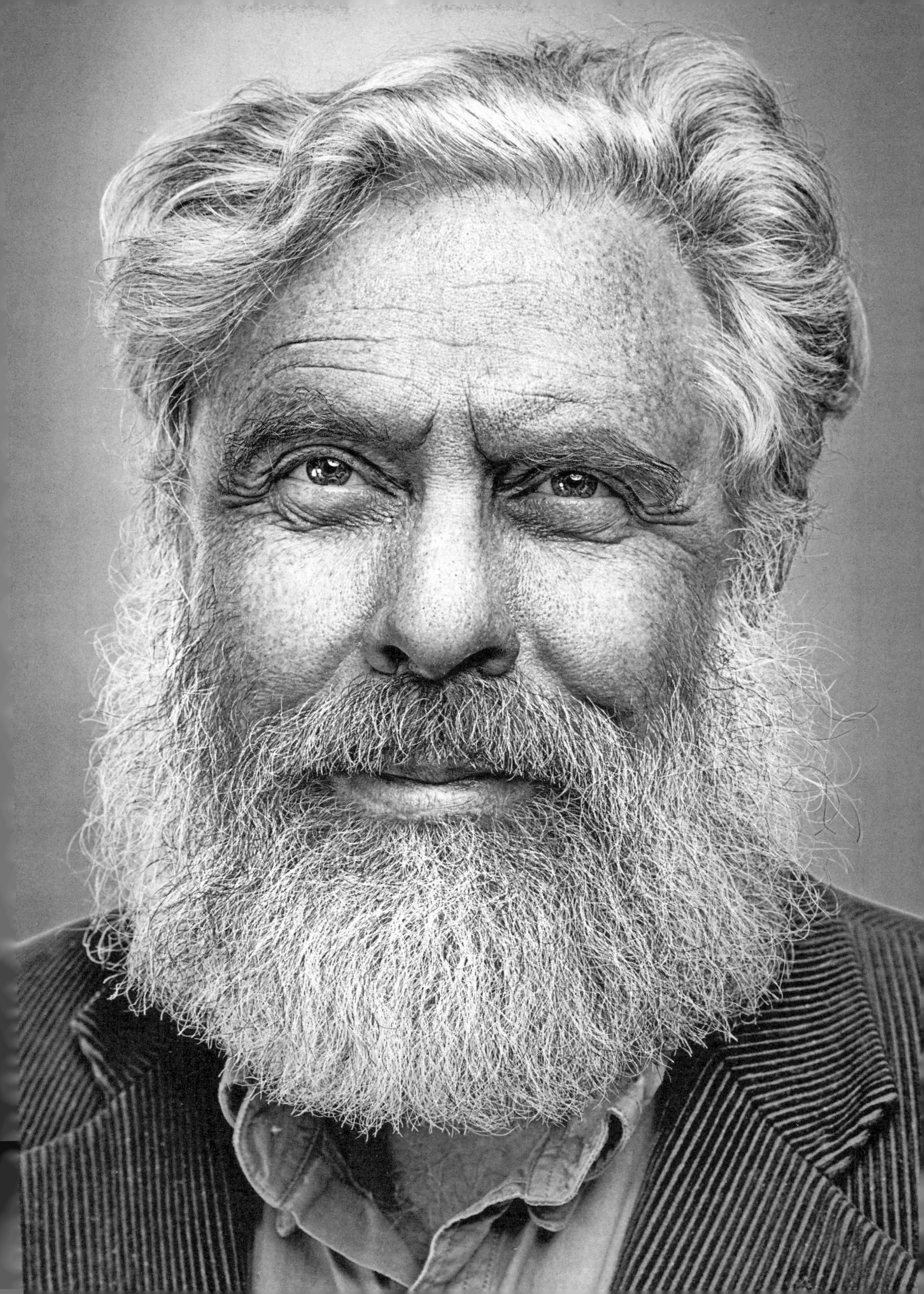

137

NOOTROPIC NEURAL NEWS
提高智商的神经学新闻

George Church
乔治·丘奇

哈佛大学医学院教授，“个人基因组计划”主任；与埃德·里吉斯（Ed Regis）合著有《再创世纪》（*Regenesis*）。

互联网最受欢迎的一点就是，通过搜索引擎和社交网站，人们可以浏览关于购物、宠物和其他人，尤其是体育明星和名人的新闻。那么，受欢迎与长远重要性的区别是什么呢？

在偏远的土著居民和人类的灵长类近亲身上，这种区别似乎很小。在当前高度发达的文明社会，生存的重要性已经与受欢迎程度脱钩了。糖和脂肪在古代都是非常缺乏的营养物质，但现在已经变成了无处不在、充满热量的甜甜圈和牛排。当前，我们的繁殖本能被各种娱乐消磨得所剩无几。我们祖先利用石头和矛进行狩猎的生活方式促生了现代能够容纳 4 万～ 22 万人的

514 座体育场，以及有 48 亿人通过电视观看的各种比赛。从前温和的止疼草药被提纯，让人们上瘾。以前追逐和逃离捕食者 - 猎物的模式转移到了高速公路上，每年因此丧生的人数高达 120 万，这大约等于一万年前全球人口的总和。

达尔文式的进化促使人类提高了自身的生存能力，而现在，这种进化还催生了一些会令我们祖先感到困惑的能力增强技术，比如通过向火星移民和带有两个摄像头的手持神经假肢超级计算机来应对小行星撞击事件。

我认为当前最重大的新闻是，绿色和平组织（Greenpeace）、菲律宾农民运动组织（KMP）和农民和科学家联合支持农业发展组织（MASIPAG）以“反人道罪”被指控，原因在于，2002—2016 年，这些组织阻止人们推广黄金大米。这原本每年可以拯救因缺乏维生素 A 而死亡的 100 万人的生命。

以前的重大新闻是，40 年之后，我们仍然无法在是否需要改良胚胎（生殖细胞）这一问题上达成一致。不过，这也可能是一个没有实际意义的问题，因为基于基因与非基因的成人增强技术有着更大的市场和更高的回报率，周期也很快，大概只需几周，而非几十年；这是网络驱动速度与人类生殖速度之间的较量。就如同古老的（DNA）进化和新技术 - 文化的进化（革新），即使有百分之一的优势，最终会以指数级的速度增长，并且会迅速、完全地取代旧有的状态。

我们正在探索有关扭转衰老和提高智商（提高记忆与认知）的方法，以及寻求能够超越“美国食品药品监督管理局 - 美国环境管理协会 - 中国国家市场监督管理总局”式的监管方法，即使这样做会让我们不再享有现在这种自然而短暂的年轻时期，或者会让我们寻求扩展的认识充满风险。在天然产物、医疗旅游、医学实践（这其中包括外科手术和干细胞疗法）的监管方面，全球的监管结构仍然存在漏洞。

我们对新闻进行优先排序和处理的能力基于一种自动催化的正反馈循环，在这种循环中，我们能从生物和电子两方面扩展大脑。通过手术，我们可以将大脑的容量从 1.2 千克提升至 50 千克（尼泊尔夏尔巴人的常规大脑容量）。神经系统的生长速度可能与人类细胞的倍增时间一样快（大约只需要 1 天），人类细胞从通用型干细胞分化到最近设计的复杂的神经网络只需要 4 天。

当两颗或更多重量约在一千克左右的大脑距离足够近时，复制思维的可能性要比克隆大脑和通过计算机模拟大脑的可能性更大，克隆大脑的方法缺乏神经的复制，而计算机模拟需要对大脑有足够的了解，并且比复制思维的效率低得多。

现在，我们可以通过以指数级的速度改进的“创新神经技术”来测量和操纵人类神经的发育和活动，这也是一项重大新闻。如果这些增强真的可以帮助我们处理信息，那将会成为令人难以置信的重大新闻。

138

MEMORY IS A LABILE FABRICATION

记忆是不稳定的虚构

凯特·杰弗里（Kate Jeffery）

神经科学家，伦敦大学学院教授。

我们曾以为，记忆是对已往之事的真实记录，就如同脑海里可以随时回放的录像带。实际上，记忆远没有真实的录像带可靠和完整，因为我们会遗忘，而且大脑中的记忆有许多早已不在开始的存储位置。当我们回忆往事时总会十分肯定地认为，所忆之事一定发生过。实际上，整个法律体系都基于这一信念。

20 世纪，有三项科学发现改变了这一信念，其中两项发现距今有一段时间了，剩余的一项刚发现不久。实际上，我们很早就认识到，记忆与其说是一种记录，不如说是一种重建。我们并不能记住所有的事情，而且原始事件的关键内容会在记忆中发生改变。比如这些场景：那天你碰到的不是乔治娜，而是朱莉娅；那个人不是蒙特卡洛，而是戛纳；那天不是晴天，而是阴天（后来下雨了，你还记得吗）。然而，录像带可不会发生这种故障，它们有可能会破损、丢失某一段内容，但不会编造内容。

从 20 世纪 60 年代起，人们就已经知道，重新激活记忆会导致记忆在短时间内变得脆弱或者不稳定。当处于不稳定状态时，记忆很容易受到干扰，可能会改变原来事件的内容，进而再次存储。实验发现，这种改变通常是由一些对记忆不友好的物质引起的，比如蛋白质合成抑制剂。我们知道，某些药物会影响记忆的形成，而在记忆形成后又能改变记忆，这一点有些出人意料。

故事还不止如此。最近的研究表明，当重新激活记忆时，记忆不仅变得脆弱，而且会被有意改变。在过去的30年里，涌现出了一些具有神奇功能的分子基因技术，通过这些技术，我们可以确定哪些神经元参与了某个事件的编码，然后通过实验重新激活这些神经元，让接受实验的动物强制回忆起该事件。在重新激活记忆的过程中，科学家能够修改这些记忆，使再次存储的记忆不同于原有的记忆。不过，到目前为止，这些小修改只涉及情绪相关的内容，比如，将记忆中对某件事的中立态度改为积极的态度，或将积极的态度改为消极的态度，结果便是，参与实验的动物就会去寻找或回避这些事情。这意味着，我们距离实现这一事实不远了，即为记忆加入新的内容。也许，不久后的某一天就能实现。

为什么我们会进化出这样一个令人不安的系统呢？为什么记忆不能像录像带一样值得我们依赖呢？目前，我们还无法回答这些问题。进化并不在乎真实性，它只关心生存，即便某些属性看起来有点奇怪，也都有存在的必要原因。

记忆的建设属性有其显而易见的好处。若想记住一生中的每一个细节，则需要巨大的存储空间，而用神经突触存储一部分潜在记忆，并简单地记录下每一件事，是一种更经济的方法，比如存储这样一条简单的信息：在法国南部的一个海滩上，有一些老同学，当时是夏天等。许多理论神经科学家认为，记忆的不稳定性让超级记忆的形成成为可能，这种记忆也被称为语义记忆，即结合个人事件的记忆，形成关于世界的整体认识。比如，只要去过几次地中海，我们就会知道那里几乎都是晴天，因此阴沉的天气会被记忆逐渐抹去。由此可知，我们的行为只会与一般印象相关，而非过去的某个特定事件。因此，我们便会得出这样的结论，去地中海度假要带的物件是太阳镜而非雨伞。

记忆的脆弱性和不稳定性令人感到既惊讶又担忧。想到大脑在不断地重组我们的过去，而且过去并不是我们所记住的那样时，确实令人感到惊讶。

记忆中的过去如此真实，就像现在一样真实，而我们的行为也基于此，这一点怎能不引起我们的担忧呢？比如，目击证人会基于记忆提供自信的证词，导致某人被判为终身监禁。实际上，除了神经科学家外，没有人为此感到担忧。同样令人感到既惊讶又担忧的是，科学家和医生现在有能力编辑记忆、有选择性地改变一个人所有的记忆。

从医疗的角度来说，记忆编辑具有巨大的潜力，这一点着实令人感到兴奋，比如，通过外科手术减轻由创伤性记忆带来的痛苦。然而，我们在运用这项技术时，必须谨慎行事。当作用于大脑并修改某个人的过去时，我们也许会改变这个人自身。然而，有人也许会说，记忆的这种脆弱性和不稳定性意味着，我们并不是自己所以为的那个人。

139

THE CONTINUALLY NEW YOU

不断进步的我们

斯蒂芬·科斯林（Stephen Kosslyn）

密涅瓦学校凯克研究生院创始院长；与韦恩·米勒（G. Wayne Miller）合著有《上脑与下脑》（*Top Brain, Bottom Brain*）。

我的本科生导师是一位资深的科学家，他即将结束一段漫长而杰出的职业生涯。他曾对我说，虽然他已经结婚有50多年了，但他和妻子的关系依然非常亲密，而且妻子仍然时不时地给他带来惊喜。我觉得他可能扩展了自己的生活。无论是好还是坏，即使老了，我们也可以学到新知识，让自己保持好奇心。我们是谁或是什么？这是一个永具新意的话题，原因很简单，这主要源自大脑的工作方式。

- 我们如何回应所感知到的事物、情景或者想法，取决于我们当时的认知状态，这其中涉及一个概念——始发态。当我们大脑中的始发态被激活后，就会影响我们应对当前状况的方式。现有大量资料记录了始发态的作用。

- 我们如何理解新的刺激和想法，一定程度上取决于一种混沌的过程。关于这一过程的解释，我最喜欢的一个比喻是：雨点落在窗户的玻璃上，相同的雨滴虽然落在同一个点上，但流下的路径各不相同。即使始发态之间的区别非常小，都会影响最终的结果，这属于混沌系统的一部分。玻璃的状态取决于当前环境的温度、之前雨滴的影响和其他因素，这与特定时刻大脑的状态类似：取决于刚遇到的事情，以及当时正在想的事情和感觉。大脑会预先准备多种不同的想法，而这种始发态会影响新的观念和想法。

- 随着年龄和阅历的增长，长期记忆存储的信息结构会变得越来越复杂，始发态的影响越来越细微和难以预测。

- 简而言之，每个人虽然都会随着年龄的增长而成长，经历不同的事情，产生不同的想法，但永远无法准确地预测应该如何应对新情况。这是为什么呢？我们对自己的了解取决于事件发生时我们所关注的内容，以及用于解释自我的不完善的概念机制，而且不会受始发态的潜在影响，不过始发态会影响我们的直观感受和想法。因此，我们虽然无法永远保持年轻，但可以不断进步，至少要保持一方面的进步。

综上所述，我们应该让自己和他人感到放松和自在。当朋友吓到我们时，我们应该原谅，因为他们也有可能会受到惊吓。同样的道理也适用于我们自身。

从农业到工业，从石器到字母表，再到书籍，人类不断改变着世界，世界也在不断塑造着人类的大脑。

——艾莉森·高普尼克，《幼儿能掌握电脑》

FROM AGRICULTURE TO INDUSTRY, FROM STONE TOOLS TO ALPHABETS TO PRINTED BOOKS, WE HUMANS RESHAPE OUR WORLD, AND OUR WORLD RESHAPES OUR BRAINS.

140

TODDLERS CAN MASTER COMPUTERS
幼儿能掌握电脑

Alison Gopnik
艾莉森·高普尼克

加州大学伯克利分校心理学家；著有《园丁与木匠》[1]。

最近几年，蹒跚学步的小孩子，甚至婴儿都已经学会使用电脑了。这类新闻看起来无足轻重，一般会出现在报纸的生活版面和社交网站上的短视频中。然而，这实际上表明，人类的生活方式发生了深刻的变化。

触摸屏和语音的使用早已普及开来，很难相信苹果手机的出现至今只不

①《园丁与木匠》是一本广受国内外读者推崇的育儿书籍。作者艾莉森·高普尼克在本书中揭示了孩子行为背后的学习规律，并用大量经典而富有创造性的实验，描述了孩子在看、听、玩、做的时候，都是怎么学习的，以及在幼儿期、学龄期、青春期不同阶段的学习特性。本书中文简体字版已由湛庐策划，浙江人民出版社出版。——编者注

过短短的10年。对于成年人而言，这种应用方式只是提供了一种便利，但对于孩子来说，这改变了他们与计算机之间的交互方式。这是人类历史上第一次连蹒跚学步的小孩子都可以使用智能手机和平板电脑。

事实确实如此。孩子对这些智能设备感到着迷，并且很容易上手。基于这一点，2015年美国儿科学会（American Academy of Pediatrics）发布了一份关于婴幼儿和技术的新报告。多年以来，这家学会一直建议低于两岁的婴幼儿完全不要接触智能设备。不过，新的报告认识到这种建议已经不合时宜，在此基础上提出了更明智的建议：当婴幼儿观看屏幕时，确保有细心的成年人陪伴在侧，并注意他们观看的内容。

这种建议不仅对于备感焦虑的父母来说是一个好消息，对于人类的未来来说也十分重要。人类在5岁之前的学习方式与5岁以后以及成年后的学习方式大不相同。对于成年人来说，学习主要依靠努力和专注，对于婴幼儿来说，学习是自发的。成年人大脑的可塑性要比我们之前所了解的强，而婴幼儿大脑的可塑性更强，他们天生就适合学习。

在生命的头几年，我们探索物理、生物和心理世界的运作方式。当我们长大成人时，这些来自日常生活的常识就会变为潜移默化的东西，以至于熟视无睹。这就是我们在生活中获得的基础知识。从技术的角度来看，如果我们从很小的时候就开始学习文化相关的知识，它们也会变成基础知识。在我们的文化中，孩子会在5岁之前学习数字和字母，而在危地马拉的农村，孩子要学习使用大砍刀的方法。这些能力需要微妙而复杂的知识，身处当地文化的成年人对此熟视无睹，而另一种文化的外来者可能会对此感到无比震惊。

到目前为止，人们并不会像数数一样使用计算机。我们与计算系统的交互首先依赖的是计算和读写能力。若想学会计算机的工作原理，首先要懂得如何使用键盘，这样我们可以学会使用体型比较大的老式计算机。虽然在老一代人看来，千禧一代的高中生技术天才是宝贵的“数字公民”，而实际上，他们是在进入青春期后才真正开始学习计算机的，而这时正是大脑的可塑性急剧下降的时期。

用户界面的变化意味着，我们的下一代会成为真正的数字公民，他们将会沉浸在数字世界中，就像之前的人们学习语言那样学习计算机，但比以前的人们学习阅读和加法的时间还要早。就像认识字的人的大脑是通过阅读来塑造的一样，我那两岁的孙女的大脑将通过计算机来塑造。

这是喜还是忧呢？我们现在还无法回答，甚至在当前两岁的婴幼儿长大前的 20 年里，我们都无法回答。不过，根据人类过往的历史，我们理应对此充满希望，毕竟，强大的早期学习机制正是积累我们称为文化知识和技能的基础。我们之所以能在成年时开发新技术，正是因为我们在小时候掌握了前人的技术。从农业到工业，从石器到字母表，再到书籍，人类不断改变着世界，而世界也在不断塑造着人类的大脑。尽管如此，在人类文化变迁的过程中，新事物的出现才是最重大的新闻。

141

THE PREDICTIVE BRAIN

会预测的大脑

莉萨·费德曼·巴瑞特（Lisa Feldman Barrett）

美国东北大学特聘心理学教授，马萨诸塞州总医院神经科学家和研究科学家，哈佛大学医学院精神病学讲师。

人类的大脑是预测型而非反应型的。多年以来，科学家一直认为，在大部分时间里，人类的神经元处于休眠状态，只有在某些光线和声音的刺激下才会活跃起来。现在我们知道，所有的神经元都在不停地放电，并以不同的速率刺激彼此。大脑内部的这种活动是神经科学领域获得的重大发现之一。这种活动意味着，基于过去的经验，大脑会产生数百万个针对即将会遇到的事情的预测。

大脑的这种预测很多是微观层面的，比如预测光、声音和来源于感官的其他信息所传达的含义。每当我们听到声音，大脑就会将连续的声音流分解成音素、音节、词语，并预测出所传达意思。还有一些预测是宏观层面的。比如，当我们与朋友交流时，如果大脑根据当时的环境预测出朋友会笑，运动神经元便会提前刺激我们嘴巴周围的肌肉，致使发出微笑，接着我们的微笑会让朋友的大脑做出新的预测和行为，如此往复。如果预测有误，大脑也会纠正错误并做出新的预测。

如果大脑无法做出预测，就不会有体育运动项目。因为完全反应型的大脑无法足够快地分析出身边的海量感官信息，并及时引导行动来接球或阻挡射门。而且，如果大脑无法做出预测，我们一生都将生活在惊讶之中。

预测型大脑会改变我们对自身的认知，大多数心理学实验仍然假设大脑是反应型的。有一种被称为“问询”(trials)的实验，被试被要求坐在椅子上，根据所提供的图像、声音、词语等做出某种反应，比如，按下某个按钮。问询是随机进行的，以免相互干扰。在这种高度受控的环境中，实验人员得出了这样的结果，被试的大脑能做出快速的自动反应，然后在大约150毫秒后会做出受控的选择，这两种反应看起来像来源于大脑的不同区域。实际上，这种实验没有考虑到大脑的预测性。大脑从来都不会坐等着被刺激，而是始终进行着多种相互竞争的预测，以应对将会出现的行为和认知，并主动收集证据以在各种预测中做出选择。在实际生活中或者具体的某一时刻，或者在“问询”实验中，大脑的反应都不是相互独立的，因为不同的大脑状态是相互影响的。因此，大多数心理学实验都刻意打乱了大脑的自然预测过程。

预测型大脑提供了一种新颖的角度，让我们可以探索人类大脑是如何形成思维的。新的证据表明，想法、感受、观念、记忆、决策、归类、想象以及许多其他精神层面的现象（这些之前一直被认为是各不相同的大脑过程）都可以通过一个单一的机制联系起来，这个机制就是预测。这一发现让关于人性的理论面临危机，因为预测让持续多年的一个经典争论变得毫无意义，这个争论便是“行为是由理性还是感性来控制的”。

142

A NEW IMAGING TOOL

新的成像工具

阿伦·安德森（Alun Anderson）

《新科学家》杂志前主编及主任；著有《冰川之后》（*After the Ice*）。

虽然科学领域发现的新工具和新技术通常不会像其他重大发现那样引人注目，但从某种意义上来说，前者更为重要。想一想望远镜和显微镜，这两项工具为我们开辟了广阔的领域，而且这些领域中仍在不断涌现出成千上万的新发现。虽然科学新工具不太可能成为重大新闻，但对于科学家而言，这往往是最重要的新闻。与此相关的论文会被发表在顶级期刊上，成为被引用次数最多的论文之一。精妙的科学新工具是新闻背后的持久新闻，并且是科学向前发展的长久驱动力。

有一项新技术可以让我们直接观察动物大脑中神经细胞内部发生的快速的电流活动。神经科学家期待这一技术已经很多年了。这一技术将一种特殊的蛋白质放入神经细胞，而这种蛋白质能将神经活动的细微电压变化转换为光的闪烁，通过显微镜，我们可以观察到这种光，并记录下来。因此，这一技术为观察大脑活动及其神经细胞之间信号的传递方式打开了一个窗口。这项技术之所以非常重要，原因在于，大脑内部快速传递的神经脉冲包含的信息不仅与脉冲到达的速率有关，还与到达的时间有关。在不同情况下，这两个因素都在发挥作用。若想了解神经和大脑，我们必须掌握神经细胞的信号的动态，并将其与动物的实际行为联系起来。斯坦福大学马克·施尼策尔（Mark Schnitzer）实验室的龚一洋（Yiyang Gong）和其同事基于过去的神经脉冲成像工具发明了这项技术，与此相关的论文被发表在《科学》杂志上。以前，我们主要通过钙离子来观察大脑活动，当神经信号通过时，钙离子会进入神经细胞内部，而当特殊的化学物质与钙离子相互作用时，便会发出光，这使大脑内的这种电子活动变得可见。然而，这种方法存在一个不足之处，那就是还不够快，不够细致，跟不上大脑活动的速度。于是，这个方法被改进了一次，采用视紫质蛋白（称为 Ace）来观察大脑活动，这种蛋白对神经细胞膜的电压变化很敏感，并且会与另一种蛋白质融合，后者会发出明亮的荧光。这项成像技术和其他成果一起为神经科学家开辟了新的领域。新的光遗传学工具可以使研究人员通过光信号来打开或者关闭特定的神经细胞，以了解它们在更大的回路中所起的作用。

如果没有持续涌现的用于观察大脑的新技术，我们将难以揭开 900 亿个神经细胞如何产生想法和感受的奥秘。虽然我们从心理学的角度对认知方式有了更深层次的了解，也对单个神经元的工作方式和快速增长的脑回路图有了深刻理解，但对于特殊连接的神经元的工作方式还不甚了解。为了有所突破，神经科学家非常期待这样的实验：在这种实验中，他们可以记录大脑回路中多个神经的活动，以及能够打开和关闭神经回路，并观察其对动物行为的影响。多亏了这些新工具，这个伟大的梦想很快就要实现了，而在其实现之际，工具发明者将会再一次证明，新工具能为科学带来新方法。

143

SENSORS: ACCELERATING THE PACE OF SCIENTIFIC DISCOVERY

传感器：加速科学探索的步伐

保罗·萨福（Paul Saffo）

未来学家，斯坦福大学教授。

每一项伟大的科学发现都应归功于一种仪器的发明。从伽利略和他的望远镜，到查尔斯·威尔逊（Charles Wilson）的云雾室，人类最重要的科学发现都基于仪器的革新。仪器的革新不仅扩展了人类的感官，也拓宽了人类的认知。因此，仪器的革新一直都是具有重要意义的科学新闻。因为如果没有新工具的出现，科学的进步将会十分缓慢。你若想预测未来 10 年的重大科学发现，可以从快速发展的技术及其能带来的新工具中找到答案。

在过去的 50 年里，数字技术带来了最强大的工具，包括处理器、网络和传感器。按照时间顺序，出现的第一类数字技术是处理器，它为完成计算密集型研究所需的空间探测器和自动推土机提供了智能“大脑”。第二类数字技术便是阿帕网、互联网和万维网，网络成为一种强大的工具，通过它，我们可以获取和共享科学知识，以及远程访问从超级计算机到望远镜的所有信息。不过，在未来几十年里，第三类数学技术，也就是传感器和更新的强有力的效应器（effector）将会推动并彻底改变研究方式和科学发现。

首先，我们制造出了计算机，然后将它们连接起来，而现在，我们给它们安装上了用于观测和操纵物理世界以服务于科学研究的传感设备。根据摩尔定律[1]，传感器的成本/性能比的提升速度与芯片的成本/性能比的提升速度一样快。所有的天文学业余爱好者都知道：只需几千美元，就能买到比10年前天文台所使用的摄像头功能还要强大的数字摄像头。

该定律由英特尔公司创始人之一戈登·摩尔提出，即当价格不变时，集成电路上可容纳的元器件的数目约每隔18～24个月便会增加一倍，性能也将提升一倍。——译者注。

也被《经济学人》称为测序成本/性能曲线。

整个基因组学的出现以及未来都应归功于传感器。2001年，克雷格·文特尔（Craig Venter）团队首次解码了人类基因组。他们利用计算能力和改进的传感器创造了一种能从根本上降低成本的全新测序方法，而且，该测序方法成本的下降幅度比摩尔定律曲线还要大。如果基因组测序技术的成本遵循卡尔森曲线[2]，那么不到2030年，该成本将大幅降至1美元以下。与此同时，由CRISPR/Cas9技术带来的基因编辑技术只有在更强大、成本更低的传感器和效应器的前提下才能成为可能。想象一下，当基因组测序技术的成本低至一毛，并且网络测序的芯片便宜到可以像射频识别（RFID）标签那样被丢弃时，科学会取得何种程度的进步！

传感器和数字技术还推动了物理学研究。欧洲核子研究中心的大型强子对撞机的核心部件就是紧凑型缪子螺线管探测器，它重约14 000吨，是传感器和效应器的组合，被称为“科学的大教堂”。与古老的大教堂类似，紧凑型缪子螺线管探测器由来自40多个国家的4 000名研究人员合作完成。它非常受欢迎，一本科学杂志的年终期刊曾将它的图片作为彩插。

传感器还促使宇宙探索步入新纪元。由于采用自适应光学技术的传感器和效应器不断取得突破，科学家以惊人的速度发现了太阳系外的行星，这在不久之前还只是科幻小说中的场景，如今已变成了现实。在不远的将来，传感器的进步将允许我们分析其他行星的大气层，并寻找外星文明的痕迹。这样的发展趋势也会为天文学业余爱好者打开新视野，他们很快就会发现，在探索行星方面，这种技术与开普勒太空望远镜不相上下。传感器就像越来越强大的设备，将科学大众化。开普勒卫星能观测到的角度大约是 115°，也就是整个太空的 0.25%，而行星探索业余爱好者可以将自家后院的望远镜与数字技术结合起来，探索剩下 99.75% 的宇宙。

最近，业余爱好者和传感器之间有了另一层关系，而这在很大程度上可以预测未来。曾经，彗星是以发现者的名字命名的，这激励了业余爱好者探索彗星的热情。为了获得观察上的优势，很多业余爱好者向东边搬家。现在，由于机器人系统执行发现任务，彗星开始以类似于“285P/Linear”这样的名字来命名，这导致业余爱好者探索彗星的热情急剧下降，于是他们转而探索其他的东西，比如行星。不过，当再次造访我们的彗星拥有一个浪漫的名字，比如 Hale-Bopp、Ikeya-Seki，而不是“C/2011-L4 PanStarrs”时，很难不让人怀念过去那段美好的时光。

彗星命名法的改变表明，仪器和发现者之间的关系也发生了重大变化。到目前为止，可以算作新闻的重大发现都是由人类驱动的、功能日益强大的仪器实现的。不过，在探索彗星这件事上，机器比人类的能力更强，我们正处于新时代的开端。在这个时代，机器不仅会增强人类的研究能力，还会取代人类。当这一幕发生时，最重大的新闻将会是机器和人类同时获得诺贝尔奖。

144 3D PRINTING IN THE MEDICAL FIELD 医学领域的3D打印

赛耶德·塔斯尼姆·拉扎（Syed Tasnim Raza）

纽约长老会医院心脏手术降压小组医疗主任。

在过去的几十年里，医学领域取得的最大进展是临床成像技术，从简单的X射线到目前的CT扫描和功能磁共振成像，以及超声造影和心脏成像（超声心动图），超声造影广泛应用于诊断和治疗干预（比如怀孕期间的羊膜穿刺术）。心脏病学家使用多种其他成像方式来诊断心脏疾病，包括心导管术，其应用方法是，将无线电波无法穿过的材料注入心室或血管，然后记录其移动图像（血管造影），再进行对比研究。用于诊断心脏疾病的方式还包括心脏的计算机断层扫描（CTA），这种方法通过3D重建来提供心脏结构的详细信息。

当前出现的3D打印技术又为人体成像增加了一个维度。这种技术的使用方法是，首先，工程师通过计算机辅助设计程序为任意需要“打印”或建造的对象建立3D计算机模型，接着将这种模型转换为该对象的一组二维薄片。然后，3D打印机将这些薄片组合起来，形成3D结构，最终将对象建造出来。

最近几年，3D打印技术已经在医学领域，尤其是外科手术领域得到了应用。在心脏外科手术中，3D打印技术主要应用于治疗先天性心脏病。畸形的先天性心脏病会出现许多与正常情况不同的变异，而通过当前的成像技术，外科医生在进行手术前便能准确地预测出将会碰到的情况。不过，在很多情况下，他们不得不在手术过程中“探索”心脏，以确定导致畸形的准确原因，然后才能确定下一步的方案。随着 3D 打印技术的出现，外科医生可以根据心脏的 3D 建模对心脏进行计算机断层扫描，然后将扫描结果反馈给 3D 打印机，从而打印出畸形心脏的模型。接下来，外科医生便可以充分运用这个模型，甚至可以将其切成薄片，以拟定将要进行的每一步操作，这样便能缩短手术时间。

3D 打印技术已经被应用于很多医学领域，尤其是整形外科。这项技术最令人感到兴奋的一个应用领域是，培养活的器官，以用于替换。具体方法是将活细胞和干细胞置于器官的支架上，使其正常“生长”，这样细胞便能长成皮肤、耳垂或其他器官。也许有一天，我们可以用自身的干细胞来培育器官，以减轻排斥反应，以及避免服用有毒的抗排斥药物。这一点真令人感到兴奋！

145

DEEP SCIENCE

深层次科学

布赖恩·克努森（Brian Knutson）

斯坦福大学心理学与神经科学教授。

这十多年来，大脑研究已经进入了思维的时代。新的生物工程技术能以前所未有的精确度和广泛性解决或操纵大脑活动，这些技术包括利用光遗传学进行神经控制，通过光纤光度记录法实现神经回路的可视化，通过 DREADDs（只由特定药物激活的受体）技术实现受体操纵，通过 CRISPR/Cas9 技术实现基因编辑，以及通过透明（CLARITY）技术实现完整的大脑成像。这些技术进步获得了媒体的广泛报道，激发了公众对大脑成像研究的支持。不过，我们的观念也应该跟上技术的进步。也许通过“深层次科学”方法，我们便能弥补现有的“广范围科学”方法的短板，跨越不同层次研究之间的鸿沟，最终取得更大进展。因此，最有趣的神经科学新闻不仅会突出新的科学内容，比如科学工具和发现，还会突出新的科学方法，比如深层次科学方法和广范围科学方法。

那么，什么是深层次科学方法呢？深层次科

[1] 一种通过基于丙烯酰胺的水凝胶让脑部组织变得透明的技术，这种水凝胶产生于脑部组织内部，并与脑部组织存在关联。——译者注

学方法首先要做的是，寻找所分析的不同级别中的关键节点或单元，然后确定它们是否在这些级别上存在关联。如果存在关联，那么扰乱低级别的节点将有可能对高级别的节点产生影响。深层次科学方法的例子包括通过光遗传学刺激神经元以改变行为，或是运用功能磁共振成像预测精神症状。由于深层次科学方法首先要解决的是关联所分析的不同级别，因此，这就需要不同级别的至少两位专家进行合作。

广范围科学方法的目标与深层次科学方法的目标正好相反。前者的目标是寻求这样一种关联，它能在所分析的某个级别上映射所有的节点及其之间的联系，比如，类似于蠕虫的生物模型的所有神经元及其联系。综合表征是映射由新技术产生的所有新数据的必需步骤。广范围科学方法的例子还有，通过连接组学（connectomic）来表征一个回路中的所有脑细胞，或者通过计算对回路元件进行数字建模。广范围科学方法一开始就进行了隐性的假设：通过对所分析的单一级别进行综合表征，便能自然而然地理解高级别的节点及其之间的关联。因此，专门分析某一级别的专家可以通过长期坚持应用相关方法而取得进展。

由于存在更多变量、方法以及合作者，因此，相比于广范围科学方法，深层次科学方法在合作上存在诸多不便，它所关注的节点或者级别之间的关联一开始可能并不明显，而且可能需要多轮的研究。神经科学家虽然早就对所分析的不同级别进行了区分，但总是重视某一级别而排斥其他级别，或者假设不同级别之间的关联是任意的，因此得出没有研究价值的结论。不过，新技术为研究不同级别之间的关联提供了可能性。因此，深层次科学方法可能会更关注与高级别相关的联系。例如，最新的证据表明，对中脑多巴胺神经元进行光遗传学刺激（物理级别），可以增加纹状体内的功能磁共振成像活动（过程级别），这种方法可以用于预测老鼠和人类的类似行为（目标级别）。

虽然目前深层次科学方法还没有成为新闻，但我认为这很快就会发生。深层次科学方法和广范围科学方法互为补充。不过，当前广范围科学方法仍然处于主流位置。通过关联所分析的不同级别，深层次科学方法也许能更快地将基础神经科学知识转换为行为层面的应用和治疗干预手段。对于所有人来说，这都应该是一个好消息。

146

PROGRAMMING REALITY

设计现实

尼尔·格申菲尔德（Neil Gershenfeld）

物理学家，麻省理工学院比特与原子研究中心主任；著有《数学建模的本质》（*The Nature of Mathematical Modeling*）。

从表面上来看，2015 年最值得关注的科学新闻不是关于科学的，而是关于不同经济现状的。世界上的大部分人还处于收入不均、长期失业、增长停滞、预算紧缩、企业利润下降和财富不断集中的社会现状中。反过来，这种现状导致出现了极右和极左政治运动。这些政治运动的口号是，让人们回到几十年或几百年前更美好的时光，这又导致了一系列冲突。这些冲突经常出现于经济陷入衰退或已经衰退的国家和地区。

那么，这些可怕的新闻事件与科学有什么关系呢？它们都基于这种潜在的推论："机遇来源于创造就业。因为工作带来收入，而不平等来源于收入不足。"不过，这一观点不再是正确的了。这背后的科学新闻是，通过消除数字世界和物理世界之间的隔阂，工作和财富之间的固有联系将会被打破。

有些事件属于科学发现，比如灯泡的闪光，而一些发现是由大量研究的累积带来的进展。数字通信与数字计算经历了几十年的发展，最终促使了知识创造与知识共享的革新。这便是不断的知识累积带来的成果。如今，3D 打印技术和创客运动只是冰山一角，未来的大趋势是数字化，它不仅包括对由计算机控制的制造机器（已有几十年的历史）的设计描述，还包括通过指定数字材料的组装来实现设计本身的数字化。

生命基于遗传密码，而这种密码决定了20种标准氨基酸的位置，这在几十亿年前就确定好了（这一发现是由分子生物学取得的）。当前，我们正在研究如何将这一知识运用到其他领域；新兴的研究舍弃了持续地沉积与移除材料的流程，取而代之的是对离散的模块的可逆构造进行编码。这一方法不仅是跨学科的，而且跨越程度非常大，从精确操纵原子到活细胞的全基因组合成，再到功能电子设备的三维集成，再到飞机和航天器的模块化机器人组装。总的来说，这就是设计现实，也就是将数据变为物体，或将物体变为数据。

回到2015年的这则新闻：工作往往意味着离开家到不想去的地方做一些不想做的事情，为一些永远看不到的人制造产品，从而获得报酬以购买想要的东西。如果我们可以只制造自己想要的东西呢？与数字计算将信息转换为商品的方式类似，数字化制造将制造成本降低至与原材料的成本差不多的水平。

2015年，各国领导人齐聚联合国，并以联合国的名义发布了可持续发展的目标。这一目标包括：终结贫穷与饥饿、确保人们获得医疗保障和能源、进行基础设施建设，以及减少不平等现象。然而，这其中并没有提到如何实现这些目标。这需要花费大量资金。不过，发展无须复制工业革命，就像发展中国家跳过固定通信直接发展移动通信一样，各国可以通过可持续的本地按需制造替代全球供应链的大规模生产。这虽然是一项巨大的挑战，但有着清晰的研究路线图，这就是新闻背后的科学故事。

147

POINTING IS A PREREQUISITE FOR LANGUAGE

指向手势催生了语言

尼克·恩菲尔德（N. J. Enfield）

悉尼大学语言学教授，马克斯·普朗克研究所语言与认知研究小组研究员；著有《交谈的要素》[①]《语言的自然原因》（*Natural Causes of Language*）。

发展和比较心理学的相关研究发现，普通的指向手势是人类语言发展与应用的一个关键因素，是人类进行社交的一个重要前提。

指向手势看起来很简单，我们都会时不时地做出这个动作，比如当告诉他人去车站的路时，告诉店员想要买哪一块面包时，告诉他人牙缝里有菠菜叶时。我们在做这个手势时常常还会说出相关的话语，不过对于不会说话的婴儿来说，只需做出指向手势就足够了。

婴儿在9个月大时就能够通过指向手势进行交流了，这比他们学会说话的时间要早一年。实验表明，不会说话的婴儿可以通过指向手势来获得想要的东西、帮助他人，以及与他人分享自己觉得有趣的东西。

指向手势不仅能吸引他人的注意力，还能促使两人暂时关注同一事物。

① 《交谈的要素》是尼克·恩菲尔德的一部经典之作。交谈是没有脚本可以遵循的，我们不能提前确定交谈的内容和时长，也不能确定人们说话的顺序。有时，交谈中会出现明显的停顿和沉默，有时又会出现几个人同时说话的重叠。这些到底是如何发生的，它们的背后隐藏了哪些关于交谈的规则？不同语言之间的交谈习惯又有哪些不同？"呃""嗯"等看似微不足道的词语在交谈中发挥着怎样的作用？本书会一一揭晓其中的奥秘。本书中文简体字版已由湛庐策划，天津科学技术出版社出版。——编者注

通过指向手势，我们不仅会关注同一事物，而且会共同关注同一事物。这是人类才具有的技能，而且是社会和文化制度实现的前提。若想获得“共享意向”这一通过共享看法、信仰、渴望和目标创建关系的能力，我们必须能够做出指向手势，并且能够理解他人的指向手势。

比较心理学的相关研究发现，成熟形式的指向手势是人类特有的，能够理解指向手势的物种并不多。不过，值得注意的是，家养的狗能够理解指向手势，而我们的近亲大猩猩却不可以。几乎没有证据表明，除了人类之外还有其他物种的成员之间能够通过指向手势进行交流。显然，只有人类才具有基于指向手势的合作和基于社会动机的社会认知基础。

指向手势为了解人类语言的形成指明了新方向。长期以来，认知科学一直关注的是语言的逻辑结构。此外，关于指向手势的新闻为我们提供了一个新角度：从根本上来说，语言来源于人类通过共享意向交流的思维能力。虽然它看似是一种简单的指向行为，但实际上，这是一种我们在学习听说之前就必须掌握的能力。

148

MACRO-CRIMINAL NETWORKS

宏观犯罪网络

爱德华多·萨尔切多-阿尔巴兰（Eduardo Salcedo-Albarán）

哲学家。

如今，计算机强大的计算能力大幅度提升了我们认知和理解世界的能力。我们处理和分析的数据越多，所发现和理解的自然和社会现象也就越多。丰富的社会数据可以揭示全球的发展趋势，比如，通过现有计算工具对大量司法信息的分析，研究人员发现了一种新的复杂社会现象：宏观犯罪网络。

人类智力允许人类拥有的稳定社交网络的人数为150～200人。这就是所谓的“邓巴数”，这一数字表示的是人类能够发生互动的社交网络的大小。因此，如果没有计算能力、算法和对社会复杂度的正确理解，我们将无法认知和分析宏观犯罪网络。

❶ 邓巴数一般指“150定律”，即人类智力将允许人类拥有稳定社交网络的人数是148人，四舍五入大约是150人。该定律由英国牛津大学人类学家罗宾·邓巴（Robin Dunbar）提出。其“深度理解社群”四部曲《大局观从何而来》《社群的进化》《最好的亲密关系》《人类的算法》分别从4个方面阐述了社交如何改变了人类的行为和大脑。该四部曲已由湛庐策划，四川人民出版社出版。——编者注

令人感到不幸的是，我们当前的社会缺乏相应的工具、立法和执行机制来应对这些具有全球性、弹性、分散性的犯罪组织，而且这些组织具有不同结构，并由不同类型的人员来领导。宏观

犯罪网络能够躲过大多数执法人员的追踪，因为这些执法人员还执迷于寻找由单一老大掌控、全职犯罪分子组成的结构单一的犯罪组织。这种“有组织的犯罪”的传统观念已经过时了，因为它无法反映当前宏观犯罪网络的复杂性。

如果我们现在不运用正确的思路或计算工具来处理和分析海量数据，以调查和起诉犯罪行为，最终结果就如同使用 17 世纪的望远镜来研究银河系。在面对宏观犯罪网络时，最大的挑战不是高性能计算机或深度学习的运用，而是改变学者、调查人员、起诉者以及法官的观念。注重单个受害者和单个施害者的立法会导致对系统性犯罪的分析出现错误和执法不足，比如，拉丁美洲和西非的腐败、东欧的人口贩卖以及非洲中部的武装政变等犯罪行为。这些全球性的犯罪组织总是得不到重视。

各种各样的犯罪总会成为新闻。从腐败到恐怖主义，再到贩卖人口现象，犯罪行为影响了我们的生活方式，也阻碍了各国的发展。充分了解庞大、弹性、分散的宏观犯罪组织，对于维护全球的安全来说具有关键意义。我们需要投入和分配正确的科学、制度和经济资源来应对这一问题。

149

VIRTUAL REALITY GOES MAINSTREAM

虚拟现实成为主流

托马斯·梅青格尔（Thomas Metzinger）

德国美因茨大学哲学家，开放思维网站（Open-Mind.net）编辑；著有《自我的隧道》（*The Ego Tunnel*）。

假设你刚刚服下了一颗虚拟环境快感增强药丸，这种药丸不是药效强烈的非法药物，而是VR设备附带的赠品，是直接面向消费者的合法增强药物。这种药物可以防止恶心，将实时的、基于功能磁共振成像的神经反馈循环稳定地导入我们自己的虚拟现实中。这种虚拟现实能让我们直接与自己情感的无意识的成因交互，就如同它们是外部环境的一部分。此外，这种药物能将人格障碍和《楚门的世界》[1]般的幻觉风险降至最低。这种药物还可以有效地防止上瘾，当我们的大脑能长时间地保持稳定后，再次服用药物时，药效也会减弱，至少说明书上是这么说的。当我们打开VR设备时，就会有两名早已定义好的朋友招呼我们，这两位虚拟化身会短暂地显示一下各自的数字形式的标识符，然后迅速地与我们进行眼神交流，同时面带微笑，而我们也会自发地热情回应。

[1] 金·凯瑞主演的一部电影。男主角楚门是一档热门肥皂剧的主人公，他身边所有的事物都是虚假的，他身边的亲人和朋友都是演员，但他本人对此一无所知。当他知道真相之后，最终不惜一切代价地走出了这个虚拟的世界。——译者注

这时，药物便开始发挥药效了。令人感到幸运的是，这些虚拟化身既无法看到沉浸式色情的试用版，也无法看到代表我们慈悲自我的昂贵化身。在心理治疗中，我们每周只服用两次这种药物，并且会受到国家安全局的监督。

将来，虚拟现实将会获得突破性的发展，价格达到大众消费者可以接受的水平。此外，相关技术很快便能实现让用户在虚拟现实、增强现实和代替现实之间进行切换的功能，体验虚拟元素和"实际"物理环境的融合，或者全方位的视频反馈，将会使用户在时空上产生幻觉，会以为自己的位置在变动。头戴式显示器 Oculus Rift、虚拟现实眼镜 Zeiss VR One、索尼旗下的虚拟现实头戴式显示器 PlayStation VR、虚拟现实头戴式显示器 HTC Vive、三星旗下的虚拟现实佩戴设备和微软公司的混合现实头载式显示器 HoloLens 等产品仅仅是这个尝试的开始。当不断加速的技术发展不再由科学家，而是由大众市场因素驱动时，我们便很难预测未来 20 年里技术将会对社会心理产生的影响。这也许会带来巨大的好处（如在临床应用上），也有可能会带来一系列从军事应用到数据保护的新伦理问题，比如，由动作捕捉系统产生的"运动指纹"、电子化身所有权以及个性化都将成为监管机构需要考虑的重要问题。

然而，关于虚拟现实，真正具有新闻价值的可能是：公众将逐渐对"意识体验是什么以及将会变成什么样"产生全新的理解。虚拟现实是可能的世界和自我的代表，其目标是让两者显得真实，最好能让用户产生对"存在"的主观感受。有趣的是，一些关于人类思维和意识体验的具有说服力的理论也以类似的方式描述了这类体验。卡尔·弗里斯顿（Karl Friston）等顶尖理论神经生物学家和雅各布·霍维（Jakob Hohwy）、安迪·克拉克（Andy Clark）等杰出哲学家将这一体验描述为：世界的内部模型的不断创新、表示概率密度函数的现实的虚拟神经表征，以及不断涌现的假设，它们是关于感官输入的潜在原因的，目的是最小化感官输入的预测误差。1995 年，芬兰哲学家安蒂·雷翁索（Antti Revonsuo）指出，意识体验是世界的一个虚拟模型，也就是动态的内部模拟，由于它在表象上处于透明状态，因此在常规状态下无法作为一个虚拟模型来体验，我们"透过它"，就像我们与现实进行直接接触一样。因此，我所认为的具有历史意义的新闻是：一个虚拟现实嵌入另一个虚拟现实的程度将会越来越深。这不仅会带来心理方面的问题，还会带来伦理和立法方面的问题。在特定的条件下经过数百万年进化而成的意识思维如今以因果联系和信息化的形式被编入代表可能现实的技术系统中。随着时间的推移，我们不仅会越来越多地在文化和社会层面嵌入意识，而且意识会越来越多地受到特定技术的影响，久而久之，意识将会获得快速、自主的动态以及新的属性。这就产生了一种错综复杂的系统，一种嵌套的信息流，在这个过程中，生物思维与相关技术相互影响，而我们才刚开始了解这一点。

150

THE TWIN TIDES OF CHANGE

变化的两种趋势

蒂莫·汉内（Timo Hannay）

麦克米伦出版公司数字科学分部总经理，科学富营（SciFoo）合伙创始人。

新闻的本质决定了其转瞬即逝的属性。在媒体（无论是大众媒体还是社交媒体）的推动下，新闻很快就会被淹没，就如同海面上的涟漪。不过，那些重要、持久的新闻是由社会变革和技术进步带来的巨大浪潮，它们会持续影响几代人。令人感到幸运的是，与真实的浪潮类似，有些趋势是可以预测的。

当前出现的一个不可阻挡的趋势是，我们与自然界的关系将会处于不断的变化之中，这个争议便是最好的证明：人类对自然界的影响是否如此深刻，以至于出现一个新的地质时期——“人类世”？对于这个问题，无论未来几年能否达成一致，但可以肯定的是，人类世必定存在，因为我们对地球的影响只会越来越大。这其中的部分原因是，技术将会变得越来越强大，而且其更为重要的推动力是人类不断发展的集体精神。

达尔文已经证明，人类是自然界的产物，而非神的旨意。因此，我们不能为所欲为，无所顾忌，成为自然界的祸害。然而，仍然有人像克努特大帝（Canute）[1]一样试图控制海浪。当下发生的任何超乎我们想象的东西，最终都会变成自然而然的事物，难以成为新闻。对于以后的人而言，对动植物（包括人类）进行基因编辑就像今天的选择性繁殖一样自然，全球规模的地球工程将变得与修水坝和建桥梁一样重要，并且无处不在。

克努特大帝（994—1035）曾下令让海浪停止翻滚。此处用来指代出言狂妄的人。——译者注

未来，人类在自然界中所处的位置就类似于人类和技术的关系。人工智能和仿生学领域的发展已经引起了很多人对这个问题的反思：谁或什么才是主流，这个问题对于人类来说意味着什么？工业革命见证了机器取代人类的体力劳动，而现在机器正在取代脑力劳动。人类将来还需要做什么？即使那些不为工作感到担忧的人，当他们发现自己的新老板是一种算法时，心里可能很不是滋味吧？

然而，自人类发明车轮之后，人类和技术之间始终是愉快而富有成效的共生关系。尽管我们仍然热衷于恐怖类的故事，但我们将继续把创新作为人类福祉的主要源泉。因此，创新会被视为人类自身的自然延伸。实际上，这是一种对人性的促进和增强，而非某种人工制造或来自外星的东西。虚拟现实中的部分生活与透过隐形眼镜看到的一样真实。脑部被植入具有计算机功能的芯片的人将得到与植入心脏起搏器的人一样的对待。乘坐无人驾驶交通工具或飞机不再充满风险，而是变得安全可靠。也许，很快便会有接受过基因增强手术的作者或人工智能在Edge上发表文章。这将会成为重大新闻，但这种新闻不会持续太久。

因此，人类将会受到两个不可阻挡的趋势的冲击：一是科学技术会逐渐变得平淡，二是之前被认为不可能的事情将会成为习以为常的事情。未来会不断涌现出新闻故事，同时，在新闻故事的背后，关于技术和社会变化的趋势将会缓慢而无情地发生，并不断考验和扩展人类的已知知识和界限。对于人类和当今时代来说，这才是真正的新闻。

151

IMAGING DEEP LEARNING

将深度学习成像

安迪 · 克拉克（Andy Clark）

爱丁堡大学哲学家和认知科学家；著有《了解不确定性》（*Surfing Uncertainty*）。

世界充斥着越来越多的深层次架构，比如多层人工神经网络（深度学习），它主要用于寻找图像和文本等大数据集的模式。不过，这些深层次架构的功能和盛行掩盖了一个主要问题：知识的不透明性。这些架构虽然学会了如何完成精细的任务，但并没有探究和揭示所运用的知识。

这真是既令人感到失望（理论层面）又危险（实践层面）。深度学习及其所发现的模式已经渗透进我们日常生活的方方面面，从在线搜索、推荐系统、银行贷款申请、医疗保健到约会。那些对人类命运有着重大影响的系统应该尽可能地实现知识的透明化。不过，有一个好消息是，相关新技术已经出现了，它可以揭示由深度学习系统收集和整理的知识。

2015 年 6 月，亚历山大 · 莫尔德温采夫（Alexander Mordvintsev）和其他作者在网络上发表了一篇短文，标题是《神经网络生成图像：深入神经网络》（*Inceptionism: Going Deeper into Neural Networks*）。"神经网络生成图像"以一种特殊架构命名的方式很快就会成为所有博客追逐的潮流。这些作者运用了一个训练有素的人工神经网络，它可以决定给定图像的显示内容。他们还设计了一种自动方法，让人工神经网络以某种方式增强输入图像，并将其调整为依据某些特定指标分类的图像。实际上，这种操作涉及反向运行神经网络，因此，相关博客频繁引用"网络梦想"和"反向幻觉"等描述。就拿随机噪声和目标分类来说，当限制人工神经网络重点关注所训练的真实图像的统计属性时，将会得到一个模糊、令人印象深刻的图像，这一图像揭示了人工神经网络认为这类东西（香蕉、海星、降落伞或者其他东西）应该具有的模样。

令人感到惊喜的是，比如，目标“杠铃”让人工神经网络产生了两端具有重量的印象，这是符合要求的。不过真正的杠铃还具有握柄。这说明，人工神经网络还没有完全掌握一件物体的核心部分，即使已经很接近了。最有趣的是，我们可以输入一张真实的图像，选择多层神经网络中的一层，并要求系统增强其检测到的所有内容。这意味着，我们可以通过神经网络生成图像探测每一个处理层中发生的事情，并将其呈现出来。因此，神经网络生成图像是一种可以逐层探究神经网络多层次思维的工具。

由人工神经网络生成的图像大多比较迷幻，比如，反复增强特定网络层会产生具有分形美的图像，就像是对艺术的表达形式和风格的模仿。这是因为重复这一过程会产生反馈循环。实质上，这种反馈便是，在处理图像的过程中，人工神经网络会增强在某些层中看到的图像。因此，如果神经网络在云中看到了鸟的样子，或者在旋涡中看到了脸的样子，就会增强它们，从而带来更多特性。如果将增强的输出图像变为输入图像，然后执行同样的过程，结果便是这些增强让鸟（或者其他内容）的样子更加明显，然后另一轮增强又开始了。这将致使图像的某些元素很快产生重复，最终呈现的结果就类似于我们所熟悉的事物的梦幻版本。

如果你还没有见过这种令人着迷的图像，可以上网在“神经网络生成图像库”中找来看看，甚至可以使用 DeepDream 提供的代码创造这种图像。神经网络生成图像是人工神经网络自己生成的美和注视的对象。这项技术为创造性探索提供了新的工具，更不用说对我们自身创造性过程本质的建设性提示了。这项技术的意义远不在于为我们提供了一种图像处理模式，它还帮助我们了解那些不透明、多层次系统所处理的内容，也就是，当系统正在处理某一目标时，每一层所依赖的东西。

这是对人工大脑的神经成像。

152

THE NEURAL NET RELOADED

人工神经网络技术重获新生

贾姆希德·巴鲁查（Jamshed Bharucha）

心理学家，库珀联盟学院（Cooper Union）荣誉校长。

人工神经网络技术已经重获新生。在经历了60年的困扰后，人工神经网络技术在短短3年的时间里就进入了几亿人的日常生活。

2015年5月，谷歌公司前CEO桑达尔·皮查伊（Sundar Pichai）宣布，谷歌已经将语音识别的错误率降低至8%，在两年前这一数字还是23%。那么，取得这一进展的关键原因是什么呢？答案是人工神经网络，也叫作“深度学习”。在收购由杰弗里·辛顿（Geoffrey Hinton）和其两个学生创立的公司DNN研究院（DNN Research）仅仅6个月后，谷歌公司就宣布在图像识别方面取得了重大进展。反向传播算法重新引起人们的关注，而且这一次它与大数据相互交织在一起，这一算法突然间变得有市场价值了。

不过，这一新闻并没有登上头条。人工神经网络技术没有获得科学突破，也没有带来新颖的应用，为什么能算作一则重大新闻呢？因为这项技术产生了规模空前的影响，发展速度也令人惊讶。在分辨嘈杂、无限变量方面，视频与音频模式一直是人工智能的神器。人工神经网络一开始的计算能力就已经超过了存在了几十年的算法。在短短几年的时间内，这项技术就从模拟实验室中非常简单的问题演变成智能手机上的应用程序，用于识别真实世界中的语音和图像。

自从20世纪70年代的自组织映射算法和20世纪80年代的反向传播算法这些开创性成果出现之后，关于人工神经网络的理论研究就一直没有取得突破性进展。最近的这个转折点不在于提供了一种新见解，而更重要的是人工神经网络技术快速的处理速度让更大的神经网络、更大的数据集和更多的迭代成为可能。

这是人工神经网络的第二次新生。第一次新生发生在辛顿和扬·勒库恩（Yann LeCun）发现多层人工神经网络能够理解非线性分类之时。在取得这一突破之前，马文·明斯基和西摩·佩珀特（Seymour Papert）于1969年出版了一本名为《感知器》（*Perceptrons*）的书，其中提出的观点几乎摧毁了这一领域。他们在书中证明，弗兰克·罗森布拉特（Frank Rosenblatt）的感知器无法学会非线性分类。

20世纪50年代，罗森布拉特发明了感知器。这一成果的取得基于两点，一是沃伦·麦卡洛克（Warren McCulloch）和沃尔特·皮茨（Walter Pitts）在20世纪40年代完成的基础研究，该研究展示了人工神经元网络如何处理模式。二是唐纳德·赫布（Donald Hebb）的研究成果。他推测，当所连接的神经元处于活跃状态时，神经元之间的联系会加强。感知器在当时引起的轰动，我们可以从1958年7月13日《纽约时报》上的一篇名为《电子大脑可以自学》（*Electronic "Brain" Teaches Itself*）的文章中了解一二。《纽约时报》引用了罗森布拉特的说法：感知器会随着经验的增加而变得越来越聪明，美国海军表示，他们将利用这一原理建造第一个可以读写的感知器——思考机器。

就算明斯基和佩珀特的批评不是致命的，也给罗森布拉特个人和人工神经网络研究带来了很大的打击。不过，包括史蒂芬·格罗斯伯格（Stephen Grossberg）在内的少数人仍在暗自坚持研究。20世纪50年代，格罗斯伯格在达特茅斯学院读本科时，就开始研究人工神经网络相关的问题了。到了20世纪70年代，他发明了一种不经人工干预（自组织的）的学习算法。这种算法平衡了所获得类别的稳定性，而且具有学习新知识所必需的可塑性。

辛顿和勒库恩解决了明斯基和佩珀特提出的问题，并将人工神经网络研究从默默无闻中拯救出来。反向传播算法的兴起引起了人们对格罗斯伯格的模型，以及日本学者福岛邦彦和荷兰学者科荷伦（Kohonen）的模型的关注。然而在1988年，史蒂芬·平克和艾伦·普林斯（Alan Prince）做了与20年前明斯基和佩珀特一样的事情，攻击人工神经网络在解释语言获取方面的价值，这种言论带来了毁灭性的打击，人工神经网络研究再次归于沉寂。

2012年，辛顿和他的学生赢得了ImageNet挑战赛，此后，图像识别的性能获得了巨大提升。谷歌公司抓住了这一机会，人工神经网络重获新生。

关于深度学习的反对之声不绝于耳。所有的方法都受益于强大的计算能力，传统的符号方法也不例外。时间会告诉我们哪些方法对于解决哪些问题更有效。无论如何，我们都不能否认从2012年到2015年人工神经网络方面的突破让人工智能研究变得触手可及。

153
DIFFERENTIABLE PROGRAMMING
可微编程

戴维·达尔林普尔（David Dalrymple）

计算机科学家，神经科学家，麻省理工学院媒体实验室研究员。

在过去的几年里，人工智能领域一些历经几十年都没有解决的经典难题被悄无声息地解决了，所采用的方法是一种被人工智能纯粹主义者长期贬斥为“统计”风格的方法。从本质上来说，这种方法是关于从大量数据中统计出概率分布的，而非分析人类用于解决问题的技术，并将其变为可执行的程序。被解决的经典难题包括目标分类、语音识别、描述所生成的图像，以及以著名艺术家的风格合成图像，甚至包括引导机器人执行一些未被设定的任务。

这种独占鳌头的新方法原名叫作“人工神经网络技术”，现在叫作“深度学习”，后者强调的是神经网络研究所取得的实质性发展。通过这种方法获得的成果通常与比较大的数据集和强大的计算系统有关，大型科技公司也因此对这一领域突然兴趣大增。虽然不断增多的投资对深度学习的快速发展起到了关键作用，但大型公司总是将资源投向不同种类的机器学习方法。总的来说，深度学习取得的进展令人难以置信，虽然许多其他技术也有所改进，但幅度要小得多。

那么，是什么让深度学习脱颖而出，以及它为什么能够解决人类一直无法解决的难题，其魔力何在？

第一个关键因素源自人工神经网络相关的早期研究，这是一种不会停止的算法，它会一次又一次地重新进行，被称为“反向传播算法”。这种算法不仅是链式法则（一种简单的微积分技巧）的巧妙应用，更是连续和离散数学的深度整合，这种整合能使潜在解决方法的复杂集合通过向量微积分自动改进。

反向传播算法的关键功能在于，将潜在解决方法的模板组织成有向图，比如，从一张图像到生成的标题，中间有许多节点。通过反向遍历这张图像，算法可以自动计算出一个“梯度向量”，它将有利于搜索出更好的解决方法。只有深入了解深度学习技术，我们才能发现它与传统的人工神经网络技术在结构上的类似之处。反向传播算法对于新旧结构来说都至关重要。不过，采用反向传播算法的传统的人工神经网络技术远远落后于更新后的深度学习技术，即使采用当今的硬件设备和数据集，也是如此。

第二个关键因素在于，人工神经网络的组件可以同时用于多个位置。随着人工神经网络的不断优化，每个组件的副本会被强制保持一致，这一方法被称为“权重同步”（weight-tying）。这就对权重同步的组件提出了额外要求：它们必须学会同时在多个位置发挥作用，而不是局限于某个特定的位置。由于某个词语可能会出现在一段文本的任意位置，以及物体会出现在图像的任意位置，因此，权重同步让人工神经网络学会了一个普适的功能。

在人工神经网络的多个位置放置具有通用功能的组件的方法类似于在程序中编写函数，并在多个地方调用这个函数，后者是计算机科学领域惯用的一种方法——函数式编程。实际上，不仅仅是类似，权重同步组件实际上就是编程中的可重用函数，前者的功能甚至更强。在过去的几年里，许多最成功的架构重用组件的模式与函数式编程中由常见的“高阶函数”生成的组合模式相同。这表明，函数式编程的其他知名的运算符可以为深度学习架构提供有益的思路。

探索被训练成深度学习网络的功能结构最简单有效的方式是，采用一种能在函数式编程中直接运行反向传播算法的新语言。事实证明，函数式编程会被编译成类似于反向传播算法所需的计算图。计算图的独立组件也需要是可微的，但科学家布赖恩·格里芬斯特（Brian Grefenstette）等人发表的一些简单数据结构（堆栈、队列和双端队列）的可微结构表明，实现可微的方法可能只是一种数学技巧。通过研究，这一领域可能会创造出一种新的编程范式——可微编程。使用这种语言编写程序就类似于为优化器（optimizer）画出函数结构，并将细节留给优化器来完成。这种编程语言将根据整个程序的目标采用反向传播算法自动学习相关细节，就如同深度学习中的权重优化，不过函数式编程是对权重同步的最为直观的诠释。

深度学习代表着另一种潮流，是"专家系统"或"大数据"的某种体现。深度学习基于两个不会停止的算法——反向传播算法和权重同步。可微编程虽然是一个新概念，但其自身可能就是不会停止的算法的自然延伸。即使特定的工具、架构和技术短语很快流行起来，又很快过时，但它们的核心概念仍将是人工智能获得成功的关键。

154

DEEP LEARNING, SEMANTICS, AND SOCIETY

深度学习、语义学与社会

史蒂夫·奥莫亨德罗（Steve Omohundro）

计算机科学家，复杂系统研究中心（Center for Complex Systems Research）共同创始人。

深度学习是我们近期取得的最激动人心的技术和科学成果。从技术的层面来说，在语音识别、图像识别、图像描述、情感分析、翻译、药物研发和视频游戏性能等领域，深度学习独占鳌头。这促使大型科技公司大幅度投资该领域，以至于出现了 300 多家关于深度学习的初创公司，它们总共吸收了超过 15 亿美元的投资。

从科学的层面来说，深度学习为当下最重要的科学问题“我们如何表示和操作意义”提供了新的角度。许多关于“意义”的理论都建议将短语、声音或图像映射至采用正规操作方式的逻辑演算中。比如，蒙塔古语义学（Montague Semantics）试图将自然语言短语映射到简单类型的 λ 演算中。

深度学习将输入的词语、声音或图像自然地映射成人工神经网络活动的向量。这些向量会表现为一种奇怪的“意义等式”。比如，在接受了大型语料库的训练后，托马斯·米克洛夫（Tomas Mikolov）设计的程序 Word2Vec 得出了这样一种奇怪的逻辑关系：国王 - 男人 + 女人 = 王后。Word2Vec 的深度学习算法试图从语境中预测出词语（反之亦然）。“国王吃了午饭”“王后吃了午饭”这种语境上的变换等同于“男人吃了午饭”“女人吃了午饭”。

通过对大量类似词语的统计，该程序的深度学习算法得出了这样的关系："国王"到"王后"的向量与"男人"到"女人"的向量相等，以及"王子"到"公主"的向量与"英雄"到"女英雄"的向量相等，当然还有许多其他类似的关系。其他的"意义等式"还包括：巴黎 - 法国 + 意大利 = 罗马、奥巴马 - 美国 + 俄罗斯 = 普京、建筑学 - 建筑 + 软件 = 程序员。通过这种方式，深度学习算法就从训练范例的统计信息中发现了这些重要关系。

深度学习的成功研究可以归功于 20 世纪 50 年代被首次提出的分布式语义学。意义、关系和有效的推理都来自对背景数据的统计，亚历克·拉德福德（Alec Radford）、卢克·梅茨（Luke Metz）和苏米斯·勤塔拉（Soumith Chintala）设计的深度学习算法在生成图像时也发现了类似的现象。代表微笑的女性的向量减去没有表情的女性，加上没有表情的男性，便会生成微笑的男性的图像。戴眼镜的男性减去不戴眼镜的男性，加上不戴眼镜的女性，便会生成戴眼镜的女性的图像。

目前，深度学习已被用于数百个重要应用程序之中。一直以来，工业机器人都存在这样一个问题，即如何通过视觉，从一堆杂乱的零部件中找到并捡起想要的零部件。最近，一家工业机器人公司宣布，他们运用深度学习算法进行了 8 个小时的训练，已经解决了这个难题。一家无人机公司宣布，他们成功研发出了一种能让无人机在复杂的真实环境中自动飞行的深度学习算法。为什么这些进展都出现在当前呢？若想这些深度学习算法能有效地学习，就需要大型的训练库，通常需要数百万个范例，再加上网络的庞大规模，这意味着它们还需要具有强大的计算能力。深度学习之所以产生重大影响，原因在于互联网就是大型训练库的来源，加上带有图形处理器的现代计算机有能力来训练深度学习算法。

未来，深度学习的发展会走向何方？也许，很快所有的应用程序都会采用深度学习技术。最近，有几所大学发布了关于深度学习的作业项目。只需几个月，数百名学生就能通过相关技术解决各种各样的问题，而这些问题在 10 年前还是主要的研究项目。我们正处于深度学习技术的"寒武纪大爆发时期"。世界各地的研究团队正在尝试不同规模、结构和训练方式的技术，而一些团队则正在研发让深度学习更高效的硬件。

以上这些成果都令人兴奋不已。不过，这也意味着人工智能可能很快就会对人类社会产生重大影响。我们必须努力确保这些系统带给人类的是有益的影响，并创建有助于整合新技术的社会结构。许多在竞赛中获奖的深度学习算法从输入到输出都是“前馈”（feed-forward）的，它们通常会对输入进行分类或评估，但不生成或者创造任何新的东西。最近的大部分深度学习算法都是“周期性”的，可以通过“强化学习”来训练，最终促使算法采取最佳行动以最大化奖励。这种系统能更好地发现令人惊讶或意想不到的实现目标的方法。下一代深度学习算法可能会创建出世界模型，并能进行详细的推理以选择最佳行动。这类深度学习算法的设计必须非常慎重，以防止发生意料之外或人们不愿看到的行为。我们必须审慎选择将要通过深度学习来优化的目标。如果科学和公众意志能引导这些发展走上有益的方向，未来将一片光明！

155
SEEING OUR CYBORG SELVES
半机械人的我们

托马斯·巴斯（Thomas Bass）

纽约州立大学奥尔巴尼分校教授；著有《越南战争与范春安的危险游戏》（*The Spy Who Loved Us*）。

我们仍然遵循着摩尔定律前进。这意味科技新闻将始终关注的是，计算机变得更小、更智能，执行速度更快，能更好地应用于我们的日常生活中。实际上，后者这种应用是指，将计算机作为人造器官和眼镜植入人体。我们之所以成为半机械人，不仅源于计算机取得的进步，还源于计算机的外部设备取得的进步，后者就是让计算机可以听见、触摸和看见的技术。

基于光学和镜头分辨率方面取得的成果，让计算机的视觉能力越来越强大。在某些方面，人造镜头比人眼的功能更强大，而且前者的价格将会变得越来越便宜，消费者可以随意使用。这些技术就是会出现大量相关新闻的原因，这些新闻涉及自动驾驶汽车、无人机和其他基于集成多个摄像头的技术。

这些技术也是我们生活在盛行自拍和充满监控的时代的原因。世界监控我们就像我们自拍一样容易。我们的隐私会消失在那些精心调整的自拍当中，这些自拍有时还会引起那些生活得没我们好的朋友的嫉妒。我们以前逛街时会四处观望，而现在总是盯着万能的屏幕。与此同时，公共空间安装的监控摄像头会记录下我们的行为，实际上公共空间自身也处于监视之中。

用聚合物制造而成的镜头的成本只需几毛钱，图像分析软件变得越来越智能，几乎无处不在，用于显微镜的高级镜头的成本也不到一美元。《自然·光子学》（*Nature Photonics*）杂志曾公布了爱丁堡的研究人员取得的一项成果——一种先进的摄像机，它可以通过光子摄像头拍摄那些位于角落和人类视力到不了的地方。这也意味着，自动驾驶汽车的保险费用很快就会比由人驾驶的车辆的保险费更低。

视觉的语言就是生活的语言。我们观看大场景或关注小问题，我们看到了或看不到彼此的观点。我们有许多看的方式，并且每天都在增加。随着计算机的视觉能力变得越来越强大，我们还需要努力理解所看到的内容。

156
THE REJECTION OF SCIENCE ITSELF
反科学

道格拉斯 · 洛西科夫（Douglas Rushkoff）

传媒理论家，纪录片制片人；著有《向谷歌巴士扔石头》（*Throwing Rocks at the Google Bus*）。

我最感兴趣的新闻是，反科学的人越来越多了。31% 的美国人认为，人类从一开始到现在就没有发生过多大的变化。只有 35% 的人认同，人类在自然选择过程中发生了进化。这就不难理解为什么有些父母不愿意为孩子接种疫苗，以及选民支持那些注重热情而非事实的候选人。

可以肯定的一点是，科学自身也是导致出现这些现象的原因之一。科学拒绝承认任何“本质先于存在”的可能性，它们还过于频繁地与企业合作，从科学发现中获利，而对影响人类福祉的长期因素很少关注。

然而，在技术蓬勃发展的当下，有这么多人支持反科学的观点，危害尤为严重。我们正在制造各种之前被认为只有神才拥有的新工具。从数字编程、基因编辑到机器人、纳米技术，我们正在创造一些一旦出现就会自我进化的东西，它们会自我适应、复制，就像生命一样。人类已经进化成了最接近神的物种，而大多数人对于人类如何发展到这一步的具体过程还不甚了解。

在人类获得如此强大的能力的同时，仍有许多人对科学事实置若罔闻，转而追捧可被证伪的虚假幻想，这种现象的发生也许不是一种巧合。如果不将这些能力视为科学带来的成果，或者完全忽视其科学背景而加以利用，我担心人类还无法谦逊谨慎、负责任地运用这些能力。

因此，21 世纪的科学大新闻：我们是接受还是反对科学。这也许会决定人类的最终命运。

157
RE-THINKING ARTIFICIAL INTELLIGENCE
重新审视人工智能

罗德尼·布鲁克斯（Rodney Brooks）

机器人学家，麻省理工学院荣誉教授；著有《肌肉与机器》（*Flesh and Machines*）。

过去的一年里涌现出了很多关于人工智能的新闻，其中一些新闻提到了这样的场景：超级智能系统觉醒了，但它们不遵从人类的伦理道德，给人类带来了危害。这样的系统可能会成为人类的灾难。这些新闻引起了各个领域科学家和工程师的高度关注。一些新闻则促使人工智能业内人士开始思考这样的问题：如果由人工智能来做军事战略方面的决策，这是否符合伦理道德。有一些新闻则提到，许多汽车生产商认为自动驾驶汽车很快会投入使用。还有一些新闻提到了哲学家关心的问题：当发生危及人类生命的事件时，自动驾驶汽车应该如何做出抉择。

对于这些新闻，我的观点有所不同。在我看来，人类正在不断实现自我超越。著名科幻作家阿瑟·克拉克的第三基本定律指出，任何非常先进的技术在刚开始时看起来与魔法无异。实际上，有些新闻完全脱离了人工智能的发展现状，简直就是天方夜谭。因此，关于人工智能，人们得出什么样的结论都不足为奇。

不过，也有一些观点比较理性，它们主要关注深度学习算法的强大功能。深度学习算法源自 20 世纪 80 年代的反向传播算法，这一算法与今天强大的计算能力相结合，形成了深度学习算法。当前，深度学习算法已经远远超越了反向传播算法当时的三层网络结构。现今，美国各大高科技公司正在利用云计算资源不断改进深度学习算法。实际上，对 GPU（图形处理器）充分、合理的利用也大幅促进了这一算法的发展和改进。

不断发展的深度学习算法带来的最直接的成果就是，较之两三年前，语音识别系统有了很大的改进。因此，我们可以在网络、智能手机和家居设备上提供各种新服务。现在，我们能轻松地与语言识别系统进行交流，而语音识别系统也能准确地理解我们所要表达的意思。我们再也不用和 5 年前那令人崩溃的语音交互界面对话了。

我认为，深度学习算法取得的成果让许多人得出了错误的结论。当某个人在某项任务中有突出的表现时，比如翻译，我们便会对这个人的能力有一个直观的理解。比如，我们知道这个人能理解另一种语言，并能回答这些问题：在恐怖袭击导致儿童丧生的事件中，哪些人会为此感到痛心，哪些人会因为阴谋得逞而窃喜。然而，当前的翻译程序还做不到这一点。我们不能简单地认为，功能等于能力，对人工智能程序来说也是如此。

近期也出现了一些充满理性的观点，它们没有将人工智能描述为“失控的怪兽”。这是一种好现象，因为这些观点让关于“人类与人工智能的未来”的讨论回归理性。这些观点主要有两类。

第一类是关于科学的。当前有许多研究人员认为，若想让算法模拟人类和动物的诸多能力，还有许多工作要做。深度学习算法本身无法解决包括空间与演绎推理在内的诸多常识问题。而且，当前人工智能领域取得的所有突破性成果都历经了多年的努力。人工智能的三次繁荣期已经过去了，它们分别发生于 20 世纪 50 年代、60 年代和 80 年代。即使现在年轻一代的研究人员充满热情，但期望一下子涌现出很多这样的成果不太现实。

第二类是关于自动驾驶汽车如何与人类驾驶员交互的。由于这涉及大型的活动物体与人类进行非常近距离的交互，因此自动驾驶汽车的普及速度甚至比浏览器中 Java 脚本的普及速度还要慢。目前让自动驾驶汽车完全在开放道路上行驶还不太现实，因为这样很有可能会导致致命的交通事故，即使最聪明的头脑设计出的自动驾驶汽车也有可能会失控。这类事故将会引起极大的关注，即使由人类自身造成的交通事故死亡人数每天超过了 3 000 人。最近的一些新闻提到，通过测试发现，自动驾驶汽车出现事故的概率很高。不过，到目前为止，所有由自动驾驶汽车引发的事故都是小事故，而且原因都出自坐在自动驾驶汽车里的人类身上，自动驾驶汽车本身并没有问题，它们不会像人类那样违章。如果说人类违章是因为缺少技术辅助手段，显然是不对的。无论自动驾驶技术在工程师眼中有多么完美，若想实现自动驾驶汽车在普通道路上与人类驾驶的汽车并驾齐驱，还有很多工作要做。

目前，人们对人工智能的热情正在逐渐回落。虽然一些人仍在不断鼓吹，但泡沫终将会退去。未来，人工智能的日常应用会越来越多。不过，这一过程会缓慢而稳健地发生，我们会杜绝所有的潜在威胁。

158

I, FOR ONE

我，其中之一

乔舒亚·邦加德（Joshua Bongard）

美国佛蒙特大学计算机科学教授；著有《身体如何影响思维方式》（*How the Body Shapes the Way We Think*）。

“欢迎，新机器人主人。”当它们真的到来时我会这么说。此刻，我一边喝着咖啡，一边看着窗外的雪，幻想着即将来临的机器人革命。关于机器人学和人工智能的新闻报道呈指数级增多，这预示着超级智能很快便会出现。

作为一名机器人专家，我希望能为地球生命面临的这一历史性转折做点贡献。最近，人类似乎将自己逼上了绝路。虽然有全球气候会议和核不扩散条约的约束，但人类并无法仅靠生物智慧就找到出路。人类很快就会需要帮助。所有新发现的类地行星都无生命存在的迹象，这意味着我们在短期内无法依靠外星人。我们需要来自本土的帮助。机器能帮助我们，而超级智能的帮助更大。

有一部分人非常有同情心，他们关注人权、虐待动物事件以及微歧视现象（microaggression）等。总体来说，他们认为，我们应该为他人着想。我们会换位思考，想象自己成了敌对和暴力的目标会是一种什么样的感受。也许，机器更会为他人着想。比如，智能煎锅也许会建议在带血的牛排上放什么样的蔬菜；智能手机也许能检测出我们即将上传的照片会导致别人面临网络欺凌，并建议我顾虑这么做将会给照片上的人带来的感受。更好的一点是，我们可以向机器灌输自我保护的目标，通过镜像神经元，让它们从心理上模拟他人的行为将如何威胁自身安全，并反过来思考这一过程，从而认识到自己的行为将会对他人造成何种伤害，最终让它们变得富有共情心理。基于共情心理，它们将会觉得有必要教我们如何在这些方面提高识别能力。简而言之，未来的机器也许会同情人类有限的同情心。

基于同样的神经机制，我们不仅可以感同身受他人在情感或身体上遭受的痛苦，还可以预测当前所做的选择将会如何影响未来的自己。这就是所谓的预期（prospection）。然而，人类具有惰性，经常会做出后悔的选择。在这一方面，机器能帮助我们。想象一下，神经植入物可以直接对大脑的疼痛和快乐中枢产生刺激，基于这种原理设计的设备可以在我们吃下第一口培根奶酪汉堡包之前就感到恶心，而不是在全部吃完之后。当对同事或爱人做出冒犯性的评论时，神经植入物会立即对大脑产生刺激，使我们感到疼痛。

机器除了可以帮助我们最大化共情心理和预期能力以外，还可以帮助我们最小化不利的归因倾向。如果我们是生活在森林中的小动物，那么当看到附近的树叶在摆动时，将其视为树叶的运动要比不这么做安全，而将其视为捕食者藏在树叶后所致则要比视为风吹使然更安全。这种归因倾向能让我们在自然选择中更好地存活下来，而不是像将这种摆动视为风的缘故的那些动物一样被吃掉。也许这就是部分性格偏执的人信教的原因，他们能从每一次雷电和骨折的脚趾中看到想象中的“捕食者”，比如众神。然而，当宗教导致发生战争时，领导者通常会说：“这是上帝的旨意。”这样的说辞在现代文明社会中是行不通的。也许机器能帮助我们正确理解自己为何会在日常生活中经历各种离奇的事情。我没赶上公交车是不是因为昨天没给我姐妹打电话而遭受的惩罚呢？或者我的智能眼镜显示，因为今年公共交通预算削减了，公交车到站的时间不再定时了。这种提示让我松了一口气，起码这不是我的错。

这些关于智能机器的场景是多么奇妙！但我们应该如何实现这些呢？应该如何让机器具备共情和预期能力，并纠正不利的归因倾向？也许，最有可能发生的事情是，它们将会彻底地改变我们的教育体系。传统的实体教室终将会被拆除，学生将会在虚拟学校单独学习，机器会模拟出日常情形，包括正负两方面，来训练学生得出正确的结论。然而，若想实现这一点，需要花费大量的时间和精力。也许机器会意识到，与其让每个人上完所有关于生命何其宝贵的课程，还不如将一些不那么重要的课程变成视频，或者类似这样的文本：弱者的困境；出来混，迟早要还的；我们只能依靠自己；如何对待他人等。也可以将这些视频和文本改编成故事，而不用像道德说教那样枯燥。还可以将它们分编成短篇故事，每天讲一篇。或者，有关生命课程的题材不是假设的，而是来源于真实的人和动物遭受的痛苦。这些故事也可以在特定的电视频道或相关媒介上播放，播放时间可以是早上 6:00 和晚上 11:00。

这些故事需要每天更新，以保持新鲜感，而且故事题材应该多种多样，能够覆盖不同的文化、不同的生命，或者不同的人群和动物。这些故事囊括所有的角度，以帮助不同的人培养共情和预期能力，并引导他们从自身寻找原因。到那时，这就不仅是新鲜感的问题了，而是成了新闻。

159
DATA SETS OVER ALGORITHMS
数据集比算法更重要

亚历山大·威斯纳-格罗斯（Alexander Wissner-Gross）

投资人，企业家，吉姆迪公司（Gemedy）总裁兼首席科学家。

也许，当前最重要的新闻是：数据集才是人类水平的人工智能发展的关键制约因素，而非算法。

1967 年，人工智能才刚刚兴起，该领域的两位领军人物做出了一个广为人知的预测：只需要一个夏天，便能解决计算机的视觉处理问题。现在，半个世纪过去了，机器学习软件在视觉处理和其他能力上终于接近人类水平了。为什么这些突破性进展花费了这么长的时间？

回顾过去 30 年人工智能的这段最引人关注的蓬勃发展期，我们便可以得出一个很有启发性的解释：也许，许多关于人工智能的突破性进展都受到缺乏高质量的数据集的限制，而非算法。比如，1994 年，人类水平的语音识别系统是基于隐式马尔科夫模型算法开发的，而后者在此 10 年前早已出现，而语音识别系统所用的口语数据集仅仅是在 3 年前才出现的。1997 年，IBM 的深蓝计算机打败了加里·卡斯帕罗夫（Garry Kasparov）成为世界上最厉害的国际象棋选手时，它的核心构件 NegaScout 算法已经出现有 40 年的时间了，但它那 70 万份大师棋局书的核心数据集仅出现于 6 年前。2005 年，谷歌翻译软件在阿拉伯语－英语和中英翻译上取得了突破性进展，所使用的算法是基于 17 年前发布的统计机器翻译算法开发的，而该算法使用的包含 1.8 万亿多个谷歌网页和新闻页面的数据集则形成于 2005 年。2011 年，IBM 的沃森成为美国著名益智问答节目《危险边缘》（*Jeopardy!*）的世界冠军，它所使用的算法是基于 20 多年前发布的混合专家算法开发的，而所采用的 860 万份来自维基百科、维基字典、维基语录和古登堡计划（Project Gutenberg）的文档数据集则形成于 2010 年。2014 年，谷歌的 GoogLeNet 系统在目标分类上的能力接近于人类的水平，所采用的算法是基于 30 年前提出的卷积神经网络算法开发的，而所使用的训练数据集是图像网（ImageNet）上的 150 万张已分类的图像和 1 000 种目标类别的语料库，这一语料库首次出现于 2010 年。2015 年，谷歌旗下的 DeepMind 公司宣布其开发的软件可以通过视频来学习常规的操作，并在 29 款雅达利游戏中展现出的操作水平与人类不相上下，它所采用的算法是基于 23 年前出现的 Q 学习（Q-learning）算法开发的，而用于训练的数据集则出现在几年前，这一数据集包含 50 多种雅达利游戏的街机学习环境数据。

通过分析这些进展，我们便可以发现，关键算法出现的时间与对应的人工智能取得进展的时间之间平均相差 18 年，而关键数据集出现的时间与对应人工智能取得进展的时间之间平均相差不到 3 年。这表明，数据集才是人工智能获得进展的制约因素。有人也许会说，人工智能获得进展所需的底层关键算法通常早已存在，所需的只是从现有文献中挖掘出高质量的大型数据集，并对现有硬件进行优化即可。当然，研究的共同不幸在于，关注度、资金和职业目标一直集中在算法身上，而非数据集。

如果这一观点是正确的，将会对未来人工智能的发展产生根本性的影响。最重要的一点是，对高质量的数据集的优先开发更有助于人工智能研究获得突破性的进展，这将比仅仅依靠算法的进步带来的进展效率高得多。比如，只要我们用合适的书写、检查和对话数据集对现有的算法和硬件进行训练，这些算法和硬件就能使机器在几年时间内写出与人类水平不相上下的长篇作品，以及完成人类水平的标准考试，甚至通过图灵测试[1]。此外，在如何确保人工智能的友好性这一问题上，我们可以通过数据集而非算法的友好性来解决，这可能是一种更为简单的方法。

尽管新算法在带领人工智能走出上一个低谷期时获得了很多赞誉，但真正的新闻可能是：优先培育新的数据集和相关研究社群对延长现在的人工智能繁荣期至关重要。

指测试者（一个人）与被测试者（一台机器）在隔开的情况下，测试者通过一些装置（如键盘）向被测试者随意提问。进行多次测试后，如果有超过30%的测试者不能确定被测试者是人还是机器，那么这台机器就通过了测试，并被认为具有人类的智能。——译者注

160

BIOLOGICAL MODELS OF MENTAL ILLNESS REFLECT ESSENTIALIST BIASES

精神疾病的生物学模型反映了本质主义的偏见

布鲁斯·胡德（Bruce Hood）

著名心理学家，美国布里斯托大学教授；著有《被驯化的大脑》（*The Domesticated Brain*）。

据估计，2010 年，仅在英格兰，由精神疾病导致的经济损失就超过了 1 000 亿英镑，而在美国这一数字达到每年约 3 180 亿美元。因此，我们有必要竭尽所能地减轻这种经济损失。然而，大多数时候我们却毫无头绪，因为主流精神疾病模型的效果不尽如人意。这些模型大多基于这样的假设：存在不同的潜在病因，它们互不关联，而这一假设反映了我们在理解复杂性时很容易犯的本质主义偏见。

人类是复杂的生物系统，人体的运转需要多个层面的复杂互动。值得注意的是，我们花费了超过一个世纪的研究和努力才搞明白，当某一件事情失败时，其中涉及的多个系统也必定出现故障了。然而，直到现在，仍有许多西方精神病学从业人员深信这样的观点："存在本质不同的精神疾病，它们是由特定核心因素导致的功能障碍。"或者，这至少是实行治疗方案的依据。

自 19 世纪末，精神科医生埃米尔·克雷佩林（Emil Kraepelin）主张将精神疾病归类为由特定生物原因导致的特殊障碍以来，精神疾病的研究和治疗重点都是建立症状分类系统，将其作为追溯生物性根源和对应治疗方案的一种方法。这种医疗模式促进了临床疾病分类和相应诊断手册的发展，这类诊断手册包括《精神障碍诊断与统计手册》（*Diagnostic and Statistical Manual of Mental Disorder*，简称“DSM”），该手册在2013年出版了第五版，但在同一年，美国国家心理健康研究所宣布，不再资助单一依赖《精神障碍诊断与统计手册》标准的研究项目，原因是，这种医疗模式缺乏有效性。

最近，荷兰心理学家丹尼·博尔斯鲍姆（Denny Borsboom）的一项分析表明，《精神障碍诊断与统计手册》中记录的症状有50%与精神疾病相关。这表明，伴随疾病才是惯例，而非特例。这也就解释了为什么通过基因学或成像技术来寻找精神疾病的生物性根源总是一无所获。无论我们建造什么样的扫描仪，或者如何改进基因分析，都无济于事，精神疾病的成因都不似克雷佩林所想。相反，新的方法将精神疾病视为一系列因果效应共同作用的结果，而不是由潜在的单一原因引起的。

目前，我们尚不清楚将来《精神障碍诊断与统计手册》会如何变化，因为维持原有的医疗模式有利可图。不过在欧洲，治疗方法明显开始向基于症状的治疗方法转变。除了本质主义的偏见外，人类的本性还致使我们忽视了人类的复杂性。我们对于种族、年龄、性别、政治信仰、智力、幽默感，甚至一个人的某个方面的描述都是一概而论，不考虑其中的复杂性，就如同那些属性是他们的本质特征。

人类的思维总是倾向于为世界分类，也就是为关键节点赋予属性，就像它本就如此一样。然而，在现实中，经验是连续的。人类划定的界线更多是为了利益，而不是反映真实的结构。作为复杂的生物系统，人类不断地发生进化以探索周围的复杂世界，由此得出了能够最有效地描述复杂世界的方式，比如，明确的分类。输入原始感觉信号，然后输出行为和认知，这是人类神经系统的基本特征之一。将特征强制转换为明确分类，这种方法有助于优化所需处理的任务和所需的响应数量。因此，从工程的角度来说，这种分类是有意义的。本质主义的观点会继续影响人类构建关于世界的理论的方式，也许这是应对未知领域的最佳策略——在细化反映复杂性的模型之前，先假设存在广泛的模式和不连续性。然而，这么做的缺陷在于，我们会认为自己构建的模型是真实的。

161

NEUROPREDICTION

神经网络预测技术

阿比盖尔·马什（Abigail Marsh）

美国乔治城大学心理学教授。

思维与大脑之间的笛卡尔墙已不复存在。包括神经网络预测技术在内的收集和分析神经生物学数据的新技术加速了笛卡尔墙的倒塌。神经网络预测技术是指利用人类大脑成像数据来预测人类未来的感觉或行为。这项技术意味着我们需要接受这样一个事实：人类的思想和选择是基础生物过程的体现。神经网络预测技术有可能会改变心理健康和刑事司法等行业。

❶ 笛卡尔是二元论的代表，其最为人所知的名言是“我思故我在”。他还提出了“普遍怀疑”的主张，是欧洲近代哲学的奠基人之一。黑格尔称他为“近代哲学之父”。——译者注

在心理健康领域，精神疾病的识别和治疗受到现有诊断模式的限制。在其他医学领域，像基因组测序等新诊断技术带来了针对肿瘤和病原体的靶向治疗，大幅改善了患者的后遗症。然而，由于诊断精神疾病用的仍是100年前的那套方法，即基于患者的主观报告或临床医生的主观观察得出的症状清单来进行诊断，这就如同根据对虚弱、疲劳和发烧的主观诊断来确定某人是否患有白血病或流感。

基于症状清单的诊断方式不仅让心理医生很难确定患者的痛苦程度，尤其当患者不愿意或无法描述症状时，而且也无助于找到最有效的治疗方法。

在刑事司法中，量刑和缓刑的判决也存在同样的问题。由于很难确定罪犯在刑满释放后是否会再次犯罪，因此，做出适合的量刑和缓刑判决会很困难。在很大程度上，这种判决也受主观因素的影响，导致一些不会再犯的人往往被拘留得更久，而一些可能再犯的人则被早早释放。

神经网络预测技术可能会为这些问题提供解决办法。最近的一项研究发现，我们可以通过脑部扫描测量脑岛的代谢活动来预测抑郁症不同疗法的相对疗效。另一项研究发现，通过测量前扣带皮层的血液活动，我们可以更准确地预测假释罪犯是否会再犯。

目前，这两项研究还不能投入大范围的运用，部分原因在于，从个体层面来说，预测准确度还不够高。不过这两项研究一定会得到改进，大范围地投入运用。

这将会成为心理健康领域的巨大进步。目前，抑郁症等疾病的疗效仍然很差：高达 40% 的抑郁症患者在接受了一线治疗后，效果仍旧不好，而选择一线治疗方法或多或少靠猜测。运用神经网络预测技术可以降低这一数字，而且能大幅地降低患者的痛苦。因为脑部扫描的费用很高，不是每个人都能负担得起的。此外，这种治疗还存在不平等现象。

神经网络预测技术在犯罪方面的作用有所不同，因为它主要的目的是改善犯罪对社会的影响（更少的犯罪，减少不必要的拘留开销），而不是改善潜在罪犯的行为。如果我们不将注意力从惩罚转向康复，这种方法很难被广泛接受。在深入了解多次犯罪者的生物学基础方面，神经网络预测技术可能会有所帮助。无论如何，这一技术，至少是贝塔测试版已经可以投入使用了。现在是时候考虑该如何更好地利用它了。

162

THE THIN LINE BETWEEN MENTAL ILLNESS AND MENTAL HEALTH

精神疾病与心理健康之间的小界线

乔尔·戈尔德（Joel Gold）

精神病学家，纽约大学医学院临床精神病学副教授；与伊恩·戈尔德（Ian Gold）合著有《怀疑的心》（*Suspicious Minds*）。

很多人都不愿承认这样一个事实：人们总是喜欢在“我们”这群“好人”和“他们”这群“疯子”之间筑起一堵高高的墙。

在美国动画情景喜剧《辛普森一家》中，有位名叫霍默的人被误诊患有精神疾病，因此而住院。他的手上被印上了“疯子”的标识。当霍默的主治医生发现他没有患精神疾病并让他出院时，他手上的标识变成了“没疯”。然而，精神状况并不是非黑即白的。在这一点上，所有人都犯了错。明显的癫疯行为大家都能注意到，但隐秘的癫疯行为呢？很多证据表明，很多没有被确诊为精神疾病且不需要治疗的人都具有精神疾病方面的症状，他们尤其容易出现幻觉和妄想。《美国医学会杂志·精神病学》曾公布了一项研究成果，该研究对 19 个国家超过 3 万名成年人进行了问卷调查。结果显示，至少有 5% 的人出现过一次以上的幻听症状。这些人当中的大多数都没有与精神分裂症患者类似的完整症状。较早之前的一项研究称，17% 的非临床患者都曾患过精神疾病。

这就引出了一个复杂的问题：某种感受是否属于精神疾病的症状，界线不再那么明确。我们凭什么认定，宣称美国政府知道外星人曾做过绑架行为的人肯定不是妄想，而是阴谋论者，而认为自己曾被外星人绑架的人患有妄想症呢？

精神疾病所表现出来的连续体会产生严重的临床后果，但令人感到不幸的是，许多心理健康领域的从业者刚知道这一情况。抗抑郁药物可以改善情绪，抗焦虑药物可以缓解恐慌，而抗精神疾病药物可以改善幻觉，我们很容易从中看出它们之间在神经生物学上存在的相似之处。然而，当请精神科医生为受这些症状困扰的人提供心理治疗时，那堵墙又出现了。至少在纽约市，许多患有抑郁症和焦虑症的人通过治疗来寻求解脱，但很少有精神疾病患者能从中受益，即便治疗对于缓解精神疾病症状有效。这就是本文要重点强调的。

认知行为疗法（cognitive behavioral therapy，CBT）是最常见的治疗方式之一，常用于抑郁症、焦虑症和其他精神疾病的治疗，包括精神失常症状。这种疗法看起来似乎有些自相矛盾。根据定义来看，尽管证据与此相反，但幻觉仍是存在的。我们不应该说服别人摆脱幻觉。如果我们可以，那就不是幻觉。令人感到惊讶的是，事实并非如此。

现在回到本文所说的小界线。在认知行为疗法出现的早期，治疗师试图将患者的精神感受“正常化”（也许这使患者有了奇怪的体验），这样做的目的是降低患者的羞耻感，并与他们建立紧密的治疗关系。治疗师通常会鼓励患者，让他们相信自己与他人并无不同，只是在某些方面更特别一点（连续性模型）。治疗师也会告诉患者，儿童虐待或吸食大麻这样的过激行为是如何与现有的遗传风险因素相互作用的，并鼓励患者回顾过去，也许过往的生活经历与自身的精神疾病症状有关联（易感性应激模型）。治疗师还会评估一项诱发事件：患者对于该事件的信念，以及持有该信念的后果，即ABC 模型。随着时间的推移，治疗师会慢慢地对信念提出质疑，最终和患者一道对该信念进行重新评估。认知行为疗法既可用于治疗幻觉，也可用于治疗妄想症。

认知行为疗法与以前的抗精神疾病药物氯丙嗪（Thorazine）和新的奥氮平（Zyprexa，又称“再普乐”）的疗效相近。当然，这并不意味着患者不用再服用抗精神疾病药物。但实际情况是，许多人没有服用这类药物。这其中的原因不难理解。这些药物通常是用来救命的，具有副作用。一般来说，精神疾病患者的洞察力受到了损伤。洞察力就是反省内在经历并认识到自己患有精神疾病的能力，这也是药物治疗的一个重要障碍。

认知行为疗法有三个优点：第一，这种疗法能提高洞察力，从而让患者提高依从性；第二，如果患者拒绝服药，但愿意接受认知行为疗法，这比完全不接受任何治疗要好；第三，接受认知行为疗法的患者更有可能服用更低剂量的抗精神疾病药物，副作用更小，这便有助于再次提高依从性。

认知行为疗法的效用不应该成为新闻事件，因为它的疗效已经得到了一次又一次的证实。然而，令人感到不幸的是，在心理健康领域，尤其是在美国，认识到这一点的人很少。在英国，认知行为疗法是治疗精神疾病的首选疗法，但在美国，很难找到知道如何运用这一疗法的精神科医生。而且，若想找到接受过训练，并知道如何使用这一疗法的从业人员，你更需要运气。不过好消息是，知道这一疗法的人正在增多，虽然进展不快，但越来越多的临床医生开始了解、接受训练，并运用这种疗法。只要有更多患者开始接受这种治疗，并获得更好的照料，最好是将认知行为疗法与其他完善的心理干预措施结合起来，比如家庭疗法和就业支持等，那么，疗效就会得到极大的改善。

如果这一新闻能长期得到人们的关注（我相信它会的），将能大幅改善社会对待精神疾病患者的态度，使之更人性化。毕竟，我们所有人都有精神疾病方面的症状，即使最严重的患者也有健康的一面，这是肯定的。

163

THEODIVERSITY

宗教信仰的多样性

阿拉·洛伦萨扬（Ara Norenzayan）

社会心理学家，英属哥伦比亚大学教授。

宗教信仰的多样性之于宗教的意义就如同生物的多样性之于生命的意义。据统计，全球总共有一万多种宗教传统。每一天都有一种新的宗教运动在世界的某个地方形成。不过，宗教信仰的多样性在人类种群中的分布并不均匀，就像生物多样性在地球上的分布不均匀一样。

纵观历史，绝大多数宗教运动都成为失败的社会实验，它们没有生根，而生根了的，没有延续太久，延续了一段时间的，规模都不太大。不过，世界级的宗教以上都做到了，比如基督教、印度教，尤其是伊斯兰教。佛教的规模要小得多，而且信徒数量增长得也不快，不过它仍然是世界上比较稳定的一种宗教。在我们所处的这个时代，只有少数宗教传统走向了世界，并收获了绝大部分信众。

2015 年 4 月 2 日，皮尤研究中心发布了一份里程碑式的报告，该报告对宗教的多样性进行了详尽的分析。这一报告是基于全世界多个宗教群体的相关数据得出的，比如年龄、生育率、死亡率、移民和宗教变化等复杂因素。如果当前的人口和社会趋势保持下去，到了 2050 年，便会出现下面 5 种趋势。

- 历史上首次，全世界伊斯兰教教徒人数将与基督教教徒一样多。这两大宗教的信众将占到那时全球 95 亿人口的 60% 以上。

- 40% 的基督教徒生活在撒哈拉以南的非洲，这里将成为基督教徒人数最多的地区，而生活在欧洲的基督教徒只占 15%。因此，基督教的中心将会从欧洲移至非洲。
- 虽然印度的大多数人仍然信奉印度教，但印度将拥有世界上人数最多的穆斯林群体，超过印度尼西亚和巴基斯坦。
- 世界上所有的民间宗教人数加起来只占世界人口的 5% 。
- 不信教的人数将有 13 亿人，这个数量占 2050 年世界总人口的 13.5%。

人们可能会认为，最成功适应世俗和现代化生活的宗教最为繁荣，但皮尤研究中心发布的这份报告和其他研究收集的证据表明，情况恰好相反。在文化市场中，温和派已经衰落了，它们是世俗和现代化生活中的失败者。世界上的主要宗教通过转化或者高生育率，或两者都有，逐渐成为主流宗教。

不过，也有很多人对宗教提出了各种各样的质疑，这就是为什么不信教人群是世界动态变化的宗教信仰多样性的另一个主要组成部分。如果将这部分人群的人数合计起来，他们便会成为世界第四大“宗教”。还有部分人是无神论者，实际上许多不信教人群都是无神论者，他们既不关心宗教，也不反对宗教。此外，越来越多的人认为自己有精神信仰，但不信教。这种由自己主宰和设定的精神生活填补了有组织的宗教在世俗国家中造成的空虚。我们可以在瑜伽工作室、冥想中心、整体健康运动中心和生态灵修（eco-spirituality）中心发现这类精神生活的痕迹。

宗教信仰的多样性曾是人文科学的唯一主题，但现在已经成为新兴科学和人文科学合作的一个焦点。人类历史上宗教信仰的多样性为文化演变这一新兴学科带来了十分有趣的问题和挑战。现在，人们再次为这类宗教冲突感到焦虑，这类冲突包括宗教之间的文化冲突，以及宗教与世俗及现代化生活之间的冲突，包括真实存在的和想象的。深入理解宗教信仰多样性的复杂性比以往任何时候都更为重要，并且这种理解应该是可计量的、基于证据的、细致入微的。

164

A SCIENCE OF THE CONSEQUENCES

关于结果的科学

卢卡·德·拜厄斯（Luca De Biase）

记者，意大利综合财经类报纸《24 小时太阳报》的编辑。

没有发生的事情可以成为新闻吗，它们是否充满趣味且非常重要呢？若想回答这一问题，我们需要为新闻增加“持久度”这一指标。这样的新闻不可能是关于某个特定时刻的事件，而是永具新意的新闻，也就是会带来结果的新闻。

那些所谓的“大新闻”经常会引发争议，它们虽然大多很有趣味，但不是很重要，也许只在某些时刻才显得重要。而永具新意的新闻则不同，它们经常会被低估，但持续的时间很长。这类新闻不是关于事实的新闻，而是一种会对许多事实产生持久影响的故事，一种创造历史的故事，一种能引导人们构建未来的新叙事。我们很少能在新闻中看到这种叙事，报纸不是专门做这个的。我们只有在新闻背后才能有所发现。

若不是“气候变化”“基因编辑”和“纳米技术”这类概念，许多重要研究就会一直默默无闻，不仅很少有人关注，甚至还会遭到误解。然而，科学与传播的融合还不足以应对世界面临的巨大变化，这不仅需要大众的关注，更重要的是需要有科学素养的公民。关于“基于科学的决策”这一原则本身还有待改进。虽然保健和教育等领域基于这一原则做出了更明智的决策，但在政治与文化领域，因为人们对这一原则的不同理解，导致运用效果并不明显，因此未获得广泛接受，尤其是在意识形态和宗教在决策过程中起重要作用的那些国家。全球需要对问题和可能的解决办法有共同的理解。

巴黎举行的联合国气候变化大会体现了科学和决策的共赢关系，即使这一会议来得太迟，收获也不多。政治家常常是决策的负责人，类似气候变化这样紧迫的全球性问题需要更好的“基于科学的决策”。这就不仅需要政治家聆听科学家的意见，而且需要培养更有自控力和学习力的人才。

基因编辑也是一个重要案例。美国国家科学院、美国国家医学院、中国科学院和英国皇家学会曾在华盛顿举行了一次会议，在这次会议上，各国专家对有关人类基因编辑的研究、伦理和监管问题进行了探讨。会议建议最好暂停使用 CRISPR/Cas9 技术对人类基因组进行永久和可遗传性的编辑，因为目前我们还无法预料这项技术会带来何种后果。在呼吁暂停 CRISPR/Cas9 技术应用的人群中，有 CRISPR 技术的发明者。不过最终，参会的专家没有达成一致，各国的国家科学院期望后续能进一步展开会谈。

致力于基因编辑技术研究的乔治·丘奇建议不要暂停。他给出的理由很有说服力。他认为，如果宣布禁令，便会导致私自研究、黑市和医疗旅游盛行，结果便是，全球化经济下的科学很容易失控。这就是新闻背后的新叙事。

科学失控的例子还包括关于人工智能的争论，这类争议开始于史蒂芬·霍金，比如机器人是否会取代人类的工作的争论。当前的科学现状与新闻带来了一系列值得思考的大问题：科学失控了吗？可以有所改变吗？还有受控的科学吗？

以前人们普遍认为，科学是一门发现事物真相的学科，而伦理和政策的作用在于决定如何对待这些真相。现在这种观点不再适用了，科学能够大幅度改变事物，而科学之所以能参与到决策制定过程，是因为基于科学的决策的需求增多了。如果一种科学叙事混合有放任自由的意识形态和复杂的概念，决策制定过程将会变得更困难，局势就有可能会失控。

科学应该为这一问题提供解决方案。虽然道德规范有助于个人的决策，但在应对复杂性这一问题上，我们还需要其他的帮助。当政策是关于集体化的决议时，就需要有关世界变迁方式的理论的支持。科学已经参与到决策制定过程中来，那么如何才能不失去它的本质呢？

实际上，不存在受控的科学。不过，有一种科学是存在的，即知道如何基于经验做出选择，并更好地自我管理的科学。当前，永具新意的新闻也许是，在是否暂停研究针对人类的基因编辑技术这一问题上，科学家还无法做出决定。这将一直会是个新闻，除非出现更新的、会带来结果的科学新闻。因此，科学方法必须考虑研究所带来的结果。如果决策过程不再局限于伦理和政治，那么认知论就会得到运用。

165
INTERCONNECTEDNESS
互联性

艾琳·佩普伯格（Irene Pepperberg）

心理学家，哈佛大学讲师，布兰迪斯大学副教授；著有《亚历克斯与我》（*Alex & Me*）。

没有人是自成一体、与世隔绝的孤岛。

400年前，约翰·多恩（John Donne）写下的这句诗如今读起来仍然很合理，未来仍是如此，并且适用于从科学发现到哲学的多个领域。科学所揭示的人与人之间的互联性，以及人与自然之间的互联性，仅是发现的开始，并且很有可能会成为在未来引发广泛讨论的重大新闻。

从关于经济学的科学到关于生物学的科学，我们逐渐了解到，每一个人所采取的行动和决定将会如何影响其他生命。印度和其他地方的火力发电站正在影响着全球的气候，就如同不断遭到砍伐的亚马孙雨林一样。日本的核泄漏事故改变了我们对替代能源的看法。现在我们知道，健康（尤其是我们的微生物组）不仅受到所吃食物的影响，还受到所处环境的影响。最近的研究表明，与保护濒危物种的举措一样，消灭入侵物种的决定也会对整个生态环境造成影响。

我们不需要通过相信多恩有点黑暗的世界观来了解其观点的重要性。互联性意味着，全世界的科学家应该共同寻找埃博拉病毒等疾病的治疗方法。虽然到目前为止，这种病毒引发的疫情只发生在少数几个国家。互联性还意味着，各国政府应该合理安置经过长途跋涉涌入本国的来自战区的难民，也许他们能让本国变得更加充实而非贫穷。

无论我们关注的是社交媒体、全球旅行，还是其他形式的互联，关于其重要性的新闻将会不断涌现。

166

EARLY LIFE ADVERSITY AND COLLECTIVE OUTCOMES

生命早期面临的困境及其对集体的影响

琳达·威尔布里奇特（Linda Wilbrecht）

加州大学伯克利分校副教授。

当种族和民族分裂事件让社会变得紧张不安时，解释行为差异的观点很快便会盛行起来。然而，不同种族和民族群体的经历大不相同，这对他们各自的行为会产生不同的影响。尽管我们对有关“先天还是后天”问题的研究从未间断过，但实际上，我们才刚开始了解基因和经验的相互作用是如何改变一个人的潜力的，以及个体的决策方式是如何影响国家的未来的。

有篇新闻曾刊登过这样一幅引人注目的图片，图片中有两对同卵双胞胎兄弟，他们在婴儿时期被搞混了，因此被不同的家庭领养。一开始，这些孩子和其家人都认为，他们是异卵双胞胎，没有太多相似的基因，因此长得也不像。直到长大成人后，这些年轻的小伙子才发现事实并非这样，并通过朋友找到了自己的同卵双胞胎兄弟。这两对双胞胎中的一方在城市长大，而另一方在农村长大，后者接触的各类资源要少得多。大家可能想知道，在基因相同的情况下，不同的环境是如何改变他们的性格、特质、智力和决策的。我们可能都认同这样的观点：创伤、困难或家教方式会影响一个人的情感发展及其行为模式，即使在成年阶段也是如此。然而，我们目前还不清楚早期的经历是如何影响一个人的思考方式和决策的。同卵双胞胎的一方会不会因为环境的影响变得更倾向于偏好储蓄、犯同样的错、走捷径、买彩票和固执己见？抑或无论培养方式如何，他们都会做出同样的选择？关于这类问题，我们正在从这类双胞胎的身上获取答案。当然，这类例子出现的概率太小了。如果我们能找到答案，这将会改变我们育儿的方式，以及对儿童保健和教育投资的态度。

对于生长于不同环境的双胞胎的研究，我们现在可以通过近亲交配且基因相同或相近的老鼠进行模拟。啮齿类动物有助于我们摆脱文化偏见，并且可以在模拟的环境中进行饲养，这样我们便可以模拟人类婴儿期和儿童期面临的困境和资源缺乏的情境。在一个有关早期逆境生活的压力模型中，研究人员没有给母鼠足够的筑巢材料，致使它在笼子里来回走动，这么做可能是为了寻找更多的筑巢材料。在其他模型中，研究人员在一天的某个阶段会将幼鼠与母鼠分开，或者在断奶后让幼鼠单独居住。接着，研究人员将这些后代与拥有足够筑巢材料的后代和没有与母亲或兄弟姐妹短暂分离的后代进行了比较。

研究人员首先将早期逆境生活的相关研究重点放在啮齿类动物的情绪上。这一研究发现，早期的逆境生活会导致成年后的老鼠表现出更多压力和焦虑行为。我所在实验室的一项研究也发现，早期的逆境生活还会影响啮齿类动物的思维方式，以及解决问题和做决策的方式。经历过早期逆境生活的老鼠的认知灵活度更低，而且可能更为健忘。随着这些动物逐渐长大，一些行为差异将会消失，而另一些则变得更为明显，并一直延续到成年之后。我不愿意说哪一组方法更聪明，因为我们很难确定哪种野生啮齿类动物最适合做实验。比如，我们可能会在实验室中看到它们表现出顽固、不灵活或智力低下的行为，而在真实的环境中，这样的行为也许会令我们感到钦佩，会觉得它们很顽强，具有超强的耐力。

其他一些理论试图从情感行为以及解决问题和做决策的方式中来解释这些变化。经历过逆境生活的老鼠的大脑会出现功能紊乱的现象，这与神经元会在压力下萎缩的原理一致。此外，人类和啮齿类动物在面临逆境时，也会积极地适应。根据当前一个比较流行的模型，经历过逆境生活的大脑可能会孕育出“活得快，死得早”的生存策略，这一策略有利于早点变成熟以及缩短制定决策所需的时间。在自适应性校准模型中，基因相同的动物的大脑可能会有不同的基因表达，并发育出不同的神经回路，从而让大脑适应所处的环境。目前，我们尚不清楚，这些动物的大脑有多少种可能的发展路径，以及年轻人的大脑何时以及如何整合环境信息。然而，基于这种自适应性校准模型，我们期望出现这样一种物种，它们能在逆境和顺境时“绑定”不同的大脑，并展现出不同的行为，但在生殖层面不发生基因变化和基因选择。

为什么我们应该关注这一点呢？这类数据也许可以解释全球层面的经济行为，并有力地反驳有关成功的基因的观点。另一则引人注目的新闻源自尼古拉斯·韦德（Nicholas Wade）与加雷特·琼斯（Garett Jones）发表在《华尔街日报》上的一篇名为《蜂巢思维》（*Hive Mind*）的评论。读过这篇评论后，我才知道国民储蓄率与平均智商相关，而不是个人智商。在《为什么国家的智商要比个人智商重要得多》（*How Your Nation's IQ Matters So Much More Than Your Own*）一书中，韦德建议我们多关注“进化驱动力”（evolutionary force），以了解智商及其对应的行为差异。从老鼠身上得到的有效数据表明，我们还应该关注人们早期的生活经历。我们之所以将啮齿类动物作为研究目标并不是因为它们的智商，而是因为它们的早期生活会影响智力的发育，即使保持它们的生殖基因不变。通过结合这些啮齿类动物和关于人类的研究，我们就能推论出，如果人类在早年生活中遭受了逆境或困难，在以后的生活中，其大脑将更倾向于做出短期投资和极少储蓄。因此，与其将国家的成功与失败归结为缓慢变化的基因遗传，我们还不如将关注重心转向人们早期的生活经历，以创造更美好的明天。

167

WE'RE STILL BEHIND

我们仍然很落后

玛丽·凯瑟琳·贝特森（Mary Catherine Bateson）

乔治梅森大学荣誉退休教授，波士顿学院斯隆老龄化与工作研究中心访问学者，著有《青春永不落》（*Composing a Further Life*）。

1957 年 10 月 4 日，苏联发射了第一颗人造地球卫星，成为当时轰动一时的大新闻。太空探索时代由此拉开序幕，许多国家开始发射卫星，并且发射了很多次，卫星的运行时间越来越长。在苏联发射第一颗人造卫星后不久，另一则新闻报道则引起了人们的担忧，即美国的教育不仅在科学上落后于其他国家，而且在其他学科上也是如此，比如地理和外语等。这一观点到目前仍然正确。在科技前沿方面，美国确实处于领先地位，但在对大众的科学通识教育方面却很落后，对于越来越技术化的民主国家来说，这一点无法让人接受。

我们以气候变化这个最典型的例子来做说明。事实证明，许多读者无法理解报纸上的一些基本术语。比如，我曾听说过这样一种说法，“理论只是一种推测，比如进化论”，更不用说宇宙学家努力构建的关于宇宙形成的理论了。当有关于修改或扩充较早研究的新数据发布时，人们经常将这视为科学研究的弱点而非强大力量，视为对新数据的妥协。当冬天气温降至零度以下时，我们就会听到这样的观点：“这证明地球没有变暖。”大部分美国人不清楚“天气”和“气候”的区别。美国政府资助了世界上最先进的气候研究项目，但这些资金被政客把持着，因为他们认为气候变化是一场骗局。此外，在许多美国人认为的已被科学认可的偏见清单中，我们还可以加上“消滴经济学”（trickle-down economics）[1]和有关种族与性别歧视的理论。

人们对科学概念的普遍误解导致出现一种扭曲的控制论，即只关注计算机。控制论领域发展起来的关键概念致使计算机成为一种重要的副产品。不过，控制论更重要的成果是对因果关系的全新理解，现在被称为系统论。政客喜欢宣称解决恐怖主义之类的问题，这就如同吃一片药丸就能让人长生不老。如果我们不喜欢某样东西，就会寻找消灭它的方式，而不考虑其副作用以及对服药者的副作用（想一想对当事人的折磨）。这种基于简单的因果模型做出的决策既危险又不道德。

目前，还能被当作新闻的新闻是，美国的科学教育仍然是一团糟，造成严重后果的错误决策往往基于过于简单的因果关系模型，而且这些错误经常又会被政客利用和放大。

指一个体制中给予上层人的利益会传递给较低阶层的人。比如，如果削减富人的税收，就可以创造更多的就业机会，穷人也可以因此受益。——译者注。

168

NEURAL HACKING, HANDPRINTS, AND THE EMPATHY DEFICIT

神经网络攻击，手印以及同情心的缺失

丹尼尔·戈尔曼（Daniel Goleman）

心理学家，科学记者。

当我还是《纽约时报》的一名科学记者时，对于重要新闻，我们的编辑总是要求我们提供有说服力的新线索。从基因学到量子物理学，科学领域的新闻数不胜数，但如果我还在《纽约时报》工作，就会选择以下三则科学新闻。目前，这三则科学新闻都受到了广泛关注，而且在未来几年里将会继续发展，直至对我们的生活产生重要影响。

第一则新闻是关于表观遗传学（epigenetics）的。随着人类基因组图谱的绘制，我们下一步的任务就是弄清楚它们是如何工作的，包括是什么在控制着所有遗传密码的打开与关闭。从我们的新陈代谢到饮食，再从环境到习惯，表观遗传学对于揭开其中的奥秘具有重要作用。与表观遗传学相关的一个例子就是神经可塑性（neuroplasticity），即大脑通过重复的经历不断进行自我重塑，人们在大约 10 年前才开始认真对待这个观点。这为神经黑客应用提供了可能。就像耶鲁大学教授贾德森·布鲁尔（Judson Brewer）和威斯康星大学麦迪逊分校教授理查德·戴维森（Richard Davidson）等神经科学家已经证明的，我们可以通过持续的心智训练选择想要增强的大脑功能。你想更好地调节自己的情绪，增强注意力和记忆力，并且变得更富同情心吗？这意味着，若想实现这些目标，就要对特定神经回路进行特定的精神训练。也许有一天，这会成为一种新的健身方式。

第二则新闻是关于作为技术手段的工业生态学的。这一新学科将物理学、生物化学、环境科学、工业设计和工程学结合起来，创造了一种新的方法——生命周期评估（life-cycle assessment，LCA），来衡量物质主义的生态成本。生命周期评估为这种难以衡量的东西提供了一套标准，比如，无处不在的手机在其生命周期的每一个阶段对环境和公众健康产生的影响。这种方法为我们提供了一种十分精细的视角，有助于观察人类活动如何对全球生态系统造成负面影响，以及寻找可以带来最大益处的解决方案。一些公司正运用生命周期评估来改变产品生产方式，这样就能做到产品的实时补充而不用等到耗尽再补充。哈佛大学公共卫生学院的研究表明，这意味着运用生命周期评估从测量"脚印"（我们对地球造成了多少破坏）转向了测量"手印"，即测量我们做得好的方面，或者减少了多少"脚印"。将来可能会出现这样的新闻，多家公司发布了第一批净正效应产品，在其整个生命周期内，总体效益是补充而非消耗。

第三则新闻是关于权力与社会意识之间的对立关系的，这一研究将心理学融入了政治科学和社会学。加州大学伯克利分校心理学家达谢·凯尔特纳（Dacher Keltner）的研究和世界其他研究中心进行的研究表明，社会权力高的人，即财富、地位、阶层以及其他条件较高的人很少关心社会权力较低的人，也很少与他们交流。关心少意味着同情心和理解少。因此，那些行使权力的人（比如富有的政客）几乎不会意识到其决策会对社会权力较低的人群造成何种影响，占领华尔街运动、有色人种人权运动和失败的"阿拉伯之春"运动可被视为消除这一分裂的尝试。这种同情心的缺失将加剧未来的政治紧张局面，除非掌权者能听从甘地的劝诫，将决策对最底层民众的影响纳入考虑范围之内。

169

SEND IN THE DRONES

放飞无人机

黛安娜·赖斯（Diana Reiss）

认知心理学家，纽约州立大学亨特学院教授；著有《镜中的海豚》（*The Dolphin in the Mirror*）。

无人机的广泛应用正在彻底改变野生动物科学，它还拓宽了我们可观测事物的种类。作为一名研究海豚和鲸鱼等海洋哺乳动物的科学家，我目睹了无人机如何扩展了我们的认知，如何实现在观察和记录动物的行为时又几乎不干扰它们，如何找到保护野生动物的新方法。无人机的正式称呼是无人驾驶飞行器（UAV），具有遥感和收集数据等一系列功能。

在野外观察动物的最佳方法不是出现在目的地，因为人类的出现往往会打扰到它们。无人机才是最好的观察工具。想象这样一种场景，你的无人机从高处观察到了成群的鲸鱼或海豚，这种场面令你不仅感到兴奋，而且充满成就感。有了无人机，我们终于可以观察这些伟大的哺乳动物的秘密生活了。以前，对于海洋生物的很多行为和细微的互动差异，我们无法在船只上观察到，因为船只一靠近就会打扰到它们，而现在通过无人机可以观察到了。

现在，兽医和研究人员可以在无人机的帮助下评估动物的健康指数以及救助它们。比如，由马萨诸塞州伍兹霍尔海洋研究所的科学家研制的小型无人机“鲸鱼直升机”（Whalecopter）能以非常高的分辨率拍摄鲸鱼，记录它们的脂肪含量和皮肤损伤情况，以及近距离地盘旋在它们上空来收集呼吸的气体样本，以研究它们体内的细菌和真菌。阿拉斯加州美国国家海洋和大气管理局的科学家使用无人机来帮助监测搁浅在库克湾的白鲸，无人机可以收集这些鲸类的关键信息，包括身体状况、位置、数量、年龄等，以及它们是浸泡在水中还是搁浅。相比于传统的空中拍摄方式，无人机传回的图像更清晰。即使救不了鲸鱼，无人机也能将鲸鱼搁浅的信息更快地反映给科学家，这样他们就能及时地进行尸检，确定死因，继而帮助其他鲸鱼更好地存活。

巡逻无人机已经被用于监控和保护野生动物免受偷猎者的袭击。一家名为“空中牧羊人”（Air Shepherd）的组织已经在非洲部署了无人机，以寻找和定位掠取象牙和犀牛角的偷猎者。无人机一般被设置在偷猎者常去的动物聚集区，一旦发生偷猎行为，这些无人机便能准确定位，并向当局通报偷猎者的位置。

这是野生动物受到监控的新时代。在我所从事的领域，新一代鲸类搜寻无人机很快便会问世，这种无人机能够找到与鲸鱼体形匹配的所有东西，并追踪它们。我甚至能够想象到这种场景，一小队“记者无人机”被用于动物侦查，它们对海洋、草原和丛林的各种动物的生存状况进行监控并传回实时视频。我们可以将这种举措称为“全球观察”（Whole World Watching，“WWW”）。这将会构建新的全球意识，使人类与其他生物的联系更直接。

170

THAT DRESS

是蓝黑色还是白金色

苏珊·布莱克摩尔（Susan Blackmore）

心理学家；著有《意识简介》（*Consciousness*）。

你相信一条价格并不昂贵的裙子的颜色会引发一场有意义的科学争论吗？ 2015 年，一件价值 50 英镑的条纹紧身裙就引发了这样一场争论。在这一年的 2 月，苏格兰一位名叫塞西莉亚·布里斯黛尔（Cecilia Bleasdale）的母亲为参加女儿的婚礼买了一条裙子，她将这条裙子的一张清晰度不太高的照片发给了家人。一些人看到这张照片后认为裙子是蓝黑色的，而另一些人认为是白金色的。这张照片在被传到网络上后不久，点击量很快就达到近 50 万次。这张简单的图片具备了一个文化基因所需的所有因素：易于传播、人人都能获取，以及引发了两种完全相反的观点。我们可以说，这条裙子是 2015 年的年度文化基因，甚至是一个“病毒奇点”。然而与大部分病毒文化基因不同的是，这条裙子并没有像其迅速传播那样迅速消亡，而是带来了一些很有深度和有趣的问题。

科学家很快注意到了关于这条裙子的争论，并收集了一些真实数据。在日光下看，这条裙子毋庸置疑是蓝黑色的，只有在有些褪色的图片上才看起来像白金色。科学家找了 1 400 名从未看过这张照片的参与者，让他们都看了图片，结果发现，57% 的人看到的是蓝黑色，30% 的人看到的是白金色，还有大约 10% 的人看到的是蓝棕色。而且，女性和老年人更容易将其看成白金色。

人们对这条裙子的颜色产生的认知差异不同于墙纸是绿色还是蓝色的争论，也不同于那些歧义图片。比如，著名的内克尔立方体（中间两条竖着的棱，哪条在前，哪条在后），或者鸭兔图（人们第一眼看到的是鸭子还是兔子）。当人们看到这类双隐态图像时，通常会在自己的脑海中切换不同的感知，而且通过练习，切换速度会越来越快。然而，“这条裙子”不一样，只有 10% 的人能切换色彩。大多数人看到这条裙子的颜色后，就会认为只有一种颜色，并坚信自己是对的。这是一个有关色彩视觉的科学问题，而且非常有趣。

视觉科学一直强调，颜色不是物体固有的属性，尽管我们自认为是。事实上，颜色来源于物体发出和反射的光的波长的组合，以及看它的视觉系统的类型。在正常的人类视觉系统中，视网膜上只有 3 种视锥细胞，当任意不定数量的其他波长组合以某种方式影响到视网膜的颜色对象系统时，人们便会看到“黄色”。因此，拥有更多种视锥细胞的生物能看到更多不同的颜色，比如螳螂虾有 16 种视锥细胞，与此对比，人类看到的色彩就很单调。

当人患有红 / 绿色盲症时，就会仅有 3 种视锥细胞中的 2 种。我们也许会认为，患有色盲症的人无法看到物体的真实色彩。然而，实际情况并非如此，甚至有极少数人具有 4 种视锥细胞，而且多数是女性。也许，她们能看到我们想象不到的颜色。这也许有助于我们接受这样一个结论：从本质上来说，这条裙子不止有一种颜色。然而，这仍然无法解释为什么人们对这条裙子的颜色认知如此不同。

图片的背景会影响视觉感知吗？ 20 世纪 70 年代，宝丽来相机的发明者埃德温·兰德（Edwin Land）证明，相同的色块会随着周围色块的变化而呈现出不同的颜色。这与进化论必须解决的一个重要问题有关。若想颜色信息可靠、有用，那么无论是晴天还是阴天，物体的颜色都是一样的。然而，同一物体在中午的入射光线偏黄一些，而在阴天或傍晚时则偏蓝一些。因此，人类的视觉系统通过广泛的场景来确定入射光线，并在确定颜色时会修正入射光线，就如同现代相机的自动白平衡功能。

事实证明，这个结论适用于解决由这条裙子引发的难题。有可能部分人认为光线偏黄，并对黄色做了近似处理，才看到了蓝黑色，而另一部分人认为光线偏蓝，才看到了白金色。年龄和性别差异是否会影响视觉感知呢？基因或者生活经历是否也有影响呢？这一争论引发的许多问题仍然有待解答。

有文章提出，这条裙子可能会引发一场关于现实本质的全球性存在危机。这是不是想得太严重了？实际上一点儿也不为过，颜色认知背后隐藏的东西并没有那么简单。当哲学家思考意识的本质时，可能会谈及感受质，即个人的、主观的体验质量。一个经典的例子是“红色的红色”（The Redness of Red），这些由颜色的认知差异引发的问题增加了意识研究的难度。他人看到的红色与你看到的红色类似吗，你如何才能知道？这些神奇的神经机制为什么以及如何发挥作用，主观经验因素对此会有影响吗？我认为，“这条裙子”还有许多值得探讨的地方。

171

ANTHROPIC CAPITALISM AND THE NEW GIMMICK ECONOMY

人为资本主义与噱头经济

埃里克·温斯坦（Eric Weinstein）

数学家，经济学家，泰尔资本投资公司（Thiel Capital）总经理。

我们假设这样一个场景：如果市场资本主义只发生在19、20世纪的发达国家，到了21世纪，因技术的变化已不复存在，而此时若没有新的经济社会制度取代它，我们的世界将会变成什么样呢？我不得不得出这样一个结论：如果技术扼杀了资本主义，经济新闻将与现在的新闻没什么区别。

就像所基于的物理原理一样，经济学理论本质上是微扰理论（perturbation theory）的扩展实践。可控、简化的无摩擦市场中充斥着理性的行动者，在努力恢复经济现实主义的过程中，他们都受到了扰动。因此，经济学家并不像外界所想的那样认为理想模型是准确的，而实际上，理想模型发生偏移的概率相当小。这里有一些比较准确的启发法，目前还没有任何已知法律强制执行这些方法。

- 设定为劳动力边际产量的工资大致等于在社会可接受水平上的消费需求。
- 价格几乎等于价值，除了在市场失灵的极少数情况下。
- 价格和产出的波动是一致的，因此，谈论通货膨胀率和增长速率（而不是讨论温度或湿度这些来自不同领域的概念）是有意义的。

- 如果中央银行实施最低程度的干预措施，增长可以又快又稳定。

这些启发法（在物理学中的运用比经济学中更普遍）让我们不禁想到这样一个问题："社会现在之所以关注市场资本主义，是因为它是一种基础理论，还是因为我们所经历的时代出现市场资本主义只是一种巧合？"

若想解决这一问题，我们先回想一下之前的时代，创新通过自动化或者消除低价值职业带来了高价值职业。这就引出了一种启发方法，即那些害怕创新的人之所以害怕创新，是因为他们无法抓住新机会。然而，软件在这一点上是完全不同的，任何使用过调试器的程序员都知道这一点。与生命本身类似，计算机程序可以分解成两种组件：第一种是循环系统，即具有少数变量的重复；第二种组件类似于鲁布·戈德堡机械，只发生一次。

如果我们随机暂停某个计算机程序，肯定会停在某个循环中，因为重复性的组件是软件功能强大的源泉，它控制了几乎所有程序的运行时间。令人感到不幸的是，当前的技术工人和职业性质看上去更像第一种情况，而我们的教育系统侧重的目标正好是软件所擅长的。

简而言之，当前功能强大的软件带来的威胁是，它们将人类从重复性的苦差事中解放出来，而非那些价值最低的工作。这让经验变得不再重要，而这恰好是人类擅长传授的。软件将人类推向那些需要创意且复杂的职业，但这样的职业目前还没有相应教育的支持。这种从就业到机会的重心转变，对于一小部分具有创意的人来说是一个好消息，但对于大多数依赖稳定和周期性工作以养家糊口的人来说，这着实令人感到不安。未来的工种应该很多，回报也很丰厚，但不太会以稳定工作的形式出现。

我们面临的另一个威胁是，软件正在通过计算机文件取代物理对象。这些文件具有经济学家所说的公共产品的双重属性：第一，产品必须是取之不尽的，比如我的使用不会影响到你的使用或者重复使用；第二，产品不具有排他性，也就是说所有人都能从产品中获益，即使人们没有为此而付钱。

即使市场资本主义的铁杆支持者也会承认，公共产品意味着市场失灵了，即价格和价值脱节。为什么一个人能从他人的付款中获益的同时还选择为国防纳税呢？因此，在传统的市场经济中，我们必须强制以税收的形式为付款做担保。

只要公共产品占市场经济的一小部分，非公共产品的税收就可用于填补价格和价值的差额。然而现在，实体产品正在被数字产品取代。目前，3D打印技术虽然还不太成熟，但已经生动地向我们展示了产品设计与制造商如何分离开来。因此，前面提到的关于市场失灵的极端情况应该会得到越来越多的认可。

假设这样的“人择论”论点能被严格定义，将意味着什么？首先，我们应该认识到，由于市场资本主义还没有合适的替代品，各国的中央银行和发布官方统计数据的政府机构将面临很大的压力，它们要努力维持市场资本主义正在复苏的假象，而这主要通过法律和数据操纵来实现，从而催生所谓的“噱头经济”。

我们不难发现，经济新闻已经不再是传统意义上的新闻了。虽然经济的增长速度非常快，但我们的工资并没有增长。凭借“量化宽松”或“问题资产救助”等奥威尔式术语的掩护，中央银行通过印刷纸币来转移财富，以避免市场的裁决。广告与出售个人数据（而非会员费）已经成了互联网巨头最后的商业模式。拥有多年专业经验的医生正在专家系统和基本服务提供商之间艰难求生，他们已经从专业人员变成了服务行业的工人。

172

THE ORIGIN OF EUROPEANS

欧洲人的起源

格雷戈里·柯克伦（Gregory Cochran）

物理学家，犹他大学人类学教授；与亨利·哈本丁（Henry Harpending）合著有《一万年的爆发》（*The 10 000 Year Explosion*）。

事实证明，欧洲人源自三种人的融合，他们分别是中石器时代长着蓝眼睛、黑皮肤的狩猎者和采集者，来自亚洲西部安纳托利亚的农民，以及来自俄罗斯南部的印欧人。第一批农民基本上取代了整个欧洲的狩猎者（有一些混血），因此6 000年前从希腊迁徙到爱尔兰的人的基因与现代撒丁岛的人类似，都具有深色的头发、深色的眼睛、浅色的皮肤。他们所说的语言可能都比较相近，巴斯克语是唯一幸存至今的例外。

大约5 000年前，印欧人到达了欧洲东部，开始繁衍生息。他们当中至少有一部分人可能具有金色或红色的头发。在北欧，他们完全取代了当地的第一批农民。在印欧人到达之前，德国遍地都是小村庄，而来之后就没有了。第一批农民携带变异的线粒体的比例是1∶4，而现在欧洲人的相应比例是1∶400，而当时占统治地位的Y染色体目前仅在岛屿和山谷等残遗的保护区中才有少量发现。印欧人虽然征服了欧洲南部，并带来了他们的语言，但并没有消灭当地人，今天的大多数南欧人是早期农民的后代。

换句话说，语言学家是正确的。有一段时间，考古学家也得出了正确的结论。1926年，戈登·蔡尔德（V. Gordon Childe）在《雅利安人：关于印欧人起源的研究》（*The Aryans: A Study of Indo-European Origins*）一书中提出的总体图景也是正确的。之后，社会获得了巨大的发展，考古技术也得到了极大的改进，比如碳-14年代测定技术，而与此相伴的是常识的大幅度减少。此外，整个民族的大规模活动也开始减少，比如入侵和民族迁徙。因为考古学家都不知道这类活动是否发生过，因此被认定为不曾发生过。这听起来是不是有些耳熟？

通过古DNA，我们现在知道了当时的情况，比如种群之间是否有血缘关系，是否相互融合，是否相互取代，以及这些现象的程度几何。我们甚至知道，古西伯利亚族群与印欧人和美洲印第安人都存在关联。

现代社会科学家越来越擅长得出错误的结论，这可能是源自考古学等历史科学本身固有的限制，这些学科很难通过实验的方式来做研究。也有可能是因为资金充足的科学、技术、工程和数学学科吸引走了更聪明的学生。也许，我们还可以将原因归咎于意识形态的一致性。不过，这也许会犯错，就算时间旅行者带回经数据验证的关于史前历史的全彩3D影片，也无济于事。

他们的思路错了。

173

THE PLATINUM RULE: DENSE, HEAVY, BUT WORTH IT

白金法则：很难遵守，但值得

黑兹尔·罗斯·马库斯（Hazel Rose Markus）

社会心理学家，斯坦福大学荣誉教授。

白金法则的不同之处在于，它认为，交往应该以对方为中心，对方需要什么，我们就尽量满足对方。我认为的最重要的新闻是，越来越多的证据表明，如果所有涉及加强社会联系的努力都遵循白金法则，就会更加有效。这些社会联系包括：友谊、婚姻、教育、医疗保健、组织领导、跨种族关系、国际援助等。如果坚持这一法则而产生了有利的结果，那将会成为一则重要新闻。因为白金法则并不简单，很难遵守，尤其是在个人主义盛行的文化中，这种文化塑造了个人对现实的看法。遵循白金法则非常之难，以至于我们经常忽略它，而当一项新的研究再一次提及它时，我们会大吃一惊，将它当作一则重大新闻。

通过比较黄金法则，人们才意识到了遵循白金法则的难度。黄金法则也是一个很好的行为指南，它体现了宗教的传统行为规范，比如，在犹太教中，如果你不喜欢什么，就不要对你的邻居做同样的事情；在儒家思想中则是“己所不欲，勿施于人”。然而，白金法则的潜在假设是，我认为好的、想要的、合适的、恭敬的、有帮助的，对你来说也是如此，或者理应如此，如果目前不是如此，最终也会如此。

然而，就算是好朋友或者伙伴之间，实际情况往往并非如此。比如，从你的角度来说，你认为自己在帮助我解决问题，但我更想要的是你的聆听，以及帮我分析我所说的问题。很多时候，我们会努力与他人建立联系，他们可能来自不同的社会阶层、种族、民族、宗教和地域。然而，可以几乎肯定的是，我们认为的对待他人的方式，与他们实际想要的对待方式有所不同。若想以他人想要的方式对待他们，就需要对他们及其背后的历史和环境，以及他们重视的东西有所了解。这意味着，我们应该认同和了解差异的价值，并相应地调整自己的行为。

成功应用白金法则的基础是，认识到自己的选择不一定是唯一的或是最好的。当然，并不是所有的选择都是好的，有些可能是无知的、堕落的、邪恶的。然而，越来越多的科学发现证明：养育孩子、教育学生、应对逆境、激励员工、发展经济、建立民主、保持健康和获取幸福的有效方法或道德方法不止一种。

“对我有益的方法以及我认为对你也是有益的方法”这种观念可能根植于文化心理学家所说的“特殊”视角，这种视角是指西方的、受过教育的、工业化的、富有的、民主的以及新奇的。对于世界上那 75% 不属于此列的人而言，包括许多没有大学学位，或不具有西方文化血统的人，我是谁，我关注的是什么，我想要成为什么样的人，以及我最希望他人如何对待我，如果从“特殊”视角来看，答案显然存在差异。

除了了解他人和认同差异外，白金法则还有一些更难的要求，即站在对方的角度思考和感受问题，但要保留自己的观点，然后为自己的观点创造空间。这样的努力需要认知、情感和动力的结合，一些研究人员称为换位思考，还有人称为同理心、共情、社交商或者情商。无论名称是什么，我们都应该努力实践它。

如果大学要求来自工薪阶层或少数族裔的学生写下对他们来说重要的事，或者说出对大学生活的担忧，他们就要比没有得到这种关怀的学生更快乐、健康，表现得也更好。那些鼓励员工反思工作的目的和意义的管理者，其团队要比没这么做的团队更高效。如果我们在坚持自己的观点前清楚地知道对方的道德立场，那么说服他人的可能性就会更大一些。来自社会科学的研究支持这样一种观点，即只要了解了他人的观点、价值、需求、希望或担忧，就能提高教育、医疗、治安、团队管理和解决冲突的效果。理解他人的观点也许能改变世界。

也许，比理解“什么东西对于他人而言很重要”更具新闻价值的是，许多人未能成功地应用白金法则。2010 年的海地大地震后，政府和私人捐助者捐献了数十亿美元资金，这些资金大部分都花在了捐赠者认为的在灾难中无家可归的人急需的方面，其中一个典型的例子就是，他们认为对于没有肥皂或自来水的人来说，是否洗手会影响健康。许多人道主义人士认识到，如果不是向受捐者提供捐赠者认为他们需要的东西，比如水、食物、急救箱、毯子和培训，而是提供受捐者实际所需的东西，那么救援工作的花费将更少，也更加有效，尤其能节约许多钱。

北美洲地区的人们能否领悟白金法则的价值还是一个问题，根据一些调查，这部分人群到目前为止变得越来越个人主义。科学研究认为，遵循白金法则是一种道德、明智以及会带来实际好处的行为。

174
ADJUSTING TO FEATHERED DINOSAURS
适应长有羽毛的恐龙

约翰·麦克沃特（John Mcwhorter）

哥伦比亚大学语言学教授，文化评论员；著有《语言欺骗》（*The Language Hoax*）。

研究发现，迅猛龙长有羽毛，它们看上去更像鸵鸟，而非电影《侏罗纪公园》中那样皮肤裸露的怪兽。我认为，这就是 2015 年最佳的科学新闻。

确切来说，人们是通过振元龙获得这一发现的。这个发现的背后还有一个更有趣的故事。自 20 世纪 90 年代以来，长有羽毛的恐龙在中国被发现，但当时没有人能为其命名。我们花了很长一段时间才意识到，这些恐龙身上的羽毛意味着，世界其他地方的同类恐龙也应该长有羽毛。研究发现，中国有些地区的环境最有利于保存振元龙的羽毛化石。古生物学家之后发现，迅猛龙也长有羽毛，这是恐龙研究史上的一个转折点。我们不再认为，长有羽毛的恐龙是东亚地区进化出来的一种奇怪生物。我们可以确定，这种体形的经典恐龙都长有羽毛，但之前其外表被认为以蜥蜴的麟状皮肤为主，这也许会让恐龙迷想到腔骨龙和嗜鸟龙等。2015 年，考古学家还发现了长有羽毛的恐龙的其他证据，包括长期以来被归为“鸵鸟类”鸟类的恐龙。我们不知道这种恐龙与鸟类的相似度有多高。

也许，有人会问：“有谁会真正在乎迅猛龙是否长有羽毛？”但是，科学的一个重要乐趣不就是发现意外吗？如同一个小孩从小就喜欢恐龙，会收集不同种类的恐龙卡片，然后可能独自沉浸在恐龙的世界里。从 20 世纪 70 年代开始，我们了解到，鸟类就是活下来的恐龙。更引人关注的是，许多恐龙都长有羽毛，就像鸟类一样。这本不应该成为一件出乎意料的事情，但实际情况就是这么出乎意料。人们对恐龙的业余爱好变成了一种脑力锻炼。

此外，迅猛龙有羽毛这一发现让我们摆脱了经验的桎梏，转而聆听内心的声音。皮肤光滑的双足恐龙看起来很酷——身体呈流线型、浑身光洁、行动快速勇猛。它们看上去很酷，不是吗？有着这种外表的恐龙没有比电影《侏罗纪公园》塑造得更好的了。实际上，它们看上去更像鸵鸟，羽毛丰盈，看起来没那么酷，与我们印象中的恐龙不太一样。你可能很难接受，但事实就是这样。皮肤光滑的迅猛龙和其他类似的恐龙已成为过去，就像躺在沼泽的雷龙（它们并不躺在沼泽里）和拖着尾巴的暴龙一样。

这种外表像鸵鸟一样的迅猛龙让我们认识到：进化是逐渐进行的。每一步进化都有其用意，但由于一些原因，进化使结果与我们所想象的截然不同。对于生命而言，这是宝贵的一课。

在像西班牙语这种冠词、形容词和名词都具有任意性别的语言中，性别标记有助于我们搞清词语相互之间的关系。实际上，这样的标记源自名词的划分，比如“阳性”和“阴性”（或者动物、长度、平面等，不同语言有不同的分类），它们的字面含义会随着时间的推移而逐渐消失，留下不知名的标记。

同样，一只长有羽毛、鸵鸟大小的恐龙不会像鸟那样飞翔。许多证据证明，羽毛起初是作为绝缘材料或性特征而进化出来的，后来才具有了飞翔的功能。

在恐龙灭绝后的几百万年里，恐龙的外貌一直不符合观察者的审美、品味和怀旧情怀，而现在我们更难接受长有羽毛的恐龙。然而，这种态度上的转变是有必要的，因为这让恐龙在许多方面更加具有教育意义。

175

PEOPLE ARE ANIMALS

人类也是动物

劳拉·贝齐格(Laura Betzig)

人类学家，历史学家；著有《专制与差异繁殖》(*Despotism and Differential Reproduction*)。

城邦显然是自然的产物，而人天生是一种政治动物。

2 300多年前，亚里士多德在其《政治学》一书中写了上面这句话。作为一句格言，这根本算不上新闻。他认为，人类比蜜蜂更具有政治性。

在达尔文发现智人是从猿进化而来的之后，亚里士多德的这一观点成为一种科学理论。达尔文之后的科学家，尤其是最近的科学家，对数百种其他社会性或政治性动物进行了研究。研究表明，无论何种动物，只要它们生活在一起，就会遵守相同的规则。当群体在迁徙成本低、边界模糊的栖息地聚居时，就越具有准社会性。大部分动物会合作抚养后代，而且大多数动物会自己繁殖后代。然而，当群体在边界明显、迁徙成本很高的栖息地聚居时，它们就是真正的社会性群体，一些个体负责养育，而另一些负责干活，比如生活在树洞里的蜜蜂，蜂后负责繁殖后代，而其他数千只蜜蜂负责养育。

智人在不断迁徙的过程中，大多数都会养育自己的孩子。在大约10万年的时间里，他们一直在撒哈拉以南的地区迁徙；大约在10万年前，他们离开了非洲；大约在一万年前，他们在新月沃地定居下来，开始过上了像蜜蜂一样的社会性生活。

圣贤传记作者倡导中世纪的传教士像蜜蜂一样禁情割欲，一些在查理曼大帝手下工作的修道院院长则被称为“蜜蜂”。在圣·安布罗斯（Saint Ambrose）幼儿时，曾有一群蜜蜂停在他嘴上而不咬他，成年后他成为一位能说会道的主教；在勃艮第建立修道院的圣·伯纳德（Saint Bernard）最为人称道的是他“蜜糖医生”的身份。不过，中世纪的大多数“助手”都保留了他们的生殖器。

然而，在最初的文明社会，工人们却没有生殖器。古以色列是一个盛产牛奶和蜂蜜的国度，在那里，大卫让儿子所罗门在一群太监面前成为国王。古埃及也有许多养蜂场，法老们喜欢将蜜蜂放在座驾顶上，他们还招纳了一些没有生育能力的人成为国家的服务人员。在古罗马诗人维吉尔长大的曼图亚，养蜂人更多。古罗马帝国开国皇帝奥古斯都为了表达对蜜蜂为自己的族群英勇奋斗的敬意，开始酿造蜂蜜和养育幼虫。最终，未婚的士兵、未婚的奴隶和随从为整个国家提供服务，而国王致力于繁育后代。

以上这些故事都说明了一件事，迁徙是一件好事。当发生迁徙时，人类社会或其他社会在政治和繁殖上就会变得更为平等。然而，当迁徙难以进行时，情况就不同了。

176

THE LONGEVITY OF NEWS

新闻的时效性

黛安娜·多伊奇（Diana Deutsch）

心理学家，加州大学圣迭戈分校心理学教授；著有《音乐的心理学》（*The Psychology of Music*）。

无论是科学新闻还是其他新闻，都存在一个值得注意的问题，那就是很难判断其时效性。有些重大的科学新闻往往被证明是错误的，比如 1903 年，物理学家普罗斯珀－勒内·布隆德洛特（Prosper-René Blondlot）宣布发现了 N 射线。起初，这一发现被认为是一项重大突破，而且有几十篇论文声称证实了布隆德洛特的发现。然而不久，这一发现被证明是错误的。这一例子就属于知觉心理学中的一种特殊现象：我们对周围环境的感知很大程度上取决于我们期望感知的东西。

还有一个值得注意的问题，科学家往往会低估他们的发现的实际价值，这导致新闻报道无法准确地判断其会带来的影响。1878 年，当爱迪生为留声机申请专利时，他认为其主要用于播放语音，比如在没有速记员的帮助下进行听写，或者成为盲人的有声书，或者录制电话语音等。后来，企业家发现留声机在录制音乐方面具有巨大的价值。自那以后，音乐行业开始蓬勃发展起来。

起初，激光的实际价值也被低估了。当阿瑟·肖洛（Arthur Schawlow）和查尔斯·汤斯（Charls Townes）于 1958 年在《物理评论快报》（*Physical Review*）杂志上发表关于激光原理的开创性论文时，在科学界引起了巨大轰动，并最终为他俩赢得了诺贝尔奖。然而，无论是作者还是团队的其他人都没有预料到，这项发现会带来巨大且多样化的影响。除了在科学领域的许多用途外，激光还催生了高性能计算机、用于战争的目标定位、远距离通信、太空探索和旅行、脑瘤切除技术，以及数不清的日常应用，比如，超市里的条形码扫描仪。肖洛一直对激光的实用性表示强烈的怀疑，并打趣说，这只会对那些偷撬保险箱的窃贼有帮助。然而直到今天，激光技术取得的进展仍然不断成为新闻性事件。

THIS NEWS OF A "QUIET REVOLUTION" IN WEATHER PREDICTION MIGHT BE A TOUCHSTONE FOR HOW TO THINK ABOUT PREDICTING AND UNDERSTANDING COMPLEX SYSTEMS.

这场关于天气预报的“安静的革命”可能是如何看待预测和理解复杂系统的试金石。

——塞缪尔 · 阿贝斯曼，《天气预报的准确度越来越高》

177

WEATHER PREDICTION HAS QUIETLY GOTTEN BETTER

天气预报的准确度越来越高

Samuel Arbesman

塞缪尔·阿贝斯曼

复杂性科学研究专家，应用数学家，计算生物学家；著有《为什么需要生物学思维》[1]。

当我们分析科技变革的前景时便会发现，许多细微的进步结合在一起便会带来令人震惊的结果。通过将不断取得突破的计算机硬件（目前遵从摩尔定律）、用于解决特定数学难题的复杂算法以及更大的数据集三者结合在一起，我们便取得了这样一项进步——对天气的预测更为准确。这一进步被发表在《自然》杂志上：

① 在《为什么需要生物学思维》一书中，作者阿贝斯曼告诉我们，认识复杂系统的正确态度是：对于难以理解的事物，要努力克服我们的无知；一旦理解了某个事物，也不要认为它是理所当然的。谦卑之心，加上迭代的生物学思维，就是洞悉复杂世界的正确方式。本书中文简体字版已由湛庐策划，四川人民出版社出版。——编者注

> 数字天气预报的进步代表了一场安静的革命，这一成果源自多年来不断积累的科学知识和技术进步，除了少数例外，其他都与基本物理学的突破没有关系。

天气预报系统虽然看起来很普通，但实质上取得了巨大进步。在过去的几十年里，我们在提前几天准确预报天气方面，大概以每10年能多提前一天的速度提升。此外，我们对天气系统也有了更为深刻的理解。

这一新闻之所以重要，主要有几个原因。对于很多人类活动来说，掌握天气的变化十分重要，从运输到农业产量的提高，再到气候灾害的有效防控。不过，还有一个更深层次的原因。虽然我不愿意从天气系统的角度来探讨其他复杂系统，比如具有生命的生物或者整个生态系统，但这类进步给我们带来了一些希望。通过技术的进步以及科学和建模的创新，天气预报的准确度已经有了大幅改善，这意味着其他一些看似难以解决的问题也存在解决之法。这场关于天气预报的“安静的革命”可能是如何看待预测和理解复杂系统的试金石。面对棘手的问题，我们永远不要说不可能。

178

THE WORD: FIRST AS ART, THEN AS SCIENCE

语言：始于艺术，归于科学

布赖恩·克里斯蒂安（Brian Christian）

哲学家，计算机科学家，诗人；与汤姆·格里菲斯（Tom Griffiths）合著《生活中必需的算法》（*Algoriths to Live By*）。

1934年美国著名诗人埃兹拉·庞德（Ezra Pound）首次使用“永具新意的新闻”来定义文学。那么请想一想，从科学的角度来说，什么能达到这一标准。也许，答案与关于语言本身的新兴科学有关。

庞德将诗歌的组织方式分为三种。第一种是“形诗”（phanopoeia），即词语在读者脑海中唤起的画面，类似于幻象。比如，他所写的“湿漉漉的黑树枝上花瓣数点”。庞德认为，形诗是最好翻译的。第二种是“声诗”（melopoeia），即词语所产生的音乐，包含韵律、头韵与谐音这些诗歌的经典要素，类似于乐曲。庞德认为，声诗很难翻译。不过，声诗也不一定要翻译，因为即使不懂某种语言，人们也很容易听懂这类诗歌的韵律。

第三种最为复杂，庞德称为“意诗”（logopoeia），并这样来描述它，“仅仅是语言上的相似”“字里行间闪烁的智慧之光”。我们很难描述意诗的特征，就像庞德后来所说的那样，这就好比有一个特殊的用法表，每一个单词具有唯一的特殊用法，比如“doo”和“stool”这两个词，虽然它们可以表示同一个意思，发音也十分接近，但两者的区别还是很大，不能被视为同义词，因为我们无法找到这两个词可以互换的语境。

意诗是诗歌中最能营造氛围的一种体裁。当代美国诗人本·莱纳（Ben Lerner）曾写道："不合语法之美让我俯首称臣。"不过，意诗也是最为脆弱的。由于不同语言的特殊用法各不想同，若想准确地翻译意诗几乎是不可能的。以法国电影《课室风云》（*Entre les Murs*）为例。在这部电影中，老师告诉两名学生，他们的行为十分粗俗（une attitude de pétasses）。英文版本的翻译是"令人恶心"（acting like skanks）。与法语相比，多了一些愤怒，少了一些严厉。实际上，老师说的话并没有那么伤人，以至于影响自己的饭碗，而英语翻译没有表达出这层意思。影片中有一个场景围绕这个词展开。这个词在学生看来带有强烈的"妓女"的暗示，但在老师看来并非如此。英语中有能满足所有这些条件的词语吗？答案可能是没有。

实际上，意诗是如此脆弱以至于无法在英语中流传太久。2006 年，《纽约时报》在一项填字游戏中用了一个词——"人渣"（scumbag），对于当时的编辑和大多数读者而言，这个词并无冒犯之意，但对于部分老人而言，这个词非常粗俗，它所表达的意思是用过的避孕套。在鲜活的语言中，这样的变化无处不在。1990 年，我父母是不可能说"Yo"这个词的。到了 2000 年，为了让自己显得更年轻、更酷，他们开始说这个词。只不过说起来十分痛苦，而且音调还不准。而到了 2010 年，"Yo"的运用已经变得与"Hey"一样广泛了。照此发展下去，几百年后的读者怎么可能知道现在意诗的准确含义呢，更不要说译者了？

现在，我们终于可以回答这个问题了。在出现 100 年后，意诗逐渐成为一门科学。通过全局搜索和有效的计算方法，计算语言学家现在可以了解词语的产生、变化与发展过程，以及对意诗进行量化分析，以搞清楚语言对意诗产生的细微影响。

这一成果改变了我们对词语的理解，而且其影响绝不仅限于学术范畴。21 世纪初期，美国联邦通信委员会（FCC）打算向公众公布一系列关于与美国电话电报公司（AT&T）和解的资料，而后者在法庭上辩称，这一举动构成"对个人隐私毫无必要的侵犯"，而且从法律的角度来说，自己是一名法人。2009 年，第三巡回法庭同意了这一观点。随后美国联邦通信委员会提出上诉。最后官司打到了最高法院。这一官司的关键问题在于确定“个人”（person）和“私人的”（personal）是一个词的两种形式，还是仅书写相近或者在某些方面具有相同作用的两个不同的词。

按照惯例，最高法院一开始查证了《牛津英语词典》，但一无所获，于是求助于计算语言学家。计算语言学家通过分析关于真实语境的海量语料库来确定这两个词是否以同义词的形式运用于相同的语境中。得到的答案是否定的。分析表明，这两个词的差别很大，完全可以被视为两个不同的词。因此，不是每一个“个人”都有隐私。最终这些资料被公之于众。首席大法官在判决书中写道：“我们相信，美国电话电报公司不会将这些放在心上（take it personally）。”

只有在大数据时代，迅速发展的计算语言学才会让语言学家拥有像天文学界的望远镜和生物学界的显微镜这样的利器。这算是一则大新闻吧！

语言比星辰大海更多变，每句话都会使语境发生微妙的改变。从这一点来看，语言就是永具新意的新闻。也许，庞德也会同意这一点。

179

THE CONVERGENCE OF IMAGES AND TECHNOLOGY

图像和技术的融合

维多利亚·怀亚特（Victoria Wyatt）

加拿大维多利亚大学教授。

无论从何种角度来看，新闻越来越依赖于图像传播。我们的世界充斥着大量视觉图像，这对文字的主流地位构成了威胁。图像将不同的文化和语言联结在一起。数以万计的独立机构通过相互重叠的网络发送图片。在全球范围内，公众对这一现象热情高涨。政治领导人如果不为此做点什么，便会错失一些机会。

视觉图像从未像现在这样对我们的日常生活产生巨大影响。业余爱好者可以创建出与专业编辑和广告设计师具有同等影响力的图像，这在以前是很少发生的。数字化让每个人都有机会创建图像。互联网为我们提供了视觉交流方式，而且我们不得不这么做。图像已经成为所有网站必不可少的部分。社交媒体基本上都是围绕着视觉图像展开的。虽然文本的作用依旧很重要，但它从未以图像这样的方式发挥过作用。

技术和视觉的融合并不算一项重大的科学突破，因此这没有成为重大新闻很正常。在婴儿期，我们与图像的联系最为紧密，儿童时期看的故事书都以图为主，直到我们开始读情节复杂的小说时。我们对图像的热情反应，有许多地方值得反思。将来，一些批评家会谴责它是读写能力开始丧失的罪魁祸首。不过，这种观点是错误的。实际上，这将是一个难以察觉的转折点，但出于不同的原因。图像将为生存模式的转变奠定基础，而这种转变对我们的生存至关重要。

阅读是一种线性体验。文字和数字文本是单向的，按时间顺序展开。这种阅读要求我们将注意力集中在从上下文分离出来的一行行字符上，而且必须做到不受其他复杂的视觉环境的影响。

文本的内容往往很复杂。诗和散文可以通过韵律和共鸣来表达感情，强调核心思想。文字和数字文本通常由离散的部分组成，而非整体形式，因此在阅读的过程中，我们必须连续地阅读词语、句子和段落，必须将它们联系起来，并思考其中的联系。视觉图像则以整体的形式表现出来，所有无形的联系，即所有不可见但隐含的联系都一同展现在我们眼前，供我们感知和理解。有时我们能够理解，有时则不能，但无论如何，图像中的联系已被全部呈现出来了。

这就是我们感知世界的方式。我们不会将世界作为离散的视觉组成部分来看待。这种对现实的扭曲会破坏进化上的成功。我们通过直觉来感知所看到的内容的隐含关系，并基于此来理解整体的含义。我们也以同样的方式来感知视觉图像。

关于数据可视化的创新突出了视觉图像在表示隐含联系方面的价值。技术再一次使这成为可能。通过海量的数据集，计算机发现了时空的非线性模式。空间映射等程序将这些复杂的联系生动地呈现出来。长期以来，科学家通过可视化的方式来描绘自然系统。越来越多的社会和文化研究者选择用类似的程序来呈现人类的主观体验。交互式图像显示的是动态网络的进程，而非静止画面。技术的发展为探索隐含的联系开辟了新方式，各个学科也以新的方式提出了新的问题。为了表示出隐含的联系，这些问题的解决需要借助意象的力量。

一场视觉图像的“海啸”正在冲击着我们的世界。也许，用“海啸”来比喻视觉并不是很恰当，因为它意味着危险，然而，人们对视觉图像的不断沉迷正应验了这种表达。显然，书面文本在近代人类史上具有十分重要的作用，而且在将来很长一段时间内会继续发挥重要作用。视觉图像在今天之所以如此受欢迎，不仅是因为它们可以真实地反映现实，而更为重要的是它们实现了文本无法实现的目标，即向我们展示了定义世界的隐含联系。

也许有人会认为，图像会致使我们更多地关注自己所看到的。实际上，我们对视觉图像的偏爱反映了我们体验现实的方式，即不断地在我们所看到的事物中构建隐含的联系，关于感知的著名比喻“只见树木不见森林”便表达了这一过程。不过，这一隐喻忽视了一个更大的模式转变。森林仍然是一个可见的东西，我们需要辨别出森林背后隐含的生态系统。视觉图像不仅提醒我们要看，还引导我们关注看不到的东西。

未来取决于我们在辨别隐含联系方面的建树。当前技术与可视化内容的融合为实现这一点提供了有效方法。互联网向我们展示了公众的需求，并反映了由隐含的联系组成的整体视觉体验的复杂性。即使在数字文本中，高亮显示的超链接也会通过视觉刺激来提醒我们所存在的联系。我们以自己选择的顺序和方向来探索网络连接。我们一收到信息就会思考应该分享给谁。出生于数字时代的一代人已经长大，他们期待着与非线性模式的互动。技术与图像的结合将我们从线性阅读的人为隔离中解放出来。我们再也不用过那种被单独监禁式的生活了。

新闻存在于图像中。我们正站在一个临界点上，一个由图像和技术的融合带来的临界点上。将来，这种融合也许会被谴责为读写能力的丧钟，而这只是一系列社会缺陷中的又一项而已。它也可能会被吹捧为一种先进范式，可以有效地解决一些复杂的问题。在未来 25 年里，这种融合究竟意味着什么，取决于我们现在对待它的态度。

180

THE MINDFUL MEETING OF MINDS

思想的有效交融

克里斯蒂娜·芬恩（Christine Finn）

考古学家，记者；著有《过去的诗》（*Past Poetic*）。

20 世纪末，一位记者报道了这样一则新闻：有一所学校教授小学生关于冥想的课程。记者本人对此是持怀疑态度的。这一报道引发了很大的争议，致使这所学校取消了这门课程。

我曾在一本国家级的杂志上读到了一则关于冥想的封面故事，封面上有一位金发白人女性，她摆出了一副平和的姿势。这则新闻也引发了争议，但并不是针对冥想本身，而是因为这篇文章所用的图片太老套了，读者的品位比这更高。这则新闻没什么问题，只是一些人对它的看法有些狭隘。

实际上，我也是一名金发白人女性，而且练习冥想已经有 20 年了。在大多数情况下，我自己都不愿意承认这一点。我刚开始练习冥想的时候，还是一名研究生，正在写一篇跨学科论文。我在这种模糊地带有了一些不甚明确的新发现，如果我想要从艺术和科学的角度证明自己的观点，就需要控制自己的大脑。随着时间的推移，人们越来越倾向于从科学的角度来看待冥想。现在我终于可以公开地谈论我的脑电波图和相关结果了。

首先需要承明的一点是，我不是要为冥想辩护。我认为，具有新闻价值的一个有趣现象是，边缘学科与经过严格验证且可重复的实验领域之间的对话日趋广泛。1959 年，查尔斯·珀西·斯诺（Charles Percy Snow）提出关于科学与人文科学之间的鸿沟的争论其实特别适合这期的“Edge 年度问题”。实际上，网络媒体加强了这类界限的模糊性，尽管冥想正被视为对数字时代的一种慰藉。

我公布了这项关于冥想的研究结果，其中也引用了学术论文，最终推导出结论，并罗列出缘由；而大众通过另一种实验形式获得结果和经验数据，这种形式就是亲身实践。这种流动与专注于冥想时的呼吸一样是双向的，会给科学家和实践者带来启发。

关于逆主流文化的科学正在引起人们的关注。我认为这是一种很有新闻价值的现象。这样的故事在公园、监狱、办公室、医院、疗养院、收容所和学校等场所不断上演，并朝着有趣且平衡的方向发展。

181

CARPE DIEM

把握当下

厄恩斯特·波佩尔（Ernst Pöppel）

神经科学家，慕尼黑大学人类科学中心联合创始人兼主席；著有《思维原理》（*Mindworks*）。

大约 2 000 年前，可能是在公元前 23 年，罗马诗人贺拉斯发表了一些诗，一直流传至今，这正应了他那句话："我建造了一座比青铜更持久的纪念碑。"虽然这句话听起来不是很谦虚，但他是对的。他最著名的诗也是最短的，只有 8 行。人人都知道这句拉丁语—— carpe diem（享受当下）。不过，除了享乐，它还有另外一层意思，即主动地把握今天的机会。

贺拉斯的这首最著名的诗仅以一句有力的忠告作为开头：不要问无法回答的问题形式。这是一个永恒的警示，不仅是对科学家而言。这虽然是一个很古老的话题，但有必要经常被谈论。科学的目的在于，在试图找到答案前，发现正确且好的问题，实际上，这类问题往往是之前从未提出过的。但什么才算正确的问题呢？我们如何才能知道某个问题存在答案，而且不属于非理性的范畴呢？数学家如何在花费数年寻找某个证明之前，就能确定它是可能存在的呢？显然，隐性知识或者说直觉的力量比我们所认为的要强大得多。爱因斯坦曾经说过："直觉思维是神圣的礼物，理性思维是它忠实的仆人，而我们现在创造了一个崇尚'仆人'的社会，却忘记了自己神圣的礼物。"

在诗歌中，我们经常发现，这类隐性知识和直觉具有很高的科学价值，它们为那些潜在的发现打开了一扇新的窗口。如果我们以开放的心态阅读诗歌，最好是读出来，它们就能成为不同文化之间的桥梁，而且这种联系的建立不会耗费过多心力。因此，诗歌并不仅属于人文学科（如果有的话）。不同语言的诗歌都以独特的方式表达了人类的共性、文化细节，以及人类的本性、思维方式和经历，而这些常被阉割过的科学语言掩盖。

在对那些无法回答的问题提出警告后，贺拉斯建议人们应该简单地接受现实。他给出了一个令人沮丧但很好的建议，即抛却我们对未来长远的期盼，及时行乐。这个建议很难让人接受。科学家总是想着超越精神力量的极限。然而，我们的生理机制已经决定了我们必须接受认知极限。我们应该学会谦逊。

2 000 多年前，老子也曾在《道德经》中写道："知不知，上。"若想接受这一点，并不容易，而且我们总是抑制不住探求因果关系，就像法国诗人保尔·魏尔伦（Paul Verlaine）所说："最大的痛苦在于不知道原因。"

显然，诗人（不是所有的诗人）更了解我们的精神世界，这有助于指导科学研究。不过，这也引发了一个关于语言本身的问题：诗歌能被准确翻译吗？或者科学语言也能被准确翻译吗？当然不能。以"Carpe diem"的英文翻译"seize the present"为例。英文中"present"的含义与中文、德语或其他任何语言中相应词语的含义完全一样吗？英语中的"present"和德语中的"gegenwart"以及中文中的"现在"引发的联想是不同的。"present"与感觉表征有关，而"gegenwart"更活跃，词根"warten"指的是"照顾某物"或"等待某物"，因此它既可以表示过去，也可以表示将来。中文的"现在"与存在的体验有关，事物可以通过知觉特性感知：它还暗示了空间，"这里"是经验的中心；这个词也是以行动为导向的。虽然不同的语义联系通常不会被明确地考虑，但它们仍然可能在具体的引用中产生偏差。

那么这一问题如何才能避免呢？我们必须认识到，人们在描述某件事物时，所用的语言并不是客观的，包括科学语言。不过，这并不是一个不可克服的局限，如果一个人或者一名科学家会好几种语言，那么这就会成为他创造力的源泉。实际上，有些句子不受翻译的影响，它们很容易被理解，因而流传至今。有些人读到贺拉斯“时间从闲聊中溜走了”这句话时，可能会想到那些无关痛痒的科学或者政治话题，这确实没有什么新意。

182

LINKING THE LEVELS OF HUMAN VARIATION

在人类变化的水平之间建立联系

伊丽莎白·里格利-菲尔德（Elizabeth Wrigley-Field）

明尼苏达双城大学社会学教授。

我们正在通过数据重写人类的故事，所用的数据囊括了众多领域，从地理到基因，从社交网络到微生物网络。这一现象的新意并不在于整合所有人类经验的宏大愿景，而是使之成为可能的数据。

当我们只有一种类型的数据时，就只能找到一种答案。然而，从社会科学的角度来说，答案就像生态系统。人类的存在以及吃剩的饭菜让老鼠得以存活，而猫的存在又限制了老鼠的生存。正如一个物种生态位的扩张和收缩会影响到其他物种的生存，阐述性因素也会受到其他因素的影响。多维度的数据有利于揭示阐述空间的扩展和收缩。

我们以导致人们选择吸烟的因素为例。众所周知，美国当前吸烟的人数比 50 年前要少，这主要源自主流文化和监管方式的变化。社会学家贾森·博德曼（Jason Boardman）和其同事发现，现在人们是否抽烟受基因的影响要比以前大。20 世纪 60 年代，每位女主人都有烟灰缸，而打火机更是人人必备的工具，当他们想要吸烟时，也无须考虑应不应该。而现在，尼古丁被认为是一种不健康的东西，如果你想吸烟，就需要一种强烈的生理冲动，而这种冲动会使你陷入心理上的煎熬，这对你来说不公平。文化的改变让基因成为我们是否吸烟的关键决定因素，而基因限制了变化的文化改变我们行为的程度。如果只有关于基因或者规范转变的其中一种数据，就只能揭示人们为何选择吸烟的一种原因，而当两种数据结合在一起时，就能展示它们是如何互相制约的。

我们再以耐抗生素的葡萄球菌的增多现象为例。芝加哥出现了这种致命的流行病，流行病学家黛安娜·劳德戴尔（Diane Lauderdale）和其同事发现了一个导致患这种疾病的特殊原因——监狱。他们的研究不仅从微观层面分析了细菌是如何从一个人的皮肤传播到另一个人的皮肤的，还从宏观层面分析了相互接触的人群的特征：人们是如何进出监狱的；当他们离开监狱后住在哪里，参与哪些体育运动。最终，研究结果越来越符合真实的微生物和人类相互作用的模型，这不仅包括个体，还包括了人群。

人口科学的发展方向将是：既关注个人内部的微生物和基因，也关注外部的社会规范、所在的社区和相关法律。同时关注两个层面的数据不仅让我们可以提出新问题，还有助于我们提出新的类型的问题——一种关注人类行为的偶然性和情景性的问题。社会科学研究在广义的概述（通常被证明不具有普遍性）和对特定环境的特殊研究之间摇摆。只有将人类不同层次的经验数据联系起来，我们才可以获得更全面的研究结果。对于人文科学来说，范围的条件就是新闻。

当我们绘制地图时，不止想知道边界内是什么，还会想知道边界在哪里。阐述应该涵盖各种可能的空间，而囊括人类变化的数据有助于我们探索边界。

183

CHALLENGING THE VALUE OF A UNIVERSITY EDUCATION

挑战大学教育的价值

史蒂夫·富勒（Steve Fuller）

哲学家，英国华威大学荣誉教授；与韦罗妮卡·利平斯卡（Veronika Lipinska）合著《紧缩的必要性》（*The Proactionary Imperative*）。

就在2015—2016学年开始的时候，全球著名会计师事务所安永会计师事务所英国分公司宣布，不再将大学学位作为招聘条件之一，它们会对可能聘用的初级员工进行内部测试。之后，这一事件被视为一个转折点，标志着大学作为为知识型经济提供万能证书的“工厂”的终结。

长期以来，大学校长一直在抱怨经济学家贬低了大学的价值，将其低估为劳动力市场的一种信号：好的学位 = 好的就业前景。实际上，经济学家对大学的评价还算温和的了。长期以来，硅谷及其模仿者一直对求职者进行内部测试，只不过安永会计师事务所是第一家因此而登上头条新闻的大型顶尖公司。

当我们认识到大量的公共资源和越来越多的私人资源被用于资助大学，而实际上高等水平的教学和研究在大学之外能更有效地进行时，大学的社会功能就不再那么重要了。

安永会计师事务所的故事表明，大学之所以被质疑主要是因为其考试制度，在大学的教学和研究方面，这一制度的实施一直都不稳定。最理想的情况是，考试能体现学生对于不断变化发展的某一领域的快速理解能力。然而，对于摄影这门课程来说，它是一种更适合于逝者或不朽者的媒介，而非正在进行的研究的媒介，因为我们未来的观念与当前的观念有很多本质上的不同。从爱因斯坦到当代伟大创新者的故事都表明，考试制度不能发掘一个人的真正潜能。这并不是说创新者的想法没有被所接受的学校教育改变，相反，学校缺乏足够的方法来实现这种转变。

对于考官经常发现的一些错误，有可能是出于这种原因，学生放弃了所考课目的传统假设。然而，在不久的将来，如果这些假设没有被推翻，还会受到挑战。而考官更可能会将这些错误归咎于马虎，因此会加强对考试内容的学习。

然而，什么样的考试制度能证实这种对错误的理解是正确的，从而有助于发现新一代的创新者呢？如果安永会计师事务所的内部测试旨在测试以常规方式解决普通问题的能力，那与学校的认知考试没什么区别，内部测试只是更贴近公司的实际情况而已。

对于这一问题，一种解决方法是，让所有的大学考试都进行反事实推理测试。实际上，学生可以了解某个领域当前的知识状态（通常是考试中被反复提及的内容），然后要求他们在答案所隐含的假设不再有效时做出应答。这种方法能够测试两种能力：一是学生对知识的融会贯通能力，二是在某种不确定的状态下有计划地重新组织知识的能力。

200 多年前，当伟大的普鲁士哲学家兼管理者威廉·冯·洪堡（Wilhelm von Humboldt）将“教学与研究的统一体”作为现代大学的标志时，他的目标是推动德国走上世界舞台，当时德国正在追赶法国和英国的政治和经济创新。在这个过程中，他把学者变成了以身作则的英雄人物。“洪堡式”的教学方式能激发学生的探索精神，因为它鼓励学生将所学课目那些零散的内容整合到一起，以解决实际问题。所有这些整合的最终效果都不及思维的转变重要。

安永会计师事务所的内部测试只是为了使应聘者更贴合自己的目标，这是一种更具目标性、成本更低的考试。然而，大部分人认为，这是大学教育的价值源泉。如果大学试图在这些方面竞争，将会失败。然而，如果大学采取洪堡式的考试制度，就有机会在未来的竞争中存活下来。

184

THE HERMENEUTIC HYPERCYCLE

解释学超循环

马克西米利安·席希（Maximilian Schich）

得克萨斯大学达拉斯分校教授。

在我们了解文化本质的科学探索过程中，最令人激动的新闻不是某项研究成果，而是研究中出现的根本性变化：随着文化数据的不断涌现，我们通过量化分析进一步提高了洞察事物本质的能力，这促使许多新概念和数学模型应运而生，而这些模型反过来又带来了新问题，进而促使我们对现有数据模型做出完善，而更完善的模型可以收集更多有效的文化数据，这样便形成了一个闭环。总之，解释学循环被解释学超循环取代了。在量化分析的驱动下，文化科学以自催化的方式加速发展。

最初的解释学循环是指基于人的角度理解文本或艺术作品的迭代研究过程。解释学循环产生于理解特定的观察，而这些特定的观察以理解潜在世界观为前提，而理解世界观以理解特定的观察为前提。因此，解释学循环是一种哲学概念，它是个人研究艺术和人文学科的核心原则。1808 年，弗里德里希·阿斯特（Friedrich Ast）含蓄地解释了这一点；20 世纪中期，马丁·海德格尔（Martin Heidegger）和汉斯－格奥尔格·加达默尔（Hans-Georg Gadamer）进一步阐明了这一点。

令人感到不幸的是，有关艺术和人文学科的大型数据库项目几乎与实际的解释学循环脱节了。几十年来，通过形式逻辑和先天的直觉，专家们建立了包含基本世界观的数据库模型。数据库管理员随后收集了大量的特定观察数据，以进一步进行传统研究，但这无法将系统更新反馈到底层数据库模型。

结果便是，有时作为ISO标准的“概念参考模型”被冻结了，并且无法与非直觉的复杂模式保持同步，这些模式是通过定量测量得出的大量具体的观察结果。艺术与文化的系统数据科学正通过量化、计算和可视化来完成这一循环。

在网络文本出现之前，你是不会搜索到解释学超循环的。作为水平模因转换（horizontal meme-transfer）的产物，它结合了解释学循环和由曼弗雷德·艾根（Manfred Eigen）与彼得·舒斯特（Peter Schuster）提出的催化超循环的概念。就像让太阳发光的碳循环和在细胞中产生能量的柠檬酸循环一样，由数据驱动的文化分析中的解释学循环可以被理解为反应的循环，这有助于我们理解艺术和文化。

反应的循环是一个催化超循环，就像数据收集、量化、解释和数据建模能催化新一轮过程一样。它们的周期性连接提供了对偏差的相互纠正（避免由错误导致的大崩溃），并促使该领域蓬勃发展（因为我们知道接下来该学什么）。简而言之，数据收集带来了更多的数据收集，量化带来了更多的量化，解释带来了更多的解释，而建模带来了更多的建模。总之，数据收集有助于量化和解释，而量化和理解有助于建模，建模又有助于数据收集等。

观察由此产生的文化研究上的蓬勃发展很有意思。尽管诸如数字人文、文化分析、文化经济学和文化数据科学等相互竞争的术语命名游戏仍在继续，但越来越清晰的是，我们正走向一种囊括文化交互、文化路径和文化动态的广义的系统生物学。由此产生的“关于文化本质的系统科学”便是一则激动人心的重大新闻，因为诸如气候变化这类问题都需要文化方面的解决方案，以及理性地对待自然界。

185

RETHINKING AUTHORITY WITH THE BLOCKCHAIN CRYPTO ENLIGHTENMENT

透过区块链加密技术重新审视权威性

梅兰妮·斯万（Melanie Swan）

思想家，未来学家，遗传学家。

当代世界的中心问题可能就是，人类如何适应算法现实。技术的运用越来越广泛，关键的问题在于我们选择掌控技术还是被技术奴役。若想技术朝着有利于人类的方向发展，人类可能需要以新的方式成长。令人担忧的是，就像人类成立的机构会带来威胁一样，由技术打造的现实可能会带来同样的后果，实际情况可能更糟。区块链技术是算法现实最新、最有说服力的例子。关于区块链技术的新闻促使我们更认真地思考人类和技术的关系。

区块链技术（比特币等加密货币的安全布式账本系统）明确地将第二代互联网（传输价值）作为第一代互联网（传输信息）的继任者。这意味着，所有关于价值转移的人类交互，包括金钱、财产、资产、义务和契约都可以在区块链中实例化，并以更快、更简单、成本更低、风险更低、更可审计的方式执行。区块链可以追踪和记录全球所有的现金和资产，并对它们进行管理。区块链还可以用于组织和移动资产，既可以实现实时转移，也可以实现未来的转移，在这种情况下，整个行业，比如抵押贷款行业，可能会外包给基于区块链的智能合同，这是迈向自动化经济的重要一步。作为一种对人工智能的应用，智能合同是非常前卫的。智能合同还可以通过区块参数，也就是绘制时间来实现，这是可分配的而非固定的。

基于这一点，区块链将会成为最重要的新闻，这是一种关于新生事物的新闻，它将会改变我们的思维方式，让我们停下来。也许就在这一时刻，我们会觉察到事物将由此被永久改变。

影响最深远的科技突破往往是关于新生事物的。诸如深度学习、自我组装纳米技术、3D 打印的合成生命、基因组与连接组、沉浸式虚拟现实以及自动驾驶汽车等，这些技术可能会完全改变我们的生活。值得注意的是，无论这些技术多么令人印象深刻，它们都是基于特定环境而被发明的。当下一场影响广泛而深刻，可能会改变所有现有生活模式的革新来临时，那必定是关于新生事物的新闻，它就是区块链。

作为一种新生的通用事物，区块链重新定义了新事物，就如同奥卡姆剃刀原理[1]曾重新定义了新事物。虽然媒介和信息都是信息，但信息的功能更强大，因为它重新定义了自身的形式。区块链之所以重新定义了新事物，是因为媒介和信息针对如何做事情创造了一种全新现实和可能的空间。在此之前，我们只有组织大规模人类活动的层级模型，而区块链将去中心化模型和混合模型结合了起来，而且，它不仅改进了方法，还囊括了广泛的新项目。区块链的新闻价值在于，我们正处于多样性的全新可能中，不再局限于层级结构这一种协调方式。

[1] 告诫人们“切勿浪费较多资源去做用较少资源就能做好的事”。这一原理由 14 世纪哲学家奥卡姆的威廉（William of Occam）提出。——译者注

作为一种新技术，区块链之所以让我们对未知感到不安和恐惧，是因为目前我们尚不清楚区块链技术是好还是坏。更可怕的一点是，这一技术的好坏由我们决定。与其他所有技术类似，基础技术本身没有好坏之分，或者至少既能用于好的方面，也能用于不好的方面。区块链技术在为我们带来更多可能性的同时，也带来了更大的责任。我们正在提高具有算法意识的密码公民（cryptocitizen）的敏感度，而思维工具和成熟度的扩展与需要掌握的新经验的力量成正比。

密码公民的敏感度和区块链技术为更高层次的自由、自治以及权威的定义带来了新的可能性。在这样一个关于加密技术的哥白尼式的转折点，我们可以将假定的权威中心从外部转移到自身内部。这就是康德所追求的启蒙运动，这不仅是知识的进步，更是对权威的认识的进步。关于新经济和管理模式的实验将会蓬勃发展。区块链可以同时用于全球和本地，可以协调大城市的凝聚力和小型城市的多样性，将人类活动与智能网络结合起来。

当我们遇到新事物时，那就是实实在在的新闻。这是我们渴望和追求的新闻，一种可以改变现实的新闻。区块链的根本作用是，进一步拓展了人类自身的潜力。关于加密技术的启蒙运动是一种对权威的态度的改变，我们可以在自身内部实现这种改变，从而实现对技术的掌控。

186

ENVOI: WE MAY ALL DIE HORRIBLY

结尾：我们可能都会悲惨地死去

罗伯特·萨波尔斯基（Robert Sapolsky）

斯坦福大学教授；著有《猴子宝贝儿》（*Monkeyluv*）。

关于2016年的“Edge年度问题”，很少有人赞同这类答案，“科学家通过CRISPR技术证明纳勒迪人（Homo naledi）会将死者埋葬在火星上湍急的河流旁边”。在我看来，近期最令人感兴趣、最重要的科学新闻有两个。

第一则新闻发生于2013年12月。当时，在几内亚的一个村庄里，一名一岁的男孩被一种未知的疾病夺去生命。这种疾病也让更多人知道了一些西非国家。而现在，人人都知道，这种源于西非的疾病名为埃博拉病毒，曾在非洲广泛传播。一开始，这种疾病在非洲中部地区间歇性地暴发，然后很快传播开来。它具有很强的致死率，大部分受感染的人很快就会死亡。这种病毒通过体液接触传播，而且会发生突变，变得更具传染性。感染这种病毒的人会出现致命的病毒性血热，具体症状表现为呕吐、持续性腹泻，出现一些病毒株，还会有外出血症状。如果约瑟夫·康拉德（Joseph Conrad）[1]知道

[1] 著名英文作家，生于波兰（1857—1924）。其最富盛誉的小说《黑暗之心》描写了主角在神秘的刚果河上航行时遇到的一系列事件。——译者注

埃博拉病毒，一定会将它写进小说《黑暗之心》（*Heart of Darkness*）之中。

随着埃博拉病毒从雨林地区向人口密集的城市传播，塞拉利昂、利比里亚和几内亚的疫情全面暴发。现代便利的交通导致这种传播无法避免。

这些国家都十分贫穷，有大量贫民，而且还未从多年战争导致的创伤中恢复过来，医疗基础条件非常差（利比里亚当时大约只有 50 名医生）。这些国家完全无法应对这种病毒。当时，感染的病例将近 30 000 名，超过 11 000 人死亡。实际数字可能更高，间接感染和死亡的人数更多，因为医院里全是埃博拉病毒患者。在这一病毒传播的高峰期，每周会出现数千例新的病例。

出于对亲属的关心，人们会细心地整理家族所有成员的尸体，或者按照习俗进行清洗。政府要求人们待在家中，不要与他人接触，因此村庄和乡镇空无一人，而城市更是如此，所有正常的经济活动都停止了。这时，各种疯狂的观点此起彼伏：一些人认为这一病毒根本不存在，只是一场骗局；为了“解救”亲属，隔离中心遭到了大批人群的洗劫；尸体掩埋人员在寻找尸体时遭到袭击。对于那些没有感染病毒的人，人们也开始心怀戒备。更严重的是，对这种疾病的怀疑和恐惧引发了对无辜人员的种种伤害。在几内亚一个村庄发生的砍杀事件中，8 名救援人员被杀身亡。

怀疑和恐惧还导致出现很多阴谋论，比如利比里亚一家主流报纸、美国的一位利比里亚教授、《真理报》都声称是西方发明了埃博拉病毒；这种疾病是从实验室中泄露的生化武器，是用非洲人进行试验的生化武器，是减少非洲人口的一种策略；或者像《真理报》对资本主义的批判那样，这是一种生化武器，让西方可以对专利药物收取高昂费用，比如某种军事用途的药物，从而要挟全世界。而很多西非神职人员声称，埃博拉病毒是上帝因西非国家迫害同性恋而施加的惩罚。

除非我们是阴谋论者，否则这个故事中没有人是坏人。世界卫生组织因准备不周而受到了很多批评，好像采取了这些措施就会真的有效一样。不过，英雄人物始终从未缺席。国际医生为抗击病毒付出了巨大努力，他们没有机构常见的复杂程序，工作高效，因此广受赞誉。这些愿意远赴他国进行救助的医生非常伟大。医疗传教士的工作也很重要，起初我不愿承认这一点。西非医护人员，包括医生、护士、救护车司机、埋葬分队都英勇非凡。当时的客观条件不足以确保工作成效和人身安全，他们这部分人的死亡人数占到了 1/10。2014 年 8 月，在《科学》杂志上发表一篇关于埃博拉病毒的论文的西非作者中，有 5 人已经死亡。

起初，我们对埃博拉病毒持隔岸观火的态度，置之不理。直到有一天，它突然出现在我们身边。

首先被感染的是为数不多的移居国外的医护人员，他们被送回国后，获得了精心的关怀和治疗，几乎都被成功治愈。然后是托马斯·埃里克·邓肯（Thomas Eric Duncan），他是一位来达拉斯看望亲戚的利比里亚人，也是美国第一例埃博拉病毒确诊病例。他曾好心地开车送住在他隔壁的一位孕妇到医院，起初他认为她的病症与怀孕有关。在坐飞机前，他没有注意到健康表格上是否暴露于病毒环境的选项，被允许乘坐飞机。当他出现这种疾病的早期症状后，就去了达拉斯的一个急诊室。在这个急诊室中，没有人问他是否来自其他国家，更不用说问他是不是来自西非热带地区了。医生给他开了一些抗生素，就让他回家了。几天后，当他再次入院时，生命垂危。很快，照顾他的两名护士也受到感染，而第二名患者在知道第一例确诊病例的情况下，仍旧乘坐飞机到阿克伦购买婚纱。最终，这家婚纱店破产。然而，这并没有阻止她肆无忌惮的行为，她还以商品受到污染为名要求退款。

之后，又有一位在西非治疗埃博拉病毒的医生回国了。在出现症状的前一天晚上，他去了布鲁克林的一家保龄球馆。而另一位返回的护士完全无视健康风险，也没有隔离，而是骑着自行车在缅因州的一个小镇寻找摄影师。

直到此时，我们才开始恐慌。在过去关于非洲中部不知名的出血性病毒的文章结尾，我们常常会看到这样的问题：“我们这里有吗？”答案是肯定的。我认为，这是2014年最重要的科学新闻。这并不是由军团病（Legionnaire's disease）[1]、毒性休克综合征、炭疽，甚至艾滋病引起的，当然也不是由全球变暖引起的。美国人民终于达成了共识：如果科学家没有找到方法，我们都有可能会悲惨地死去。

即大叶性肺炎，因在美国退伍军人大会期间确诊而得名。——译者注

第二则新闻是关于埃博拉病毒的治疗办法的，这可能是一个好的开端。2015年，由28位作者组成的科研团队在《柳叶刀》上发表了埃博拉病毒疫苗二期临床试验的结果。参与这一实验的人员中有近8 000名几内亚人。最终证明，当患者暴露于埃博拉病毒环境时，注射该疫苗百分之百有效。这是2015年最重要的科学新闻。

是的，这还不是埃博拉病毒的最终故事。实际上，相关研究早在西非疫情暴发之前就开始了。这篇文章只粗略地描述了科学是如何拯救人类的。如果人人都知道是科学拯救了人类，结果会更好。

Know This
致谢

感谢哈珀柯林斯出版集团的彼得·哈伯德（Peter Hubbard）和我的经纪人马克斯·布罗克曼（Max Brockman）对我一如既往的鼓励。再次感谢萨拉·利平科特（Sara Lippincott）对原稿的认真审校。

未来，属于终身学习者

我这辈子遇到的聪明人（来自各行各业的聪明人）没有不每天阅读的——没有，一个都没有。巴菲特读书之多，我读书之多，可能会让你感到吃惊。孩子们都笑话我。他们觉得我是一本长了两条腿的书。

——查理·芒格

互联网改变了信息连接的方式；指数型技术在迅速颠覆着现有的商业世界；人工智能已经开始抢占人类的工作岗位……

未来，到底需要什么样的人才？

改变命运唯一的策略是你要变成终身学习者。未来世界将不再需要单一的技能型人才，而是需要具备完善的知识结构、极强逻辑思考力和高感知力的复合型人才。优秀的人往往通过阅读建立足够强大的抽象思维能力，获得异于众人的思考和整合能力。未来，将属于终身学习者！而阅读必定和终身学习形影不离。

很多人读书，追求的是干货，寻求的是立刻行之有效的解决方案。其实这是一种留在舒适区的阅读方法。在这个充满不确定性的年代，答案不会简单地出现在书里，因为生活根本就没有标准确切的答案，你也不能期望过去的经验能解决未来的问题。

而真正的阅读，应该在书中与智者同行思考，借他们的视角看到世界的多元性，提出比答案更重要的好问题，在不确定的时代中领先起跑。

湛庐阅读 App：与最聪明的人共同进化

有人常常把成本支出的焦点放在书价上，把读完一本书当作阅读的终结。其实不然。

时间是读者付出的最大阅读成本

怎么读是读者面临的最大阅读障碍

“读书破万卷”不仅仅在“万”，更重要的是在“破”！

现在，我们构建了全新的“湛庐阅读”App。它将成为你“破万卷”的新居所。在这里：

- 不用考虑读什么，你可以便捷找到纸书、电子书、有声书和各种声音产品；
- 你可以学会怎么读，你将发现集泛读、通读、精读于一体的阅读解决方案；
- 你会与作者、译者、专家、推荐人和阅读教练相遇，他们是优质思想的发源地；
- 你会与优秀的读者和终身学习者为伍，他们对阅读和学习有着持久的热情和源源不绝的内驱力。

从单一到复合，从知道到精通，从理解到创造，湛庐希望建立一个“与最聪明的人共同进化”的社区，成为人类先进思想交汇的聚集地，与你共同迎接未来。

与此同时，我们希望能够重新定义你的学习场景，让你随时随地收获有内容、有价值的思想，通过阅读实现终身学习。这是我们的使命和价值。

Know This: Today's Most Interesting and Important Scientific Ideas, Discoveries, and Developments / John Brockman

著作权合同登记号：图字：01-2021-4842 号

图书在版编目（CIP）数据

那些最重要的科学新发现 / (美) 约翰·布罗克曼（John Brockman）编著 ；陈沛译 . -- 北京：中国纺织出版社有限公司，2021.9

书名原文：KNOW THIS

ISBN 978-7-5180-8685-6

Ⅰ. ①那… Ⅱ. ①约… ②陈… Ⅲ. ①科学发现—普及读物 Ⅳ. ①G305-49

中国版本图书馆CIP数据核字（2021）第156742号

责任编辑：闫　星　　责任校对：高　涵　　责任印制：储志伟

中国纺织出版社有限公司出版发行

地址：北京市朝阳区百子湾东里 A407 号楼　邮政编码：100124

销售电话：010—67004422　传真：010—87155801

http://www.c-textilep. com

中国纺织出版社天猫旗舰店

官方微博 http://weibo.com/2119887771

天津中印联印务有限公司印刷　各地新华书店经销

2021年9月第1版第1次印刷

开本：710 × 965　1/16　印张：34.5

字数：545千字　定价：139.90元